U0236473

计算机科学巨匠

弗雷德里克·布鲁克斯 (Frederick P. Brooks, Jr.) ◎著

Frederick P. Brooks 的反思

设计原本

陈舒扬 ◎译

清华大学出版社
北京

内 容 简 介

设计是现代项目中不可或缺的环节,设计质量将直接影响项目的成败。那么应该如何开展设计工作呢?这对于任何一位设计者来说都是很难回答的问题。软件行业流行将具体实现进行抽象的设计思想,从烦琐的细节中提取本质,并将其梳理清晰,这样更容易找到解决复杂问题的方案。经过一定程度的抽象,这些方案将具有足够的通用性,而不只局限于某种行业或技术。作者布鲁克斯通过自己丰富的职业经历,为读者介绍了应该如何应对现代工作所特有的设计挑战。本书不仅包括对于设计的深刻思考,还举例分析了多个不同领域的设计案例。除了专业的设计知识外,作者还分享了自己对于哲学、艺术和历史的见解,值得读者仔细品读。本书配有丰富的插画、照片、图表和设计原稿,大大提升了阅读体验。

尽管本书作者主要是在计算机行业享有崇高地位,但本书的读者群却不局限于计算机领域的工程师或设计师。任何参与过实际工程项目的专业人员,不论在负责研发、设计还是管理类的工作,都将在阅读本书的过程中有所收获,并可以将收获用于解决专业上的设计问题。

北京市版权局著作权合同登记号 图字:01-2023-2457

Authorized translation from the English language edition, entitled The Design of Design: Essays from a Computer Scientist, 1st Edition, 978-0201362985 by [Frederick P. Brook, Jr.], published by Pearson Education, Inc, publishing as Pearson Education, Inc., copyright © 2010 Pearson Education, Inc.

All Rights Reserved. No part of this book may be reproduced or transmitted in any form or by any means, electronic or mechanical, including photocopying, recording or by any information storage retrieval system, without permission from Pearson Education, Inc. CHINESE SIMPLIFIED language edition published by **TSINGHUA UNIVERSITY PRESS LIMITED** Copyright ©2024.

本书中文简体翻译版由培生教育出版集团授权给清华大学出版社出版发行。未经许可,不得以任何方式复制或传播本书的任何部分。

This edition is authorized for sale in the People's Republic of China only, excluding Hong Kong, Macao SAR and Taiwan.

此版本仅限在中华人民共和国境内(不包括中国香港、澳门特别行政区和台湾地区)销售。
本书封面贴有 Pearson Education(培生教育出版集团) 激光防伪标签,无标签者不得销售。
版权所有,侵权必究。举报:010-62782989,beiqinquan@tup.tsinghua.edu.cn。

图书在版编目(CIP)数据

设计原本 : 计算机科学巨匠 Frederick P. Brooks 的反思 / (美) 小弗雷德里克·布鲁克斯
(Frederick P. Brooks Jr.) 著 ; 陈舒扬译 . -- 北京 :
清华大学出版社 , 2024. 7. -- ISBN 978-7-302-66554-0
Ⅰ . TP311.5
中国国家版本馆 CIP 数据核字第 2024M0B342 号

责任编辑:杜　杨　申美莹
封面设计:杨玉兰
版式设计:方加青
责任校对:胡伟民
责任印制:丛怀宇

出版发行:清华大学出版社
　　　　网　　　址:https://www.tup.com.cn,https://www.wqxuetang.com
　　　　地　　　址:北京清华大学学研大厦 A 座　　　　　　邮　　编:100084
　　　　社 总 机:010-83470000　　　　　　　　　　　　邮　　购:010-62786544
　　　　投稿与读者服务:010-62776969,c-service@tup.tsinghua.edu.cn
　　　　质 量 反 馈:010-62772015,zhiliang@tup.tsinghua.edu.cn
印 装 者:涿州汇美亿浓印刷有限公司
经　　销:全国新华书店
开　　本:185mm×260mm　　　　印　　张:22.25　　　　字　　数:440 千字
版　　次:2024 年 7 月第 1 版　　　　印　　次:2024 年 7 月第 1 次印刷
定　　价:89.00 元

产品编号:101754-01

关于作者

小弗雷德里克·布鲁克斯（Frederick P. Brooks, Jr.）是北卡罗来纳大学教堂山分校（University of North Carolina at Chapel Hill, UNC）计算机科学专业的教授，学校以早期资助者科南·弗拉格勒（Keneun Flagler）的名义授予他教授头衔。他作为"IBM 360 系统之父"而广为人知，并作为管理者领导了项目的整个研发过程，随后在 OS/360（IBM 的操作系统）的设计阶段再次承担了项目管理的工作。因为这项殊荣，他与鲍伯·伊文思（Bob Evans）和艾里希·布洛赫（Erich Bloch）在 1985 年共同获得了（美国）国家技术奖章。此前，他还是 IBM 的大型机 Stretch 和操作系统 Harvest 的架构师。

在教堂山分校，布鲁克斯博士创立了计算机科学系（computer science），并在 1964 年至 1984 年期间担任该系的负责人。他还曾在（美国）国家科学委员会和国防科学委员会任职。布鲁克斯博士的教学和研究方向涉及计算机架构、交互式计算机图形学和虚拟化技术。

设计原本
来自计算机科学家的论述

小弗雷德里克·布鲁克斯
北卡罗来纳大学教堂山分校

致所有在我的设计旅程中给予我分享的：
家人，
同事，
朋友，以及
建筑领域的专业人士

译者序

在我即将完成这次翻译工作时，心中涌起了一种意犹未尽的感觉。它像是多年追看的精彩剧集即将落幕，又似玩了很久的 CRPG 游戏临近通关，带来了一种既欣喜又难舍的复杂情绪。通过对本书的深入研读，布鲁克斯先生仿佛成了我现实生活中的一位老朋友，他对设计的深思熟虑，以及他的家人和朋友，这些人物和故事仿佛突然间跃然脑海，鲜活起来。

在我的感觉里，弗雷德里克是一个典型的德国名字，而布鲁克斯先生在阐述设计理念时，也频繁引用德国机械工程设计领域的研究。本书的每个章节都严格引用了文献并附有详尽的注释。我记得在第 20 章的参考文献中，作者描述了一位德国学者如何规划自己的职业生涯，以在有限的生命里高效地累积知识。这种高效学习的方法也在布鲁克斯先生的职业生涯中得到了验证，如他在《人月神话》中提出的理念与思想会在本书有关设计的论点中反复出现。在翻译这本书的同时，我还在玩一款名为《隐迹渐现》（*Pentiment*）的游戏，游戏中的主角是一位年轻画师，在普鲁士地区通过游学实践，最终获得行会认证完成自己的大师作品。游戏中对文化和艺术的展现与布鲁克斯先生对设计的深刻思考不谋而合，引人深思。

我相信每位即将翻开本书的读者对艺术、文化和历史都抱有浓厚的兴趣。如果确实如此，那么本书绝不会让您失望。布鲁克斯先生不仅展示了他广泛的经历，还以细腻、真挚的笔触呈现了极为通用的设计思想，大大降低了阅读的难度。

最后，我不得不俗套地感谢我的妻子丹丹的理解、家人的期待、朋友们的鼓励，以及清华大学出版社各位老师的认可，还有每一位即将翻开本书的读者朋友。

译者
2024 年 4 月

序　言

我编写本书是为了督促设计者和设计项目的管理者去认真思考设计的过程，特别是复杂系统的设计过程。本书是从一个工程师的角度来思考的，既注重效用和效果，也注重效率和雅致。

谁应该读这本书

在 *The Mythical Man-Month* 一书中，我将目标读者定位在"专业程序员、专业管理者，尤其是程序员团队的专业管理者"。我论述了在开发团队构建软件时，实现概念完整性（conceptual integrity）的必要、难点和方法。[1]

相比之下，本书的读者范围则扩大了很多。本书涵盖了我在 35 年设计经历中收获的宝贵经验，这些设计经验让我深信，在不同领域的设计过程中存在着不变的原则。因此，本书的目标读者如下。

1. 各领域的设计者

如果摒除人类的直觉，仅靠系统性的方法做设计，这样只会设计出平庸的仿制品和抄袭品；反过来，如果没有系统性的方法，仅凭直觉，那么设计出的产物可能会过于天马行空，并漏洞百出。设计者要考虑的是如何将直觉和系统性的方法融合在一起，如何成长为一名设计者，如何在设计团队中有所作为。

虽然我希望本书能覆盖不同领域，但我期望的读者主要还是计算机软件和硬件的设计者，因为我最擅长的就是面对这类读者进行具体论述。因此，我在本书中列举的一些示例会涉及技术细节。不过其他领域的读者也不用担心，你们可以放心地跳过这些内容，不会影响理解。

2. 设计项目的管理者

为了避免项目出现重大问题，项目管理者在设计阶段必须参考理论指导和实践中的经验教训，不能单纯地复制某些过度简化的学术模型，更不能在没有参考理论指导或他人经验的情况下临时拼凑出一个设计过程。

3. 设计领域的研究人员

令人欣慰的是，当下对设计过程的研究日趋成熟，但是其中也存在不足。学术发表的数量虽然在增加，但是它们往往针对的是更为明确的主题，而对于宏观问题的讨论则越来越少。人们普遍相信学术发表是既准确又符合"设计科学"的，因此学术发表之外的声音并不容易被人接受。虽然社会科学方法论（social science methodology）对解决这类问题帮助不大，但是我仍然号召设计领域的思想家和研究人员能和我一样着眼于宏观问题。我相信他们也会质疑我的观察视角是否具有普遍性，以及我的观点是否真实有效。总之，我希望把关于设计过程的研究成果分享给设计领域的实践者，或许这能对整个学科有所帮助。

为什么我要写一本关于设计的书

造物是一大乐趣，会给人带来极大的满足。托尔金（J. R. R. Tolkien）表示，上帝赐予人类的礼物，就是让我们也可以造物，上帝这么做的目的是让我们也能体会造物的乐趣。[2] "千山上的牲畜也是我的……我若是饥饿，我不用告诉你。" [3] 圣经中的这句话充分表现了设计本身就是一种乐趣。

然而，无论是在理论上还是在实践上，设计者都没有完全理解设计过程。这并不是因为缺少学术研究，而是因为很多设计者都未曾反思过自己的设计过程。在任何设计领域中，不同水平的实现之间存在着巨大的品质上的差距，这也是我研究设计过程的动机之一。设计成本中的很大一部分来自于返工，即修正错误，这些返工的成本通常要占总设计成本的三分之一。平庸的设计会浪费世界资源、破坏环境、影响国际竞争力。因此，设计非常重要，设计相关的教育也值得重视。

所以，人们认为将设计流程系统化会提高设计者的平均实践水平，事实证明的确如此。德国的机械工程设计师似乎是第一批开始用系统化的方法来做设计的群体。[4]

计算机的出现和其带动的人工智能技术，极大地鼓励了人们对设计过程的研究。起初人们期望人工智能技术可以接管设计中大量常规且枯燥的工作，还希望它能生产出绝妙的设计，甚至能够超出人类已经探知的领域。然而这种期望迟迟没有兑现，并且我也不认为这可以实现。[5] 设计就是在这样的背景之下发展的，其有专门的会议、期刊及大量的学术研究。

既然已经有了那么多细致的研究和系统性的论述，那么为什么还要另写一本书呢？

首先，自第二次世界大战以来，设计过程的发展非常迅速，但是却很少有人讨论发展带来的变化。例如，由于产品工艺日趋复杂，导致由团队协作来完成的设计案例越来越多，并且设计团队也经常分散于不同的地理位置。另一个变化是现在的设计者通常只负责设计而不再亲手构建自己设计的产品，逐渐脱离了产品的使用和实现。再就是现在所有领域的设计工作都不再采用手工绘图，而是依赖计算机建模。设计过程的培训越来越同质化，这在很大程度上是企业的强制要求。

其次，设计中仍然存在着大量难以理解的地方。当我们试图教授学生如何设计好作品的时候，双方在理解上的分歧就会尤为明显。设计研究界的一位先驱，尼格尔·克罗斯（Nigel Cross）追溯了设计过程研究演化的四个阶段：

（1）理想设计流程的规范化；

（2）针对设计问题内在特性的描述；

（3）针对设计活动现状的观察；

（4）针对设计基本概念的反思。[6]

在过去的 60 年中，我从事过五个领域的设计工作：计算机架构、软件研发、房屋建造、书籍出版和组织架构。在每个领域，我既担任过总设计师，也当过团队成员。[7]我对设计过程一直很感兴趣，1956 年我的博士学位论文的题目就是《自动化数据处理系统的分析设计》（*The Analytic Design of Automatic Data Processing System*）。[8] 对比那时的自己，可能现在正是我进行反思的最佳时机。

这是一本什么类型的书

让我大受震撼的是，设计过程之间竟然存在着如此惊人的相似！常见的设计过程不外乎是构思、与人交流、反复迭代、排除制约、生产实施，所有这些过程都有着极大的相似性。这本书所思考的就是其背后不变的设计过程。

对计算机领域来说，无论是硬件架构还是软件架构，它们的发展历史都很短，并且也很少见到有关设计过程的反思。但是在其他领域，如建筑或机械设计，它们都有着悠久而光辉的历史。这些领域涌现了大量与设计有关的学术理论和学术巨匠。

我是一名计算机领域的专业设计者，不过在这个领域缺少深入的反思，而在一些历史悠久又积累颇深的领域，我只能算是一个业余爱好者。因此，我尝试从较早的设计理论中提取一些经验教训，并将其应用于计算机和软件的设计工作之中。

我坚信"设计科学"是一个不切实际的目标，追求"设计科学"甚至会使人误入歧途。这种大胆的质疑，一是出自我的直觉，二是出自经验。所谓的经验不只是我个人的经验，也包括那些慷慨地与我分享他们见解的其他设计者的经验。[9]

所以这本书不是富含有序论证的专题论文集或教科书，而是一些包含个人观点的篇章。虽然我尝试提供实用的参考文献和注释以开拓读者的思路，但我还是建议读者先通读全书，然后再返回来研究这些内容。因此，我将这些内容附在每章的末尾。

本书第六部分的内容是案例研究，提供了一些具体示例来验证文中的论点。选择这些示例并不是因为它们很重要，而是因为凭借它们我搭建了一个简易的经验库，让我可以从中找到结论和论点。我尤其喜欢关于房屋功能设计的案例研究，我认为任何领域的设计者都可以参考它们。

我曾经作为总设计师为三个房屋项目进行功能设计（详细的楼层平面图、照明、电气和管道）。将房屋功能设计的过程与复杂计算机硬件和软件的设计过程进行比较，有助于我提取设计过程的"本质"。因此，我将这些设计过程作为案例研究，在本书中详细地进行描述。

回顾这些案例研究，许多都具有一个引人注目的共同特征：无论决策者是谁，成果中的大部分收益来自最大胆的决策。这些大胆的决策有时是出于远见，有时是出于破釜沉舟的精神。这种决策犹如赌博投机一般，需要额外的投资以期望获得更好的回报。

鸣谢

关于本书的标题，我借用了前辈戈登·克雷格（Gordon Glegg）的一部著作。他是一位天才机械设计大师，有着非凡的魅力，他在剑桥大学时也是一位极具人气的教师。1975 年，我有幸与他共进午餐，在与他的接触中，我感受到了他对设计的热情。他为自己的著作起了一个完美的标题，我发现这个标题超越了我尝试过的所有标题。因此，我充满感激和敬重地，再一次使用它作为本书的标题。[10]

感谢伊凡·苏泽兰（Ivan Sutherland）对我的鼓励。他在 1997 年建议我将一套讲义扩展为读本，并在十多年后对初稿进行了精准的指正，使其品质得到了极大的提升。在与苏泽兰先生的思维碰撞中我收获颇多。

正是凭借北卡罗来纳大学教堂山分校和我的两位系主任史蒂芬·韦斯（Stephen Weiss）和杨·普林斯（Jan Prins）授予我的三个研修假期，以及剑桥大学的彼得·罗宾逊（Peter Robinson）、伦敦大学学院的梅尔·斯莱特（Mel Slater）和他们的系主任、同事们的帮助，我才得以完成这项工作。

美国国家科学基金会（National Science Foundation, NSF）的计算机和信息科学工程理事会（Computer and Information Science and Engineering Directorate）的设计科学项目由副理事长彼得·弗里曼（Peter A. Freeman）发起，该项目为本书的完成和相关网站的搭建提供了大力的资助。这些资金使我得以采访了许多设计师，并让我在过去的几年里将主要精力集中在撰写本书上。

我深深地感谢每位与我分享他们见解的一线设计师。我在本书的末尾列出了一份致谢受访者和评审人员的名单。我深受一些书籍的启发和影响，因此我在本书第 28 章"推荐阅读"中将其列出。

我的妻子南希（Nancy）是书中部分内容的共同创作者，是她一直支持和鼓励着我，我的孩子肯尼思·布鲁克斯（Kenneth P. Brooks）、罗杰·布鲁克斯（Roger E. Brooks）和巴巴拉·拉丁（Barbara B. La Dine）也是如此。罗杰校阅了我的手稿，并对每个章节都提出了几十条建议，大到概念观点，小到标点符号，他都做得十分出色。

感谢北卡罗来纳大学教堂山分校给予了我强有力的行政支持，包括蒂莫西·奎格

（Timothy Quigg）、惠特尼·沃恩（Whitney Vaughan）、达琳·弗里德曼（Darlene Freedman）、奥德丽·拉贝莱（Audrey Rabelais）和大卫·莱恩斯 （David Lines）。感谢艾迪生·韦斯利出版公司（Addison-Wesley Publishing Company）的出版合作伙伴彼得·戈登（Peter Gordon）对我提供的非同寻常的鼓励。 朱莉·纳希尔（Julie Nahil）是艾迪生·韦斯利出版公司的全方位制作经理，巴巴拉·伍德 （Barbara Wood）是本书的校对编辑，他们的专业知识和耐心帮助我完成了工作，在此对他们表示感谢。

约翰·范弗莱克（John H. van Vleck）是诺贝尔物理学奖得主，我在哈佛艾肯实验室（Aiken's lab）攻读研究生时，他是工程与应用科学学院的院长。范弗莱克非常关注工程实践建立在坚实的科学基础之上。在他的领导下，美国工程学的教学方法发生了剧烈的转变，教学方针从设计转为应用科学。由于这次的转变过于激进，反对的声音随之而来，相比设计，更倾向应用的教学方法一直备受争议。我很感谢我的三位哈佛老师，他们自始至终都能意识到设计的重要性，并向学生教授设计相关的知识，他们是菲利普·勒科贝莱（Philippe E. Le Corbeiller）、哈里·米姆诺（Harry R. Mimno）和霍华德·艾肯（Howard H. Aiken），他们是我的领路人。

感谢并赞美伟大的造物主，他慷慨地赐予我们财富、每日所需和造物的乐趣。

北卡罗来纳州教堂山市

2009 年 11 月

注释

[1] 本书封面的说明源自斯莫瑟斯特（Smethurst） 的 *The Pictorial History of Salisbury Cathedral*（1967 年），这本书中写道："……因此，索尔兹伯里是英格兰除圣保罗大教堂外唯一的、整个内部结构都由一个人（或一个双人团队）设计并在没有间断的情况下完成的大教堂。"

[2] 托尔金（Tolkien）的《精灵故事集》，收录于 *Tree and Leaf*（1964 年）的第 54 页。

[3] 出自 *Psalm* 的章节 50：10，重点强调 12 小节。

[4] 帕尔（Pahl）和拜兹（Beitz）编写了著名的 *Konstructionslehre*（1984 年），在这本书的 1.2.2 节，二人追溯了这段始于 1928 年的历史。这本书已经出版了 7 个版本，可能是最重要的、介绍系统化设计的著作。我将自己对"设计过程"的研究与特定平台的设计规则区分开来。而对于设计过程的研究已经有着近千年的历史。

[5] 主要的专著是赫伯特·西蒙（Herbert Simon）的 *The Sciences of the Artificial*（1969 年，1981 年，1996 年）。

[6] 克罗斯（Gross），*Developments in Design Methodology*（1983 年）。

[7] 我将自己的设计经历整理成了表格，放在网站上，读者可以通过访问以下网站地址来查阅，http://www.cs.unc.edu/~brooks/DesignofDesign。

[8] 布鲁克斯的 *The Analytic Design of Automatic Data Processing Systems*（1956 年），哈佛大学博士论文。

[9] 读者可以在维基百科中找到关于设计方法的描述（http://en.wikipedia.org/wiki/Design_methods，我于 2010 年 1 月 5 日访问），可惜我没有为此做出贡献。

> "挑战在于将个人经验、框架和观点，转化为一个共享的、可理解的知识领域，最重要的是可以将它教授给他人。维克多·马戈林（Victor Margolin）列出了三个原因，说明为什么这是困难的，其中一个原因是：'……对设计论述的个人探索过于关注个人叙事，导致形成个人观点，而不是一个带有批判性的、带有共享价值观的事物。'"

对此，我必须承认："罪名成立。"

[10] 克雷格 *The Design of Design*（1969）。

目　录

第一部分　设计模型 ················ 1

第1章　设计的问题 ·············· 3

1.1　培根说的对吗 ··········· 4

1.2　设计是什么 ············· 4

1.3　真正的设计是什么？是设计理念 ······ 5

1.4　设计理念的价值何在 ······ 7

1.5　对设计过程的思考 ········ 8

1.6　设计类型 ··············· 9

1.7　注释和相关资料 ········· 10

第2章　工程师如何看待设计？——理性模型 ·············· 12

2.1　模型 ·················· 13

2.2　模型从何而来 ·········· 15

2.3　理性模型好在哪里 ······· 16

2.4　注释和相关资料 ········· 16

第3章　理性模型出了什么问题 ······· 19

3.1　在起步时，我们并不真正地了解目标 ··· 20

3.2　我们通常不了解设计树，我们在设计过程中逐步探索它 ············· 21

3.3　这些节点实际上并不只是一个独立的设计决策，而是处于待定阶段的完整设计 ·················· 22

3.4　无法渐进地评价分支的优劣 ····· 22

3.5　需求和它们的权重在持续变化 ····· 23

3.6　制约在不断变化 ········· 24

3.7　其他人对理性模型的批评 ········ 27

3.8　尽管具有这些缺陷与非议，理性模型却仍然存在 ················ 28

3.9　那又如何？设计过程模型重要吗 ······ 29

3.10　注释和相关资料 ········· 31

第4章　需求、原罪和契约 ··········· 35

4.1　一段惊人的往事 ········· 36

4.2　不幸的是，这种事并不罕见 ······· 37

4.3　对抗需求膨胀和蔓延 ······ 38

4.4　人类的过失 ············· 39

4.5　契约 ·················· 40

4.6　用来达成契约的模型 ······ 40

4.7　注释和相关资料 ········· 42

第5章　更好的设计过程模型是什么 ··· 45

5.1　为什么需要一个主导模型？ ······ 46

5.2　协同演化模型 ·········· 47

5.3　雷蒙德的集市模型 ······· 48

5.4　勃姆的螺旋模型 ········· 50

5.5　设计过程模型：对第2～第5章的总结 ·················· 51

5.6　注释和相关资料 ········· 52

第二部分　协作与远程协作 ······ 55

第6章　在设计中协作 ············· 57

6.1　协作自身是否有益 ······· 58

6.2　团队设计成为现代标准 ······ 58

6.3　协作的成本 ············· 61

6.4　协作的难点在于概念完整性 ······· 62

6.5　如何在团队设计中获得概念完整性 ··· 64

6.6　需要协作的场景 ········· 66

6.7　在设计过程中协作不发挥作用的场景 ··· 71

6.8　双人团队是有魔力的 ················73

6.9　对于计算机科学家又如何呢？ ········74

6.10　备注和相关资料 ··················75

第 7 章　远程协作 ····················79

7.1　为什么是远程协作 ················80

7.2　势在必得—IBM System/360 计算机产品
线的分布式开发，1961—1965 年 ···81

7.3　拥抱远程协作 ····················83

7.4　远程协作的技术 ··················84

7.5　备注和相关资料 ··················87

第三部分　设计视角 ··············91

第 8 章　设计领域的理性主义与经验
主义之争 ····················93

8.1　理性主义与经验主义之争 ··········94

8.2　软件设计 ························94

8.3　我是一个固执己见的经验主义者 ·····95

8.4　其他设计领域中的理性主义、经验
主义和正确性 ····················96

8.5　注释和相关资料 ··················97

第 9 章　用户模型——错误优于
模糊 ·····················101

9.1　定义明确的用户模型和使用模型 ···102

9.2　团队设计 ·······················102

9.3　如果超出个人认知，该怎么办才好··103

9.4　注释和相关资料 ·················105

第 10 章　英尺、盎司、比特位、支出
费用——预算资源 ··········107

10.1　什么是预算资源 ················108

10.2　与支出费用无关的预算资源 ······108

10.3　支出费用也有分类及替代品 ······109

10.4　预算资源会发生变化 ············109

10.5　如何应对 ·····················110

10.6　注释和相关资料 ················112

第 11 章　制约因素是益友 ···········114

11.1　制约因素 ······················115

11.2　归结于一点 ····················115

11.3　设计悖论：通用产品比专用产品更难
设计 ························119

11.4　注释和相关资料 ················121

第 12 章　技术设计中的美学与风格 ···124

12.1　技术设计中的美学 ··············125

12.2　何为逻辑之美 ··················125

12.3　技术设计的风格 ················129

12.4　风格是什么 ····················130

12.5　风格的特性 ····················132

12.6　获得一致性风格的方式——文档化 133

12.7　如何获得一份优秀的设计 ········134

12.8　注释和相关资料 ················134

第 13 章　设计范例 ·················138

13.1　全新设计是罕见的 ··············139

13.2　范例的作用 ····················139

13.3　计算机硬件和软件的设计是什么
样的 ························140

13.4　研究范例的设计原理 ············141

13.5　如何改进基于范例的设计 ········145

13.6　范例——惰性、创意和自负 ······146

13.7　注释和相关资料 ················148

第 14 章　设计专家是怎样犯错的 ·····151

14.1　错误 ··························152

14.2　史上最糟糕的计算机编程语言 ·····153

14.3　JCL 为何被设计成这样 ··········155

14.4　经验教训总结 ··················156

14.5　注释和相关资料 ················157

第 15 章　设计的分离 ···············159

15.1　从应用与实践中分离的设计 ·······160

15.2　为什么要分离 ··················161

15.3　分离的负面影响 ················161

15.4　改进措施 ·····················161

15.5　注释和相关资料 ···············164

第16章　记录设计发展的轨迹及理由··· 167

16.1　引言 ·····························168

16.2　线性化知识网 ···················168

16.3　我们对设计轨迹的捕捉 ········169

16.4　我们对房屋设计的研究过程 ·······170

16.5　对设计过程的见解 ···············172

16.6　决策树与设计树的对比 ········174

16.7　模块化与高度集成设计的对比 ·····175

16.8　Compendium 软件和一些备选工具 · 175

16.9　DRed——一款诱人的工具 ····177

16.10　注释和相关资料 ················179

**第四部分　一个计算机科学家梦寐以
　　　　　　求的房屋设计系统··· 181**

第17章　计算机科学家理想的房屋设计
　　　　　系统——将思想输入计算机 ··· 183

17.1　挑战 ·····························184

17.2　愿景 ·····························184

17.3　将思想传输到计算机的愿景 ·······187

17.4　指定动词 ························188

17.5　指定名词 ························189

17.6　指定文本 ························191

17.7　指定副词 ························191

17.8　指定角度和视野 ·················192

17.9　注释和相关资料 ·················195

第18章　计算机科学家理想的房屋设计
　　　　　系统——计算机的信息展现··· 198

18.1　双向通道 ························199

18.2　视觉展现——多线并行窗口 ·····199

18.3　音频展现 ························203

18.4　触觉展示 ························204

18.5　泛化 ·····························204

18.6　可行性 ··························204

18.7　注释和相关资料 ·················205

第五部分　优秀的设计师 ·······207

第19章　超凡的设计来自于卓越的设计者，
　　　　　而非来自于完善的设计流程··· 209

19.1　超凡的设计和完善的产品流程 ······210

19.2　产品流程的利与弊 ···············210

19.3　冲突：流程会扼杀创新，流程又无法
　　　　避免，我们要做什么 ···········215

19.4　注释和相关资料 ·················217

第20章　卓越的设计者从哪里来 ·····219

20.1　我们必须向他们教授设计 ···········220

20.2　我们必须雇佣具有设计才华的人 ···221

20.3　我们必须有意地培养团队 ···········222

20.4　我们必须让团队管理更富创意 ···224

20.5　我们必须拼命去保护他们 ···········225

20.6　作为一名设计者的自我成长 ······227

20.7　注释和相关资料 ·················229

**第六部分　贯穿设计空间的旅途：
　　　　　　案例研究 ···········233**

第21章　案例研究：海滨别墅
　　　　　"View/360" ···············235

21.1　亮点与特色 ·····················236

21.2　背景介绍 ························237

21.3　目标 ·····························237

21.4　有利条件 ························238

21.5　制约 ·····························239

21.6　设计决策 ························239

21.7　海滨沿线的合理分配 ···········242

21.8　确定房屋尺寸 ···················244

21.9　错误的尝试 ·····················244

21.10　在施工前的再次设计变更·········245

21.11　外墙完成并初期入住后的设计变更246

21.12　结果评估（37 年后） ···········247

21.13　经验教训总结 ···················251

第 22 章 案例研究：房屋侧楼扩建 … 253
22.1 亮点和特色 ………………… 254
22.2 背景介绍 ………………… 255
22.3 目标 ………………… 257
22.4 制约因素 ………………… 258
22.5 非受限因素 ………………… 259
22.6 设计决策和迭代 ………………… 260
22.7 结果评估——成功之处和未解决的障碍 ………………… 265
22.8 经验教训总结 ………………… 267
22.9 注释和相关资料 ………………… 267

第 23 章 案例研究：厨房重构 ……… 269
23.1 亮点与特色 ………………… 270
23.2 背景介绍 ………………… 270
23.3 目标 ………………… 271
23.4 有利条件 ………………… 272
23.5 制约因素 ………………… 272
23.6 复杂的厨房宽度规划 ………………… 274
23.7 厨房长度的规划 ………………… 276
23.8 其他的设计决策 ………………… 277
23.9 结果评估 ………………… 279
23.10 其他已满足的需求 ………………… 280
23.11 平面图、CAD、模型、实物模型和虚拟环境技术在设计中的应用 ………… 280
23.12 经验教训总结 ………………… 282
23.13 注释和相关资料 ………………… 284

第 24 章 案例研究：System/360 系统架构 ………………… 286
24.1 亮点与特色 ………………… 287
24.2 背景介绍 ………………… 287
24.3 目标 ………………… 290
24.4 有利条件（截至 1961 年 6 月）… 290
24.5 挑战和制约因素 ………………… 291
24.6 最重要的设计决策 ………………… 292
24.7 里程碑事件 ………………… 295

24.8 结果评估 ………………… 297
24.9 经验教训总结 ………………… 300
24.10 注释和相关资料 ………………… 301

第 25 章 案例研究：IBM Operating System/360 ………………… 304
25.1 亮点与特色 ………………… 305
25.2 背景介绍 ………………… 306
25.3 被采纳的提议 ………………… 309
25.4 设计决策 ………………… 311
25.5 评估 ………………… 313
25.6 设计师们 ………………… 315
25.7 经验教训总结 ………………… 316
25.8 注释和相关资料 ………………… 316

第 26 章 案例研究：《计算机体系结构：概念与演进》图书设计 ……… 318
26.1 亮点与特色 ………………… 319
26.2 背景介绍 ………………… 320
26.3 目标 ………………… 321
26.4 有利条件 ………………… 321
26.5 制约因素 ………………… 322
26.6 设计决策 ………………… 322
26.7 成果评估 ………………… 322
26.8 经验教训总结 ………………… 323

第 27 章 案例研究：联合计算机中心机构：三角区大学计算中心 … 325
27.1 要点和特色 ………………… 326
27.2 背景介绍 ………………… 327
27.3 目标 ………………… 328
27.4 有利条件 ………………… 329
27.5 制约因素 ………………… 330
27.6 设计决策 ………………… 331
27.7 成果评估 ………………… 332
27.8 经验教训总结 ………………… 333
27.9 注释和相关资料 ………………… 334

第 28 章 推荐阅读 ………………… 336

第一部分

设计模型

螺旋楼梯

第 1 章
设计的问题

对于设计的疑问

"新的想法"通常是通过将对一个领域的观察与另一个领域的应用相关联和转化而产生的。当一个人考虑多个领域的经验和奥秘后,新的观点和想法就会应运而生。

——弗朗西斯·培根爵士(Sir Francis Bacon)
The Two Books of the Proficience and Advancement of Learning(1605 年),
第二卷,第 10 章

很少有工程师和作曲家能够就彼此的专业进行一场使双方受益的交谈。我认为,他们可以共同探讨设计的问题,就设计过程而言,他们可以向对方分享各自领域中专业且有创意的部分。

——赫伯特·西蒙
The Sciences of the Artificial(1969 年),第 82 页

和大师的跨时空对话

1.1　培根说的对吗

对我们而言，判断弗朗西斯·培根爵士的观点正确与否不是一件容易的事情。设计过程本身是否具有不变的性质？这些性质是否广泛适用于不同类型的设计过程？如果真的如培根所说，那么似乎某个领域的设计者会比其他设计者更好地掌握这些原则，恐怕这些设计者需要经历极其挣扎的过程。此外，在某些领域，如建筑，其关于设计和元设计（meta-design，即设计的设计）的说法由来已久。如果这些想法是可行的，并且培根的结论是正确的，那么不同领域的设计者有望通过互相分享经验和学识来提升技艺。

1.2　设计是什么

《牛津英语词典》将动词"design"定义为

> "形成计划或方案，在脑海中整理或构思……以备后续执行。"

这一定义的要点在于"计划""在脑海中"和"后续执行"。因此，设计（作为名词）是一个被创造的事物，当设计一个事物的时候，设计是这个事物的开端，但是设计本身与这个事物却又是截然不同的。英国作家、剧作家多萝西·塞耶斯（Dorothy Sayers）在她那本发人深省的著作 The Mind of the Maker 中，将创造的过程进一步分为三个不同的阶段。她把这三个阶段命名为"构思"（idea）、"赋能"（energy）或"实施"（implementation）、"交互"（interaction）[1]，具体的定义如下。

（1）概念构想的形成。

（2）在现实世界中的实施。

（3）在实际的应用过程中与使用者的互动。

按照塞耶斯的思想，当编写一本书、制造一台计算机或开发一段程序的时候，首先，要有一个构思，它仅存在于创作者的脑海之中，脱离于物质世界。不论是创作什么事物，构思在本质上是完整的。其次，要考虑构思在现实世界的实施，例如，写书要借助笔、墨水和纸张；制造计算机需要使用硅和金属材料。最后，当有人阅读了这本书、使用了这台计算机或运行了这个程序时，这便形成了使用者与创作者精神上的互动，至此创作过程就算是完成了。

在我之前的一篇论文中[2]，我将构建软件的工作分为"本质"（essence）和"偶然"（accident）两个部分。（这里使用了亚里士多德的术语，并非贬低软件构建中的被称为"偶然"的部分。在现代语言中，更容易理解的术语是"主要"和"次要"。）被我称为软件构建中"本质"的部分是指精神创作层面上的构思；而被我称为"偶然"的部分则是实施的过程。塞耶斯所说的第三步"交互"，发生在软件被使用的那一刻。

如此说来，设计就是精神层面的构想，塞耶斯称之为"构思"，在任何实施还没有开始之前就可以完成整个构思的过程。莫扎特曾答应在三周内为公爵创作一部歌剧，当父亲问他创作的进展情况时，莫扎特的回答，又阐明了上述的概念：

> "一切都已经创作好了，只是还没有写下来。"
>
> ——致利奥波德·莫扎特的信（1780 年）

大多数的创作者也只是凡人，因此我们的构思总是包含着欠缺和冲突，它们只会在实施的过程中才会变得清晰。因此，在做设计方案的过程中，验证和"改善"是理论学者必不可少的基本功。

构思、实施和交互这三个阶段是递归执行的。实施阶段会在现实世界中创造出真实的事物，此时又进入了另一轮设计的过程。例如，莫扎特用纸和笔完成了歌剧的构思，指挥家看到作品后，进而形成了与作品的交互，于是指挥家又构思出一个演绎作品的想法。接下来，又要通过管弦乐团和歌唱家的实施（演奏）与观众交互，这便完成了整个创作过程。

设计这个术语包含三种含义：一份设计（a design）是指一个被创作出来的事物；与它相关的是一个设计的过程，我也称这个过程是设计（design），在这里我不加任何冠词；除此之外，还有一个作为动词的"设计"（to design）。这三种含义密切相关，我觉得具体的含义是可以根据上下文来区分的。

1.3 真正的设计是什么？是设计理念

在凡是我们能用同一名称称呼多数事物的场合，我认为我们总是假定它们只有一个形式或理念的。

你明白我的意思吗？

我明白。

那么现在让我们随便举出某一类的许多东西，例如说有许多的床或桌子。

是的。

但是概括这许多家具的理念我看只有两个：一个是床的理念，一个是桌子的理念。

没错。

又，我们也总是说制造床或桌子的工匠注视着理念或形式分别地制造出我们使用的桌子或床来。

——柏拉图（Plato）

The Republic（公元前 360 年），第十卷 ①

在 2008 年召开的设计思维研讨会上，每位发言人都分享了各自的分析成果，分析的对象是四个设计团队的会议记录。[3] 这些会议影像和文案都是提前分发给大家看过的。

雷丁大学的瑞秋·卢克（Rachael Luck）在架构会谈中提到设计理念（the design concept），这是一个常常被忽视的却又让在座所有的设计者非常认同的概念。[4]

毫无疑问，架构师和客户都会经常提到这个看不见又摸不着的概念。当发言人谈到设计理念的时候，通常会对着设计图做出模糊的手势，但是很明显，他们并不是在指向设计图或图中描绘的某个具体的事物。他们自始至终关注的是研发中设计的概念完整性。

卢克的见解让设计理念成为一种与众不同的事物。所谓的设计理念引发了我强烈的共鸣。1961—1963 年，我们为 IBM 大型机 System/360 的多条产品线研发了通用架构，当时在架构研发团队中也一直存在着同样的概念，只是我们始终没有为它正式命名。得益于盖瑞·布拉奥（Gerry Blaauw）的远见卓识，System/360 的设计工作被我们清晰地划分为架构（architecture）、实施（implementation）和实现（realization）三个部分。[5] 其基本理念是让不同产品线的计算机为程序员提供统一接口，这个统一接口就是通用架构，它可以兼容不同性能、不同价位的计算机的具体实现。（参见第 24 章）

多个产品的同步实施，以及各自团队负责人之间的设计竞赛，将通用架构推向了兼容和简洁的发展方向，并且避免了因为成本原因在兼容

---

① 柏拉图. 理想国：第十卷 [M]. 郭斌和张竹明，译. 北京：商务印书馆，1986.

性上的妥协。然而，这些动力仅仅来自于架构设计师们的本能和愿望，因为每位设计师都想制造出一台简洁的计算机。[6]

随着架构设计的发展，我观察到了一些起初看起来非常奇怪的事情。对于架构团队来说，真正意义上的 System/360 正是其设计理念本身，即柏拉图式的理想计算机。在生产车间中制造的那些由电子元器件构成的物理设备，Model 50、Model 60、Model 70 和 Model 90，它们只是真正的 System/360 的柏拉图式的影子。而真正意义上的 System/360 最完整、最真实的体现并不在硅、铜和钢铁之中，而是在这本程序员的机器语言手册 *IBM System/360 Principles of Operation* 的文档和设计图表中。[7]

我在 View/360 海滨别墅（参见第 21 章）的设计过程中也有类似的经历。它的设计理念在完全没有动工之前就已经确确实实存在了。因为它一直存在于反复推敲的草图和纸板模型中。

有趣的是，我从未感受到 Operating System/360（OS/360）软件产品线的设计理念。也许它的架构设计师们能感受得到。或许是因为我对它的核心理念的理解还不够深入，或许是因为 OS/360 实际上只是由四个分离的部分组成：一个监视器、一个调度器、一个 I/O 控制系统，以及一个由编译器和实用工具组成的程序包（参见第 25 章）。总之，OS/360 的设计理念一直没有浮现在我的脑海之中。

1.4　设计理念的价值何在

从设计沟通中识别出无形的设计理念并将其提炼为具体的表述，是否具有正面的价值？我认为是的。

首先，出色的设计要具备概念完整性——统一（unity）、经济（economy）和清晰（clarity）。正如维特鲁威（Vitruvius）所说，优秀的设计不仅仅是有用的，还会令人感到愉悦。[8] 例如，我们使用优雅、简洁、美丽等词语来谈论桥梁、奏鸣曲、电路、自行车、计算机和 iPhone 手机。识别出设计理念并提炼出一个具体的表述有助于我们在独立设计中探寻设计的完整性、在团队设计中围绕它共同努力，并将它更方便地传递给年轻一代的设计者。

其次，频繁地提及设计理念对设计团队的内部沟通有很大帮助。我们的目标是保证理念的统一，而这只有通过大量的沟通才能实现。

　　　如果不着眼于周边事物或局部细节，而聚焦在设计理念本身，那么沟通会更直接有效。

和大师的跨时空对话

因此，电影制作人会使用故事板来确保他们在沟通的时候聚焦于设计理念，而不是实施细节。

当我们去细化设计理念时，对于理念上的分歧会很自然地暴露出来，并迫使我们形成决议。例如，System/360 的架构需要一种十进制的数据类型，这么做是为了兼容一些有着成千上万用户的十进制架构的旧机型。当时我们正在开发的架构已经有了几种数据类型，包括 32 位定点补码整型和可变长字符串类型。

从技术上考虑上述两种数据类型都可以作为十进制数据类型的研发方向。但是哪种才更符合 System/360 的设计理念呢？每一派都拿出了强有力的论据，潜藏在派系背后的其实是它们自身的设计理念。一部分设计师的设计理念来自早期的学院派计算机，另一部分设计师的设计理念则来自早期的商用计算机。而 System/360 有明确的设计宗旨，即要更好地同时兼容两种计算机上的应用程序。

我们最终选择了字符串数据类型的方向，因为 IBM 1401 的用户是十进制数据类型的最大特定用户群，他们更熟悉字符串类型。如果让我再选择一次的话，我仍然会做出同样的决定。

1.5 对设计过程的思考

很久之前人类就开始了对于设计的思考，最早可以追溯到维特鲁威（Vitruvius，约公元前 15 年去世）的时代。他所著的 *De Architectura* 是古典时期的设计著作。达·芬奇（1452—1519）的 *The Notebooks of Leonardo da Vinoi* 和安德烈亚·帕拉第奥（Andrea Palladio，1508—1580 年）的 *Four Books of Architecture* 也都是具有里程碑意义的作品。

而对于设计过程本身的思考是较为近期的事情。关于设计过程的思潮，帕尔（Pahl）和拜兹（Beitz）认为可以追溯到 1852 年的德国人雷腾巴赫（Redtenbacher），他的思想深受 19 世纪机械革命带来的冲击。[9] 对我而言，主要的里程碑是克里斯托弗·亚历山大（Christopher Alexander）的 *Notes on the Synthesis of Form*（1962 年）、赫伯特·西蒙（Herbert Simon）的 *The Sciences of the Artificial*（1969 年）、帕尔（Pahl）和拜兹（Beitz）合著的 *Konstruktionslehre*（1977 年），以及设计研究学会（Design Research Society）的成立和 *Design Studies*（1979 年）杂志的创刊。

Design Issues 的编辑马戈林（Margolin）和布坎南（Buchanan）于 1995 年出版了一本编辑合集，其中收录了 23 篇论文，主要是关于设计的讨论和理论分析，在这里" 偶尔会探讨与设计知识相关的哲学问题"（见该书第 xi 页）。

我在《人月神话》（*The Mythical Man-Month*，1975 年版和 1995 年版）中介绍了 IBM 的 OS/360 的设计过程，OS/360 后来又发展成为 IBM MVS 及后续的其他操作系统。《人月神话》这本书侧重介绍设计和开发项目中的人员、团队和项目的管理。与设计过程相关的内容在这本书的第 4~6 章，这三个章节讨论了如何在团队设计中实现所谓的概念完整性。

布拉奥（Blaauw）和布鲁克斯（Brooks）编写的 *Computer Architecture：Concepts and Evolution*（1997 年）一书大量讨论了 IBM System/360 及（System/370 到 System/390 和 System/z）架构的设计原理，以及数十个设计决策背后的理论知识。这本书完全没有提及设计过程或设计活动中人的因素对设计的影响。不过，这本书的 1.4 节探讨了计算机架构设计优良与否的评判标准，这确实与设计过程大有关系。

1.6　设计类型

1.6.1　系统设计与艺术设计的区别

本书是从一个工程师的角度来思考的，讲述的是复杂系统的设计，既注重实用和效果，又同时注重效率和雅致。

艺术家和作家完成的许多艺术作品更重视娱乐性和情感的表达，这与从事系统设计的架构师和工业设计师形成鲜明对比，显而易见，系统设计和艺术设计分属于两个截然不同的流派。

1.6.2　常规设计、适应性设计和原创设计

我们通常将桥梁设计视为工程学中具有艺术气质的一个专业，在这个领域中一旦出现理念或技术上的突破，将带来激动人心的显著进步，这不仅反映在用工成本和功能效用上，而且对美学的影响也有推波助澜的作用。

很多公路的桥梁都很短，因此设计一座只有 50 英尺长的混凝土桥属于常规作业，甚至可以自动化实施。像这么短的桥梁，土木工程师们早已洞若观火，设计时只需查阅参考手册即可，例如，通过将参数

导入决策树来自动建模，工程上的制约，甚至预期收益等都能找到相关的指南。计算机领域同样如此，例如，为成型的编程语言设计一个在新平台工作的编译器也是可以实现自动化设计的，这些都属于常规作业的范畴。

本书讨论的重点在于原创设计，这与常规设计是截然不同的两种模式。做常规设计就如同套公式一样，每个常规设计可能仅是替换了输入参数的输出结果而已，甚至还有一个适应性设计的说法，其本质就是修改一个之前的设计以适应新的需求。

1.7　注释和相关资料

[1] 塞耶斯（Sayers）的 *The Mind of Maker*（1941 年）。

[2] 布鲁克斯（Brooks）的论文 *No Silver Bullet*（1986 年）。

[3] 麦克唐纳（McDonnell）的 *About Designing*（2008 年）。这本书是设计思维研究研讨会（DTRS7）的论文合辑。

[4] 卢克（Luck）的 *Does this Compromise Your Design?*（2009 年），这篇文章收录在麦克唐纳的《设计的相关论述》[5] 中。

[5] 布拉奥（Blaauw）和布鲁克斯（Brooks）的 *Outline of the Logical Structure of System*/360（1964 年）。布拉奥进一步将塞耶斯的“赋能”划分为实施和实现两个层级，我认为这么做是非常有益的。

[6] 简勒特（Janlert）的 *The character*（1997 年），这本书论述了设计出来的事物具有性格，并探讨了如何设计这种性格。

[7] IBM 公司的 *IBM System/360 Principles of Operation*（1964 年）。

[8] 维特鲁威斯（Vitruvius）的 *De Architectura*（公元前 22 年）。

[9] 帕尔（Pahl）和拜兹（Beitz）的 *Engineering Design*。

- 定义目标
- 定义需求
- 定义效用函数
- 定义制约，尤其是预算（不一定是财务成本）
- 决策的设计树

  UNTIL 设计（"足够好"）或（时间耗尽）

   DO 一轮设计工作（以改善效用函数）

     UNTIL 完成设计（意味着所有路径均已搜索）

       WHILE 设计可行

         做出一个设计决策

       END WHILE

       回溯设计树

       探索以前未搜索的路径

     END UNTIL

   END DO

   选择最佳设计

  END UNTIL

理想的设计过程模型

第2章

工程师如何看待设计？——理性模型

设计的理论即是常规的搜索理论……方法是遍历庞大的组合空间。

——赫伯特·西蒙（Herbert Simon，1969 年）

The Sciences of the Artificial，第 54 页

2.1 模型

对于设计过程，工程师似乎有一个清晰的模型，尽管它通常是隐式的。它是工程师所构想的一个有序过程的有序模型。我将以一个海滩别墅设计的示例加以说明（草图在第 21 章）。

2.1.1 目标

首先从首要目标或目的开始："某人想要建造一幢海滩别墅，借助其位于海滨的地理优势，对海风和海浪更多地加以利用。"

2.1.2 需求

和首要目标有关的是一些需求或次要目标："海滩别墅应该经过加固，以经受住飓风的侵袭；它应该能够容纳至少 14 个人在此休息和就餐；它应该展现出令人陶醉的美景"等等。

2.1.3 效用函数

工程师希望通过使用一些效用的或效益的函数来更好地完成设计，这类函数会根据需求的重要程度来为它们各自加权。据我所知，大多数设计师认为对需求条目进行线性加和即可，而更好的方式是将每个效用变量考虑成非线性的、渐近的饱和曲线。例如，在房屋设计中，期待有更大的窗户面积这样的需求。实际上，每增加一平方英尺的窗户面积，所增加的效用会逐渐降低。电源插座也是如此。而线性加和可能会造成窗户和插座的效用只是简单线性递增。

2.1.4 制约

每种设计或优化手段都会受到制约的限制。有些制约是两极化的，要么满足要么不满足，例如，"房屋必须距离用地的边线至少向后退让 10 英尺"。有些是比较弹性的，在临近边界时代价会急剧上升，例如，完工时间上的制约——主人强烈希望在暖和的天气时能准备好海滩别墅。

有些制约很简单，如保持安全退让距离的限制。其他的则隐藏着令人惶恐的复杂性——房屋必须符合所有建筑规范。

2.1.5　资源分配，预算和关键预算

许多制约采用的形式是在设计元素之间分配定量资源。其中最常见的是总成本预算。但这绝不是唯一的制约，也不一定是在特定项目中最能吸引设计师注意的一个。例如，在海滩别墅的楼层平面图中，设计师受限的资源是临海面总的英尺数（甚至要精确到英寸）；在计算机架构设计中，关键预算可能是控制寄存器或指令格式中可用的位数，或者是可用的总内存带宽；在解决软件领域里的千年虫问题时，作业日程表中的工作日天数是关键的可分配资源。

2.1.6　设计树

使用理性模型，设计师要先做出一个设计决策，然后通过该决策缩小设计空间，随即再做出下一个决策。[1] 在每个节点他都可以选择一条或多条路径，因此，可以将设计过程视为系统地探索树形结构设计空间的过程。

在这个模型中，至少从概念角度来看，设计是非常简单的。工程师搜索树形结构的设计空间，测试每个选项在制约下是否切实可行，以便充分利用效用函数来做出选择。有很多众所周知的搜索算法，它们是可以被清晰地描述出来的，闹钟设计树中的一部分如图 2-1 所示。

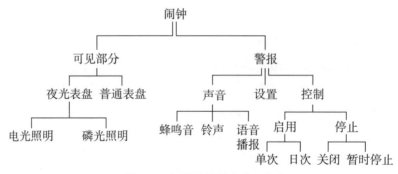

图 2-1　闹钟设计树中的一部分

图片来源：布拉奥（Blaauw）和布鲁克斯（Brooks）*Computer Architecture*（1997 年）图例 1-12，1-14

这种清晰的方法只适用于穷尽所有路径的全体搜索，为的是找出真正的最优解决方案。设计师通常会止步于得到一个"可以接受"的解决方案。[2] 不过，一些工程师似乎倾向某种深度优先的搜索策略即在每个节点选择最有可能或最有吸引力的选项并一路探索到底；陷入死局的时候，回溯到之前的节点选择另一条路线，通过直觉、经验、一致性和审美来指导其对每个选项的选择。[3]

2.2　模型从何而来

设计过程可以被系统化建模为逐步执行的过程，这种观点可能最早来自于德国的机械工程社区。这个说法因为帕尔和拜兹合著的 *Engineering Design* 一书而广为流传，值得一提的是，这部伟大的作品有多达 7 次的改版。[4] 两位作者在 *Notebooks* 中发现达·芬奇是通过系统性的搜索来评估设计方案的，但是略为遗憾的是，关于这些实践缺乏详细的描述。

赫伯特·西蒙在 *Sciences of the Artificial*（1969 年、1981 年、1996 年）中开创性地提出了将设计过程视为搜索过程的观点。他设计的模型及其探讨的深入程度超越了达·芬奇。对人工智能是否擅长生成设计过程这个问题，西蒙对此持乐观态度（前提是计算机有足够的处理能力），并且他更进一步地设计出了一个严谨的理性模型，因为只有设计出了模型才能进入下一步的自动化设计。即便今天我们已经认识到，人工智能最不擅长的就是这类棘手的原创设计 [5]，但他提出的理性模型仍然具有一定的影响力。

在软件工程领域，温斯顿·罗伊斯（Winston Royce）发现在构建大型软件系统时，"随心所欲"（just write it）的方法往往会以失败告终，于是他开创性地引入了一个 7 步走的瀑布模型来梳理这个过程，如第 3 章章首页插图所展示的那样。事实上，罗伊斯是将瀑布模型作为一个反面案例来引入的，最终目的是批判它，但许多人错误地引用和遵循了这个反面案例，而忽略了他提出的更为高级的模型。我自己在年轻时也犯过这样的错误，并在后来公开忏悔过。[6] 令人意想不到的是，罗伊斯的 7 步模型仍然被视为是设计理性模型的基础性论述之一。

正如罗伊斯所强调，他的 7 个步骤彼此之间是明显不同的，必须以不同的方式进行规划和安排人员。虽然步骤间允许循环迭代式地进行，但迭代的范围要受到严格的限制。

> 关于步骤的排序基于以下原则：随着每个步骤的进行，设计也在一步步得以细化，每个步骤只会与前面或后面相邻的步骤有一定的重复迭代 ①，但是很少与序列中更远的步骤进行迭代……将回退规则设计成这样的原因是需要有一个有效的备选方案，以最大程度地保留和挽回前期的工作。[7]

"设计空间可以被描述为一个树型结构"，这是西蒙最初提出的

① 译者注：参考第 3 章章首页插图，其体现在两个步骤之间的双向箭头。

观点。在盖瑞·布拉奥和我合著的 *Computer Architecture* 一书中，也对此进行了阐述和论证。[8] 在这本书中，我们将处理器架构的设计决策严格地按照层次结构整理成一个巨大的树形结构，由 83 个相连的子树表示。图 2-1 通过树形结构展示了一个闹钟设计的简单示例。在这个图例中，我们可以观察到有两类表示分支的图形，分别表现为开放和封闭的节点。第一种类型，如节点"警报"所示，它可以细分为三个属性分支，每个分支都是必须考虑的不同设计属性。第二种类型，如节点"声音"所示，列举了几个可选方案，使用时只需从中选择一个即可。

2.3   理性模型好在哪里

与"直接开始编码或构建"的做法相比，任何一种设计过程的系统化都是一个巨大的进步。首先，它为设计项目清晰地规划了要执行的每一个步骤。其次，它提供了明确定义的里程碑，用于时间规划和评估进度。最后，它还明确了项目组织和人员配置，并且它有助于设计团队内部的沟通，为活动提供了统一的沟通术语。它很好地促进了团队成员与管理者之间的沟通，以及管理者与其他利益相关方之间的沟通。理性模型也可以作为初学者的新手教程，在初学者开始第一个设计任务的时候告诉他要从哪里开始。

理性模型还具有更多的优势。例如，尽早明确目标定义、次要需求和制约条件，可以帮助团队避免漫无目的的工作，并促成团队对于目标达成一致的认识。在开始编码或正式设计之前，规划整个设计过程既可以避免许多问题，也可以防止人力的浪费。将设计过程视为对设计空间的系统化搜索，可以拓宽设计者个人的视野，以防他们因为自己的经验不足而做出糟糕的设计。

即便这是西蒙精心设计出来的理性模型，但它还是过于简化了。因此，我们必须正视其缺点。

2.4   注释和相关资料

[1] 本书遵循赫伯特·西蒙的 *Sciences of the Artificial* 一书，使用"man"作为泛指性名词，它同时包含男女两个性别，还使用了"he""him"和"his"等中性代词。我认为继续使用泛指性代词会更好地实现性别平等，这样做比采用容易让人尴尬且处处小心的设计更为优雅。

[2]"Satisfice"是指在不必优化的情况下达到足够好的结果（赫伯特·西蒙，1969 年，*Sciences of the Artificial*，第 64 页。

[3] 阿金（Akin，2008 年）在 *Variants and Invariants of Design Cognition* 一文中阐述了他在 DTRS7 协议中的发现，建筑师往往在每个层次上、在多个选择中横向搜索，而工程设计师则侧重于基于初始解决方案提议的纵向搜索。

[4] 帕尔（Pahl）和拜兹（Beitz）的 *Engineering Design*，引用自 1984 年的版本。

[5] 里特尔（Rittel）和韦伯（Webber，1973 年）在 *Dilemmas in a General Theory of Planning* 一文中正式定义了这个术语。相关的论述在 http://en.wikipedia.org/wiki/Wicked_problem 中可查看。

[6] 布鲁克斯（Brooks）的 *The Mythical Man-Month*，1995 年，第 265 页。

[7] 罗伊斯（Royce）的 *Managing the Development of Large Software Systems*，1970 年，329 页。

[8] 布拉奥（Blaauw）和布鲁克斯（Brooks）的 *Computer Architecture*，1997 年。

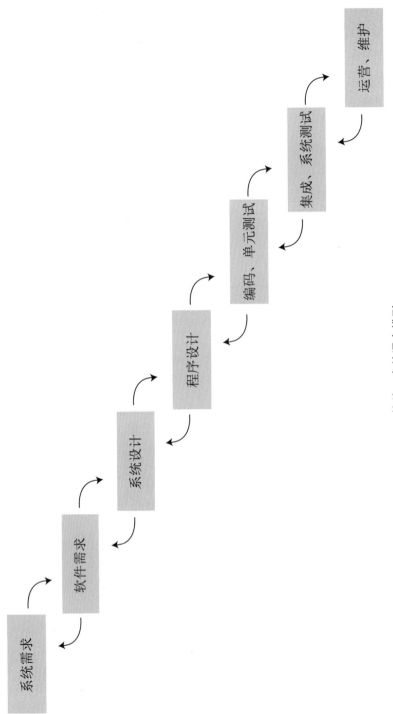

软件开发的瀑布模型

第 3 章
理性模型出了什么问题

往往问题是要发现问题到底是什么。

——戈登·格雷格（Gordon Glegg，1969 年）

The Design of Design

设计者创造事物……他的创造过程是复杂的。创造过程中包含着大量可变的部分，它们是各种各样可能的活动、规则及它们之间相互的组合，这大大超出了有限模型的表示能力。

——唐纳德·A. 舒恩（Donald A. Schön，1984 年）

The Reflective Practitioner

软件工程中的瀑布模型（Waterfall Model）来自发表于 IEEE（电气电子工程师学会）的两篇论文，分别是罗伊斯的 *Managing the Development of Large Software Systems*，1970 年和勃姆（Boehm）的 *A Spiral Model of Software Development and Enhancement*，1988 年。

事实上，每位设计者都能认识到，理性模型只是一个理想化的模型。它在某种程度上描述了我们自身认为的设计过程本应该是如何运作的，但并不代表在现实生活中它真的会按照我们理想的方式运作。

而真实情况是，不是每位工程师都承认在他的内心深处持有如此简单且理想化的模型。但我认为我们中的大多数人的确怀有对理性模型的执念，我自己在很长一段时间内也是如此。因此，让我们带着批判性的眼光，严格审视一下设计领域的理性模型，以明确指出它最偏离现实的地方。

3.1 在起步时，我们并不真正地了解目标

理性模型最严重的缺陷是，设计者通常只能得到一个模糊的、不完整的指定目标或主要目标。在这种情况下：

> 设计中最难的部分是决定要设计什么。

在学生时代的一个暑假，我曾在一家大型导弹公司工作过。有一次，我被安排设计和构建一个小型数据库系统，用于保管一个雷达子系统的 10 000 张图纸，以及追踪它们中每张图纸的更新状态。

几周后，我做出了一个可以运行的版本。我得意地向我的客户展示了一份样本输出报告。

"很好，这就是我想要的，但是你能修改一下吗，让它变成……"

在接下来的几周里，我会在每天上午向客户展示输出报告，然后再次进行修改以适应最新的需求。每天上午，客户会研究产品报告，并再次使用同样礼貌的口吻要求我对系统进行修改。

这是一个（在打孔卡片机上实现的）简单的系统，修改也相对简单。最常见的修改是将图纸按照插入层次进行排序，并缩进显示。缩进层次由卡片中 0~9 的一位数字表示。其他的优化包括多级汇总，当然也有例外情况，例如，用星号自动标记各种各样需要注意的数值。

有一段时间，这样的工作方式让我感到沮丧，"他为什么不能明确自己想要什么？他为什么不能一次性地告诉我，而不是每天只说一点？"

　　随后，我慢慢地意识到，我为客户提供的最有价值的服务是帮助他确定他真正想要的东西。

　　如今，软件工程学更加成熟。我们认识到"快速原型"（rapid prototyping）是制定明确需求的基本工具。不仅设计过程是迭代的，而且制定设计目标的过程自身也是迭代的。

　　"产品需求"（product requirements）并没有因为软件工程学的复杂性而消失或者明显地弱化，它作为设计过程中的一个标准环节，仍然被广泛地引用在文档资料里。但我认为，在初期就能完全了解产品需求是相当罕见的，这不是常规的情况。

> 一个设计者的主要任务是帮助客户发现他们想要设计什么。

　　在软件工程中，快速原型理念至少有一个称谓和被认可的价值，而在计算机硬件设计或房屋建筑领域，这样的理念并没有享有同等待遇。不过，我观察到在这些设计领域也发生了类似的事情，即迭代式地确定目标。越来越多的设计者为各自领域开发了类似快速原型的方案，例如，计算机构建领域的硬件模拟器、房屋建筑领域的 VR 浸入式模拟（Virtual-environment walk-throughs），其目的都是为了能快速地确定具体的目标。总之，迭代式地确认目标必须被视为设计过程的固有组成部分。

3.2　我们通常不了解设计树，我们在设计过程中逐步探索它

　　对于复杂结构的创新设计，如计算机、操作系统、宇宙飞船或建筑，以下任何一个方面的设计工作都会面临新的挑战：

　　（1）目标。

　　（2）需求和效用函数。

　　（3）制约。

　　（4）可用的制造技术。

　　在这些方面，设计者很少能事先规划好整个设计树。

　　此外，在高端技术领域的设计中，很少有设计者能够掌握足够多的知识来独自绘制其领域的基本决策树。一个设计项目往往要持续两年或更长时间。设计者在这段时间里有可能获得职位上的晋升而脱离一线设计工作。因此，在设计者的职业生涯中，很少有人能达到经历过 100 个设计项目的程度。这意味着设计者本人还没有探索过所处领域基本设计

树中的所有分支就离开了设计领域。与科学家的工作性质不同的是，工程领域的设计师很少去探索那些设计树中不明确的分支选项，直白地说就是看不出它对最终解决方案是否有帮助。[1]

可以把设计者的工作看作是对设计树的逐步探索，他们往往会试探性地做出一个决策，然后看看这个决策对后续的决策有益还是有害，这是一个反复推演的过程。

3.3　这些节点实际上并不只是一个独立的设计决策，而是处于待定阶段的完整设计

事实上，这个决策树本身只是树形搜索过程的简单模型。如第 2 章 2.1.6 节图 2-1 所示，有些属性分支是并行的，有些则是必须从中选择一个。某个分支的选择与其他分支的选择是有关系的，它们间的关系可能是互斥的，也可能是共生的，也可能互相之间需要一些权衡。在 Computer Architecture 一书中，我和布拉奥设计的巨型设计树实在是太简单了，这本书中有一个章节叫作"计算机动物园"（Computer Zoo），整个章节都在试图阐述清楚决策间的关系。[2]

这意味着在设计树的每个节点，设计者的工作并不轻松，他们不仅仅是选择一个设计决策，而是在多个待定的、完整的设计中做出抉择。

此外，决策的顺序对于设计树是至关重要的，正如帕尔纳斯（Parnas）在他的经典论文 Designing Software for Ease of Extension and Contraction 中所阐述的那样。[3]

这些复杂的问题组合在一起，最终形成的分支数量将呈现爆炸式的增长，这对树形结构的搜索造成巨大的困难（这种情况类似于国际象棋中的行动树）。在本书第 16 章我会进一步探讨这个难题。

3.4　无法渐进地评价分支的优劣

理性模型假定设计过程是这样的：设计就是对设计树进行搜索，而且设计者在设计树的每个节点，都是可以定量评价下游各分支的优劣程度的。

然而实际上，在不探索所有下游分支至其所有叶子节点的情况下，通常无法定量评价每个节点各下游分支的优劣程度（如性能、成本），因为优劣与否的评价结果严重依赖于后续的设计细节。因此，尽管原则上进行定量评价是可能的，但在实践中会再一次遇到由于组合导致分支

数量呈爆炸式增长的问题。

那么设计者该怎么办呢？当然是进行估算，无论是正式的还是非正式的估算。设计者必须在对树形结构进行向下探索时剪枝。

3.4.1 经验

在剪枝的过程中，除直觉外还有很多辅助工具能帮助我们。其中一个是经验，既包含直接经验，也包含间接经验。"OS/360 的设计者公开了操作系统的系统范围共享控制块（system-wide-shared control blocks）的详细格式，结果这被证明是一场维护噩梦。正因如此，这一次我们要将它们封装为对象。""伯勒斯 B5000（Burroughs B5000）产品线早已探索过基于描述符的计算机架构。本质上这种架构的性能损失太大，所以我们这次不会探索那棵子树了。"当然，技术上的取舍并非一成不变，但是过去的经验教训仍然很有启发。我们为什么要学习设计的历史呢？最主要的原因是了解哪些方法不起作用，以及为什么不起作用。

3.4.2 简易的估算器

通常，设计者在探索设计树的早期阶段会使用简易的估算器。例如，建筑设计师会根据给定的目标预算，应用一个粗略的平方英尺成本估算方法，得出以一个平方英尺为单位的输出，并将其作为目标，应用于之后的设计树剪枝作业；计算机架构师使用指令组（instruction mixes）来对计算机性能进行初步估算。

这种粗略估算的危险在于，粗糙的估算器可能会漏掉实际可行但看似不可行的设计分支。我曾经看到过一位建筑师，他为了取消一面在已经指定的屋顶结构下的墙，而报出高价，原因是因为仅使用了常规平方英尺估算器。实际上，增加空间带来的大部分成本都在屋顶，然而此时屋顶的成本已经确定，因此取消一面墙的边际成本实际上是非常低的。

> 将欲免费取之，必先无偿予之。

3.5 需求和它们的权重在持续变化

唐纳德·舒恩（Donald Schön），麻省理工学院城市研究和教育学教授、设计理论家，在其著作中曾说：

设计者根据他对场景的最初印象来塑造场景，然后场景会"回应"

（talks back）他，接着他对场景再次做出回应。

> 在一个优秀的设计过程中，这种设计者与场景的对话是相互作用的（reflexive）。作为回应场景的反馈，设计者会在行动中反思自己的问题构建、行动策略及隐含在行动中的现象模型。[4]

简而言之，当设计者仔细思考分支的取舍时，会对整个设计问题有一个新的理解，他会认识到这是因素间的相互作用，只是由于各种因素杂乱地交织在一起。随之而来的是需求重要性的变化。这种变化同样会发生在客户身上，当他了解到他将得到什么样的产品，或具体的使用场景变得清晰之后，他会重新权衡需求的重要程度。

在设计过程中，简单的问题往往会被忽略。以我们翻新房屋的设计为例（参见第 22 章），当我和妻子在为设计预案收集使用场景时，突然想到一个简单的问题：客人参加会议时的外套要放在哪里？这个看似不重要的需求实际上左右了整个设计，使主卧室从房屋的一端移到了另一端。

此外，对于必须要分开实施的设计工作，如建筑领域或计算机领域，通过向构建者学习，设计者会逐渐增强对设计和制造之间的相互作用的理解。因此，许多需求和制约会发生变化并得以完善。在整个设计过程中，制造技术也可能会发生革新，这在计算机设计中尤为常见。

由于许多需求（如速度）都是按价值和成本的比率（价值／成本）来衡量权重的，因此又发生了另一种现象：随着设计的持续进行，人们发现可以用非常低的边际成本来扩大某些特定需求的范围。因此，一些原本没有进入原始需求列表的想法出现了，它往往具有一定的价值，并且可能需要在以后的设计变更中保留下来。

北卡罗来纳大学的西特森礼堂（Sitterson Hall）在设计和建设时并没有过多地考虑应用场景，但是在投入使用之后，作为使用者的计算机科学系的同事发现，礼堂包含下层大厅、上层大厅、教师会议室、讲堂和门厅在内的一系列空间的设计非常适合举办多达 125 人的会议。不仅如此，大型会议的举办对该建筑其他房间内的工作几乎没有影响。这个结果非常偶然，因为最初的建筑方案中并没有考虑这样的功能。不出意外，后续任何对西特森的整改，这一高价值的特性都肯定会得以保留。

3.6　制约在不断变化

我们可以明确知晓设计的目标，可以罗列出所有的需求，也可以精确地构建好设计树，甚至连评价功能的优劣度也可以准确地定义，不过即便是这样，设计仍然是需要迭代执行的，因为制约会不断变化。

环境往往会发生变化，如市政会议中通过了新的用地采光标准、电气规范每年更新一次、计划使用的芯片被供应商撤回。我们一边做着设计，世界也在一边不断地变化着。

随着设计过程或制造过程中探索的展开，各种制约也会发生改变，如施工方碰上了坚硬的岩石、分析表明芯片冷却再次成为一个制约等。

制约的变化也并非总是体现为数量上的增长。通常一些制约也会自动消失，有时候只是无意中的巧合，而非人力为之。技艺高超的设计者会识别出新的机遇，并用他灵活的设计来充分利用这个机遇。

并不是所有的设计都是灵活的。更常见的情况是，当我们深入设计过程时，我们可能没有意识到某个制约已经消失了，或者不记得我们曾排除过哪些制约。

在设计过程开始时，将已知的制约明确罗列出来是很重要的，建筑师将它们作为设计方案的一部分。设计方案是与客户一起准备的文件，其中阐明了目标、需求、制约。本书的网站（www.cs.unc.edu/brooks/Designof Design）上提供了一个设计方案的示例。设计方案不是正式的需求说明书，通常需求说明书是具有合同效力的，用来定义设计的验收标准。

明确列出制约可以帮助我们尽快地发现它们，避免发生令人不快的意外。制约也会深植于设计者的头脑之中，时刻提醒着设计者，从根本上抓住解除制约的时机。

我们中的所有人都在围绕着制约来做设计，这个过程激发了许多创新，也是对设计空间中容易被忽视的角落的探索。这也是设计的乐趣所在，是最具有挑战的地方。

在设计空间之外的制约变化

有些时候，通过完全跳出设计空间，并努力排除设计制约，可以实现设计上的突破。我在设计房屋的侧楼时（参见第 22 章），曾花费很长时间，却都没有成功地解决阴影投射退让要求的制约和音乐室需求之间的冲突。采光的制约体现在建筑红线（property line）必须要与建筑日照阴影线（solar line）保持一定的偏移距离。音乐室的需求是要容纳两架大钢琴、一架管风琴、一个正方形空间，还需要为一个弦乐八重奏留出演奏空间及一个 1 英尺的教学用地。图 3-1 展示了设计面临的各种制约。

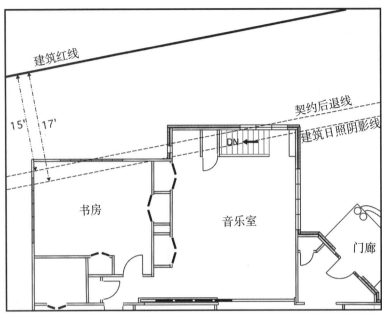

图 3-1　设计面临的各种制约

　　这个难以解决的设计问题最终是完全跳出设计空间来解决的——我从邻居那里购买了 5 英尺的地带，因为这可能比试图从市议会获得偏移豁免权的做法更经济，也更便捷；这还解放了设计中的其他区域，特别是书房的西北角的位置（图 3-2）。

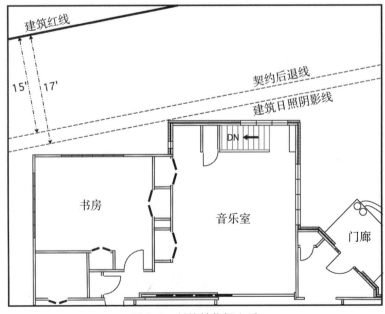

图 3-2　制约被化解之后

　　在设计方案中，将已知的制约明确地罗列出来还有另外一点益处，设计者可以定期扫描列表并询问："由于世界已经改变了，现在可以排除这个制约吗？"或者"是否可以通过跳出设计空间来规避它呢？"

3.7　其他人对理性模型的批评

3.7.1　一个自然的模型

通过上文的描述和批判，我们可能会觉得理性模型似乎很幼稚。但这正是人们构思出来的一种非常自然的模型。我们可以回忆一下赫伯特·西蒙的理性模型、瀑布模型、帕尔和拜兹的理性模型，这些各自独创的模型无不如此，这正是对理性模型具有的天性所提出的强有力的佐证。另外，从最初开始，设计界就对理性模型提出了有力的批评。[5, 6, 7]

3.7.2　设计者们并非如此工作

对于理性模型，或许最令人难以接受的批评，就是大多数经验丰富的设计者并不是按照这种方式工作的，尽管这可能是最难以证明的。虽然出版物上的评论很少直接表明理性模型根本不反映专业实践，但是读者可以感受到这种批判的观点贯穿于所有详尽的分析之中。[8]

尼格尔·克罗斯也许是一个例外，他用温文尔雅的方式，清晰地表述了他对理性模型的批判。他引用了许多研究，直言不讳地表达了如下观点。

> 解决常规问题的方法和做设计有许多不同的地方。因此，设计专家所具有的行为方式通常与常规问题的解法也大为不同。这种差异使得我们一定要非常小心地从其他领域引入设计行为模型。经常有设计行为的实证研究表明，与设计内在本质关联性最强的，也是最有效的特征是"直觉"（intuitive）。不过，设计理论的某些领域已经在尝试开发反直觉的模型，并为解决设计问题来寻找科学的方案。[9]
>
> 而且，大部分设计过程模型往往忽略了设计论证中的同位性（appositional nature）。例如，德国工程师联盟（Verein Deutscher Ingenieure，VDI，1987 年）发布的设计过程的一些共识模型（consensus models）……在工程实践中，设计问题会被分解为许多子问题，而设计的过程看起来好像是在这些子问题及问题的解法之间反复跳转，这种感觉像是在不停地分解各种子问题并将问题的解法组合在一起。[10]

我发现这个论点和实证研究的论据都非常令人信服。这种设计过程中的反复跳转也与我毕生的设计经历不谋而合。在我们的房屋设计过程中，我发现"放衣服的地方在哪里？"的需求就是典型的例子。

3.7.3　罗伊斯对于瀑布模型的不同意见

罗伊斯在他的论文原文中描述了瀑布模型，以便指出其缺陷[11]。基本上，他认为在相邻的方框之间即使有描述逆流的反向箭头，该模型也不具备实用性。他也尝试去解决这个问题，他通过修改逆向流程箭头的回退范围，使这些箭头可以回退两个框。然而这不过是一个治标的应急措施，而不是治本的方法。

3.7.4　舒恩对不同意见的总结

赫伯特·西蒙指出理论知识和现实世界的需求之间存在着偏差……西蒙主张通过设计科学填补二者之间的偏差，不过他的科学工具只能应用于一些从实际场景中提取出的、已经成型的问题。

如果应用科学的手段还是无法化解上述偏差的话，那么理性模型就显得更糟糕了。我们可以换一种思路，在具有直觉性和艺术性的设计过程中寻找它所蕴涵的实践理论，这样可以帮助实践者应对实际设计场景中的不确定性、不稳定性、独特性和价值观上的分歧。[12]

3.8　尽管具有这些缺陷与非议，理性模型却仍然存在

通常情况下，最初的布道者比他的信徒更加了解一个理论或技术的优点、缺陷和应用范围。由于信徒不像布道者那般才智过人，再加上他们对所信仰的事物过于狂热，这种狂热会导致思维上的僵化、误解和过于单纯化。

很不幸，直到今天很多应用仍然沿用着理性模型。设计研究员吉斯·多斯特（Kees Dorst）在 2006 年发表的文章中承认：

由赫伯特·西蒙编写的理性模型在解决问题和结构方面都存在着欠缺。尽管自它发表以来，对于设计方法的研究取得了长足的进步，但是西蒙的原始版本在这个领域仍然具有重要的影响力。西蒙引入了一个概念性的框架，在它的基础上，用理性方法解决问题的范式仍然在设计领域占有主导地位。[13]

确实如此，在软件工程领域，我们经常过于盲从瀑布模型，这是我

们盲从理性模型的具体体现。

3.8.1 德国工程师联盟标准 VDI-2221

德国工程师联盟在 1986 年采纳了帕尔和拜兹阐述的理性模型，并将它作为德国机械工程领域的官方标准。[14] 我曾见过大量源自该举措的僵化设计。但是拜尔也曾努力向大众澄清如下：

> VDI 2221-2223 号指南（Richtlinie 2221-2223）及帕尔和拜兹（2004 年）给出的设计过程不再属于"顺序执行"（straight sequence）的类型，但也只应将其视作基本的针对性行动指南。在实际场景中，选择迭代执行（即重复使用"前进和后退"步骤）可能是更有效的方法，也可以使用具有更高信息层级的后续步骤进行迭代，这样做可以解决问题。[15]

3.8.2 DoD 标准 2167A

别无二致的是，美国国防部在 1985 年也将瀑布模型整合到 DoD（U.S. Department of Defense）标准 2167A 中 [16]。直到 1994 年，在巴里·伯希姆（Barry Boehm）的倡议下，国防部才认可其他的设计模型，开放了采购标准。

3.9 那又如何？设计过程模型重要吗

为什么要如此关注过程模型呢？过去我们和其他人常常思考我们的设计过程模型，它是否真的影响我们的设计本身？我认为答案是肯定的。

3.9.1 并非每个设计思想家都赞同我的观点

剑桥大学教授肯·华莱士（Ken Wallace）是帕尔和拜兹作品的英文译者，他认为，一个容易理解和传达的模型是迈出设计的重要一步。他指出，理性模型对于初学者来说非常有用。帕尔和拜兹的模型为新手提供了一个开始设计工作的起点，使新手不会迷失方向。华莱士说："我先给大家展示帕尔和拜兹的图表（表 1.6），并对其进行解释。紧接着我在下一张幻灯片上写道：'但这并不是真正的设计师所采用的工作方式'。"[17]

不过，我担心那些经验不足的年轻教师并不会像华莱士这么做。

苏珊（Suzanne）和詹姆斯·罗伯逊（James Robertson）是享誉全球的咨询专家，同时也是需求规划方面的畅销书作者，他们认为理性模型的不足无关痛痒，"了解设计是什么的人通常会清楚地理解理性模型的局限"。[18]

尽管如此，我认为我们不够完善的理性模型及对它盲目地遵从，将导致臃肿、庞大且过于复杂的产品，以及引发进度、预算和性能等方面的灾难。

3.9.2　用右脑思考的设计者

设计者大多是使用右脑来思考的，他们具有视觉上和空间上的导向能力。然而事实上，当我对具有设计天赋的朋友做随机测试的时候，他们通常很困惑。我首先会问："下一个十一月在哪里？"趁他们疑惑之际，我会接着详细地解释，"在你的头脑中是否有一个关于日程表的空间模型？我知道有些人会有。如果你也是如此，是否可以向我描述它呢？"其中，天赋异禀者的头脑中差不多都有着这样的模型。不过各自所持有的模型之间有着巨大的差异。

同样地，软件设计团队总是习惯在共享的白板上手绘架构图，而不是写字或写代码。建筑师认为在图纸上用宽笔勾画草图是不可或缺的沟通方式，更是独立思考的必备工具。

由于我们设计者是借助空间感来思考的群体，过程模型以图表的形式深深地印在我们的大脑之中，无论是帕尔和拜兹的垂直矩形，还是西蒙的树形结构，甚至是罗伊斯被批判的瀑布模型。这些图表在很大程度上潜移默化地影响着我们的思考。因此，我认为一个不完善的过程模型，在以我们难以完全理解和几乎无法怀疑的方式，阻碍着我们更好地做设计。

很显然，一旦我们妥协于"理性模型"的诸多不够完善之处，那么它将误导我们的继任者，并对行业造成巨大的伤害。这等同于我们向继任者传授我们并不遵循的工作方式。因此，继任者只能在真实世界去努力感悟对他们有帮助的工作模式，而我们却爱莫能助。

我不清楚设计学的高级教师是否也有如此体会，尤其是那些具有工业设计经验的教师。我们非常清楚模型是有意做了过度简化的，以帮助我们解决非常复杂的现实问题。因此，我们提醒学生："地图并非真实地形"，模型不是完整的影像，它包含的内容可能是不准确的。

在软件工程实践中，我们很容易发现任何形式的理性模型都会让我们预先声明设计需求，这对我们的设计过程是有害的。理性模型让我们相信这样做是没问题的，并且在一切尚不清楚的前提下，让设计者和客户对一个虚无缥缈的目标达成契约。本书的第 4 章和第 5 章详细阐述了有关需求的问题。一个更为现实的过程模型可以让设计工作更加高效，避免频繁地与客户发生争论，以及大量的返工。

所以说，瀑布模型是错误和有害的，我们必须摆脱对它的过分依赖。

3.10　注释和相关资料

[1] 工程师只需要一种满足需求的解决方案；而科学家需要一种开创性的发现，这通常要靠更广泛地探索来实现。

[2] 布拉奥（Blaauw）和布鲁克斯（Brooks）的 *Computer Architecture*（1997 年），26~27 页，79~80 页。

[3] 帕尔纳斯（Parnas）的 *Designing Software for Ease of Extension and Contraction*，1979 年，这本书将设计过程明确地视为对树形结构的遍历。他强烈主张尽可能使设计具有灵活性。他建议将最不可能改变的决策放在最靠近根节点的位置。设计的灵活性是一个重要目标。在软件工程中，面向对象设计和敏捷开发方法都以此为基本目标。

[4] 舒恩（Schön）的 *The Reflective Practitioner*，1983 年，79 页。

[5] 令人惊讶的是，我发现很少有人批评帕尔（Pahl）和拜兹（Beitz）的理性模型，而对西蒙（Simon）思想的批评则很多。还好帕尔和拜兹二人自发地认识到了这个模型的不足。在他们作品的后续版本中，他们的理性模型（第二版和第三版的图 3.3，图 4.3）包含了越来越多显式的迭代步骤（1984 年，1996 年，2007 年，*Engineering Design*）。西蒙的 *The Sciences of the Artificial* 有三个版本。不过很可惜，西蒙提出的理性模型在这三个版本中都没有任何改进。尽管他在 2000 年 11 月与我交谈时说，他自己对这个模型的理解已经更加深入了，但他没有机会重新构思和撰写此书的新版本。在维瑟（Visser）编写的 *The Cognitive Artifacts of Designing*（2006 年）一书中，第 9.2 节有一段非常精彩的论述。此章节名为"西蒙在后期工作中更加细致的立场"（Simon's more nuanced positions in later work），这些论述参考了西蒙在后来的论文中表现出来的演变。维瑟与我一样惊讶于这种演变没有反映到 *The Sciences of the Artificial* 的后期版本中。

[6] 奥尔特（Holt）的 *Design or Problem Solving*（1985 年）。工程

设计有两种不同的解释。在许多高等教育机构中有一种解决问题的方法很流行，该方法强调使用标准化技术来解决结构化、定义明确的问题，这个方法可以追溯到"硬性系统思维"（hard system thinking）。另一方面，创造性的设计方法将分析和系统思维与工程设计中的人为因素结合起来，用来创造和利用为社会服务的机会。本文讨论了当解决许多现实世界的问题时，其解决方法的局限性。

[7] 克罗斯（Cross）的批评是以经验为基础的，而舒恩（Schön）则批评了理性模型背后的哲学思想。他说，理性模型就像西蒙所阐述的那样，是一个更加普遍的哲学思维方式，被称为"技术上的理性"（technical rationality），并被认为是在当下已经被否定的实证主义的遗产。他认为，这种基础哲学本身完全不足以理解设计，尽管它已经被纳入大多数专业设计课程中，从技术的理性角度来看，专业实践是一个解决问题的过程。问题是通过从可用方案中选择最适合既定目标的方案来解决的。但是，在这种强调解决问题的场景下，我们忽略了问题本身的背景，这些背景包括我们做出决策的过程、最终要实现的目标、可选方案。在实践过程中，问题不会作为已经确定的事情呈现给实践者。实践者必须从令人费解、烦恼的和不确定的场景中找出问题所在。……一个实践者必须做各种类型的工作。他必须理解一个最初没有意义的、不确定的场景。……这类场景越发的被专业设计者认为是他们实践的核心。……技术上的理性取决于对目标的统一认识。

[8] 一个生动的例子是西莫·克雷（Seymour Cray）在 1995 年所说："我应该是一个科学家，但我在做基本决策时更多地使用直觉而非逻辑。" 这个例子是我 2009 年 9 月 14 日在这个链接中看到的：http://www.cwhonors.org/archives/histories/Cray.pdf。

[9] 克罗斯（Cross）的 *Designerly Way of Knowing*（2006 年），第27 页。

[10] 克罗斯（Cross）的 *Designerly Way of Knowing*（2006 年），第57 页。多斯特（Dorst，1995 年）在 *Comparing Paradigms for Describing Design Activity* 中，对于西蒙和舒恩有一个特别好的讨论。他们的期刊文章被重新印刷在克罗斯（Cross）的 *Analysing Design Activity*（1996 年）中。多斯特还表明，在 Delft II 协议中，舒恩的模型更准确地适配了所观察到的设计师的行为。

[11] 罗伊斯（Royce）的 *Managing the Development of Large Software Systems*（1970 年）。

[12] 舒恩（Schön）的 *The Reflective Practitioner*（1983 年），第

45~ 第 49 页。

[13]多斯特（Dorst）的 *Design Problems and Design Paradoxes*（2006年）。

[14] VDI，*VDI-2221：Systematic Approach to the Design of Technical Systems and Products*（1986 年）。

[15] 帕尔（Pahl）的 *VADEMECUM—Recommendations for Developing and Applying Design Methodologies*（2005 年）。

[16] DoD-STD-2167A 试图解决这个问题，但不幸的是把瀑布图放在了突出的地方，并且问题基本上还是没有改变。MIL-STD-498 取代了 2167A 并解决了这个问题。DoD 随后采用了 IEEE/EIA 12207.0、IEEE/EIA 12207.1 和 IEEE/EIA12207.2 等行业标准，并取代了 498。

[17] 个人交流（2008 年）。

[18] 个人交流（2008 年）。

波音—西科斯基 RAH-66 科曼奇直升机（原 LHX）

西科斯基飞机制造公司（Sikorsky Aircraft）/ 理查德・泽尔纳（Richard Zellner）/ 美联社图片（AP Wide World）

第 4 章
需求、原罪和契约

在项目开始时，我们总是希望能够规划出所有可能出现的需求，然而这样的尝试最终都将以失败告终，并会导致很大程度的项目延期。

——帕尔和拜兹

Engineering Design（2007 年）

如何获得清晰和完整的系统级需求？委员会认为这至少需要经历项目的前两个里程碑（Milestones A and B），并需要在此过程中与潜在的承包商进行充分互动。

——詹姆斯·加西亚（James Garcia）

致力于准第一里程碑（Pre-Milestone A）和早期系统工程的美国空军

研究委员会

4.1　一段惊人的往事

有位将军曾在美国海军陆战队航空中队度过了自己的职业生涯，他非常了解直升机。他曾和我一起被派遣到五角大楼的国防科学委员会小组。我们在那里认真听取了一位上校关于 LHX 的简报，LHX 是正在设计阶段的次世代轻型攻击直升机的研发代号，这架战机的研发将会花费数十亿美元，并且产品质量将关乎战士们的身家性命。未来该直升机将会替换当前的四种机型，并承担不同类型的作战任务。

这位上校向我们简单描述了一些需求，这些需求来自于一个协同委员会，它由不同用户团队的成员组成。这些需求如下。

"飞行速度快、飞行距离远、安装 X 种装甲、挂载 Y 种武器、携带 Z 种弹药储备，除机组人员外，能够搭乘 W 名全副武装的士兵。"

"贴近地面低空飞行，避开雷达探测。即使在漆黑的暴风雨的夜晚，也可以快速爬开以躲避障碍物。极速升高射击，然后再极速下降躲避回击的火力。"

然后，他用若无其事的语调和表情说，"而且必须独自飞越大西洋（这远远超出其正常的作战范围）"。

将军和我显然都大吃一惊。上校察觉后立刻解释说："是的，我们的确要设计这个功能，必要时可以卸下它的所有武器和弹药，并且满载燃料，以便于长距离飞行。"然而，令我们难以置信的地方不在于它是否可行，而在于它是否合理。即使是我这样一个计算机设计师，也能意识到必须为具有这样的能力付出代价，不是成本，而是要削减其他方面的性能。

"为什么一定要这样做呢？很显然，即便运气好，这种飞行它也只会经历两次。"

"因为我们没有足够多的 C—5 运输机将这些直升机运送过去。"

"为什么不从 LHX 计划的预算中支出一部分来购买更多的 C—5 运输机，而要反过来牺牲 LHX 的设计呢？"

"那是不可能的。"

与其说我们被这个极端的需求所震惊，不如说我们着实被上校不以为然的态度震惊到了。也许我们出自本能的怀疑是错误的。也许自主运载能力的边际成本确实很低。也许远见卓识的设计师已经在探讨这个问题了。

我们后续的会谈并不令人振奋。如果我没记错，LHX 需求委员会中既没有航空工程师，也没有直升机驾驶员，反而几乎都是代表各自团队的官僚人员，各个都是对外斡旋的高手。[1]

4.2　不幸的是，这种事并不罕见

许多读者都可以轻易地想象出 LHX 需求委员会的会议场景，我们都曾参加过这样的会议。

每位与会者都有一个需求清单，这些需求来自不同的提议者，并根据提议者的个人经历来划定权重。需求被采纳的程度事关每位提议者的自我成就和声誉。相互协商和利益交换是不可避免的，这是团队激励机制的必然结果。"如果你不反对我的意愿，那我也不会反对你的。"

如果通过这样的方式来决定需求，那么谁来在乎产品的概念完整性、效率、经济性和稳健性呢？它们才是关乎产品自身质量的因素。通常情况下，没有人会在乎。事实上，直到这个阶段还没有任何一位架构师或设计师能基于本能或观感来提供专业的建议。[2] 遗憾的是，在经典瀑布模型的产品流程中，需求恰恰是在设计开始之前就被确定的。

这样做的结果，当然只能得到一份过于臃肿的需求清单，它通过很多意愿清单组合而成，没有考虑任何需求的制约而粗略地组合在一起。[3] 通常这份清单既没有排序，也没有权重。委员会担心团队之间由于对需求权重的认识不一致而引发纠纷，甚至对于需求的优先级都避而不提。

这份模糊的需求清单终究还是要得到协调的，包括需求的各种制约。由谁来代替需求的制定者来协调呢？只能是产品设计师了，然而这还要等到实施阶段。到那时，产品设计师会使用自己的个人用户模型隐式地为需求设置权重。[4] 在相当多的案例中，设计师错误地设置了权重，导致自己脱离深度用户，并且他们也无法掌握需求制定者同等水平的应用学识。

最终，由委员会生成的需求自然会催化出功能过于丰富的产品（底特律的汽车、臃肿的软件系统、糟糕的美国联邦政府税务和 FBI 系统），这是它的本性所决定的。也许委员会过于冗余的规格清单就是大型软件系统看起来如此容易遭受重大灾难的原因，即便这些大型系统看起来总是健壮无比。

在 IBM OS/360 的研发项目中，最初的需求也是由一个委员会制定的。这个委员会规模庞大，成员都来自营销部门，这份需求清单的制定过程就和我上文所述的一模一样。作为项目经理，我不得不拒绝这份需求文件，因为它完全不切实际。而我的做法是让一个由架构师、营销人员和实施人员共同组成的小规模团队，从那份臃肿的清单中提取出需求要点。

4.3　对抗需求膨胀和蔓延

需求扩张必须得到遏制，我们可以控制滋生需求扩张的源头，也可以在需求刚刚呈现出扩张苗头的时候对其抑制。美国国家研究委员会下的空军研究委员会发布了一份非常有见地的报告，对这两个方面都进行了探讨。[5]

该委员会的业务聚焦于初始阶段的系统工程和首个项目里程碑，报告的内容是从一段惊人的往事开始的。30 年前，大型军事系统的开发周期约为 5 年。然而现在，从项目启动到系统部署的时间反而是过去的 2~3 倍，与之相对应的科学技术和军事威胁的发展速度都在加快。

另外，我们从过去的项目能够观察到，取得重大成功的项目通常只有一个或几个明确的首要目标，每个首要目标都有明确的截止日期。这些项目是从几个高阶需求（top-level requirements）开始的。随着开发工作的进行，高阶需求被分解成更具体的子需求（sub-requirements），关键的性能指标也是在开发阶段得以明确的。这些工作需要由一位经验和能力兼备的管理者来掌舵，他要在系统功能与进度及成本之间不断做出平衡。

需求蔓延（requirements creep）可能来自用户，也可能来自内部的创新者，无论来自哪一方，最好的回绝理由都是时间上不允许（按照我自己的系统构建经验，这是最有效的防御措施）。委员会认为，国防部在军事采购这件事情上的紧迫感已经消失不见了，取而代之的是越来越多的"监管"（oversight）机制，以避免犯错。这样的事情在科技公司中也是屡见不鲜的。

该委员会建议，关于一个新系统，在开始有针对性的技术开发之前，应该先系统性地开展一些系统工程类的工作。他们建议不要在系统的首个项目里程碑之前制定初始需求规范，而应该在系统开发期间，通过项目的前两个里程碑来定义详细的需求规范报告，具体的做法如下：

通过项目的首个里程碑来定义清晰的关键绩效指标，再通过第二个里程碑来定义明确的需求，这样可以保证项目在起步阶段就具有稳定的输出，并且对后续的高效开发也是至关重要的。[6]

接下来，用最有效的方法直接解决需求蔓延的问题。委员会的优先建议是尽早任命具有丰富经验、掌握领域知识并且内心强大的项目管理者，他们需要在最初的系统交付阶段一直参与项目。然后授权他们"根据自己认为必要的方式来制定标准化的工作流程"。[7]

他们还建议采用需求跟踪矩阵（requirements traceability matrix），以确保每个细化出来的需求确实源于一个或多个初始需求（initial overall requirements），不能把用户代表提出的要求直接添加到系统需求中去，更别说系统设计者想要的一些奇思妙想或自认为有价值的事情了。

4.4　人类的过失

假设

（1）有一位客户，他从不贪得无厌，而且非常乐意为他的建筑师和承包商支付合理的价钱，以换取他们的专业知识和辛勤劳作（也许出于开明的利己心理，因为客户需要与雇员再次合作）。

（2）客户雇佣了一位始终认为自己是客户代理人的建筑师，他渴望利用自己的才能和专业技能来服务客户，让客户获得最大化的收益。

（3）客户正在与一个承包商签订合约，后者始终将生产高品质的产品作为自己的职责，并且保证在约定的预算和工作日期内以最具性价比的方式完成。

（4）所有参与者都诚实可靠，彼此之间沟通良好。

那么

我将给出这样的观点。

（1）成本加成（cost-plus）的支付方式将会给客户带来最大价值。

（2）设计—建造（design-build）的交付方式将最快速地完成项目。

（3）明确的螺旋模型过程（参见第 5 章）将生产出最适合客户需求的产品。

如果最后一条观点是正确的，那么我们如何解释瀑布模型为何至今仍然存在呢？毕竟在过去近 30 年里，螺旋模型及其演化出的其他模型已经证明它们是非常可靠的。

最简单的回答就是"人类的原罪"，即自负、贪婪和懒怠。我们都意识到上面所假设的条件都是理想状态。读者可能会嗤之以鼻："这些条件普遍都无法实现！"因为人是有缺陷的，我们无法完全信任彼此的动机，也无法完美地进行沟通。

4.5　契约

出于这些原因，"书面约定"是非常重要的。我们需要书面的协议以确保交流的清晰；我们需要具有强制约束力的契约来约束他人可能犯下的过错，同时也可以约束来自于我们自身的诱惑。当参与者是团体组织（multi-person organizations）而不仅仅是个人时，我们更需要细致的、能够强制使人服从的契约。根据经验，团体组织往往比个人表现得更为糟糕。

显然，无论是在组织内部还是组织之间，正是因为契约的必要性，迫使各方将目标、需求和制约过早地确定了下来。每个人都认识到事实的真相是这些目标、需求和制约在未来一定会被修改。（这让投机者有机可乘："先在契约上压低价格，后续在变更订单上提高价格弥补回来。"）因此，似乎是契约的必要性最好地解释了瀑布模型在设计和构建复杂系统方面长期存在的原因。

4.6　用来达成契约的模型

客户通常期望就一个具体的交付成果制定一份固定单价（fixed-price）的契约，这将催促设计者尽快交付一份完整且双方达成一致的需求集。我们曾在第 3 章讨论过，客户的期望与残酷的现实极为不符，对于一个复杂的系统，除非在设计过程中进行迭代式的交互，否则是绝无可能直接制定出一份完整且准确的需求集的。

建筑设计学科已经有数百年的历史，它们是如何解决这个棘手的问题的？从根本上说，是通过与软件设计过程迥异的契约模型来实现的。我们考虑一个正常的建筑设计过程，如下所示。

（1）客户为建筑目标制定了一个项目方案，而不是具体的规格说明书。

（2）客户与一位建筑师签订合同，通常是按小时或按百分比计费，而不是按指定产品计费。

（3）建筑师从客户、用户和其他利益相关者那里收集更完整的项目方案，这些项目方案并不计划成为一个刚性的具有合约效力的产品规格书。

（4）建筑师进行概念设计，概念设计要兼顾方案、成本预算上的制约、工期进度和法律法规。它作为第一个原型，需要从概念上经受住来自利益相关方的考验。

（5）经过迭代后，建筑师进行设计开发，通常会制作更详细的平面图、三维比例模型、样品等。经历了与利益相关方的迭代交互后，建筑师制定施工图和规格说明书。

（6）客户使用这些设计图和规格说明书来为产品签订固定单价的合约。

这种长期演化模型（long-evolved model）的特点是将设计合约和建造合约分开。即使由同一个团队来承担设计和建造的任务，这种分离也会让很多事情变得清晰。

当然，这个模型也不是完全按照顺序执行的。任何参与过建筑项目的人都知道，哪怕是一个小型的建筑项目，在项目后期都会发生一些变更。比如具体的施工问题，又或来自客户的需求变更，也可能是因为客户对当前设计的评估结果发生了变化，这些都将引发设计变更。而变更反过来又将迫使双方就变更订单签订新的合约。

上面所述的古典建筑设计过程也有其缺陷，最显著的体现是工期漫长。建筑项目想要克服其缺陷，需要做到以下几点。

（1）客户、建筑师、承包商三者之间关系紧密，互相信任。

（2）设计上的困难被充分地理解。

（3）存在紧迫的时间要求，可以较高地承担风险。

在实施阶段，通常会将一些常见的、顺序执行的过程重新规划，使之成为同时执行的、流水线式的设计—构建过程（design-build process）。建筑师要为整体的工作做编排，以便承包商在生产之前就能拿到详细的施工图纸。建筑师往往要综合地考虑，例如：钢材作为建筑材料从下单到交货需要的时间周期（long-lead-time）一般都很久、现场施工上的问题、建筑中打地基的工作，等等。

设计—构建（design-build）的方式不只是用于建筑行业，只要符合上述列出条件的系统项目都适用。对于计算机和软件的构建者，其中的挑战在于鉴别出构建顺序和需要较长前置时间的各种组件。

在这里还需要进行很多深入的思考。我呼吁社区参与这个对话并共同思考这个问题。[9, 10]

4.7　注释和相关资料

[1] 维基百科网站有科曼奇（Comanche）RAH—66 直升机的词条，其中的"2002—2009 年"小节讲述了该项目的历史。它对直升机的性能描述验证了我关于规格需求的记忆。

> 科曼奇（Comanche）RAH-66 直升机非常复杂的侦测和导航系统旨在使其能够在夜间和恶劣天气下运作。其机身设计比阿帕奇（Apache）更容易适应运输飞行或运载，使其能够快速部署到热点地区。如果不运载物资，1 260 海里（2 330 千米，1 553 英里）的航程甚至可以使其独自飞往海外的战场。

事实上，如本章开头插图所示的科曼奇直升机，LHX 从最初设计的轻型攻击直升机发展成为侦察直升机。最终只生产了两架，该计划就被取消了，原因是无人机已经接管了侦察任务。

[2] 斯夸尔斯（Squires）的 *The Tender Ship*（1986 年）研究了政府对创新技术的采购过程。"贯穿整本书的一个主题是，成功的关键是让设计师忠实于产品的工程完整性。"（评论家玛丽·肖的评论。）斯夸尔斯敦促设计师对产品的完整性怀有热情。

> 一位应用科学家或应用工程师应该从一个项目的构思之初到其投入使用的整个过程中，对这个工程对象表现出完全的诚实和正直。

[3] 一位匿名审稿人精准地指出，一位利益相关者认为是不必要的东西，对于另一位利益相关者来说却可能是必需的。然而我所看到的结果是，小众的功能通常有着热情的支持者。反过来，虽然大家都对高效、小巧、稳定、易于使用的特性抱有期待，但是在需求定义的过程中大家对这些大众化的需求的反应并不强烈，很大程度上是因为小众功能对于高效、小巧、稳定、易于使用这些常见需求的影响不会在早期暴露出来，它们通常会在开发过程中才被人们察觉。

[4] 第 9 章讨论了设计师的用户心理模型。

[5] 空军研究委员会（2008 年），*Pre-Milestone A and Early-phase systems Engineering*。

[6] 空军研究委员会（2008 年），*Pre-Milestone A and Early-phase system Engineering*，第 4 章，但请注意第 50 页，可能会引发误解。

> 在首个系统里程碑上，必须清楚地建立一个完整且稳定的系统

级需求集和产品规划。虽然需求蔓延是一个必须解决的实际问题，但是作为可行性和实用性方面的经验教训，关于明确需求的时机需要具有一定程度的灵活性。

……对于首个系统里程碑以后的需求变更，当然需要控制，但不是绝对的冻结。然而请注意第 50 页，这可能会被误解。

通过我与委员会主席保罗·坎明斯基博士（Dr. Paul Kaminsky）和负责 NRC 的工作人员詹姆斯·加西亚先生（Mr. James Garcia）的交流，两人阐明了委员会在文章第 4 页中的意图。加西亚先生表示如下看法。

如文章第 4 页所述，委员会的意图是在 A 阶段开发明确的关键绩效指标（key performance parameters，KPPs），在 B 阶段确定明确完整的需求。加西亚先生说：“委员会认为，要达到明确和完整的系统级需求的状态，需要在阶段 A 和阶段 B 之间与潜在的承包商进行互动。”

[7] 约翰·麦克马努斯（John McManus）是项目管理和软件开发方法领域的领先实践者。特雷夫·伍德 - 哈帕（Trevor Wood-Harper）博士是索尔福德大学的系统工程教授。在麦克马努斯的 *Information Systems Project Management*（2003 年）一书中，他们提到：“制定一个项目章程，列出新倡议的原因和期望，以及项目经理对未来任务的愿景，是 IT 项目的关键起点。”

[8] 伯姆（Boehm）在 *Prototyping Versus Specifying*（1984 年）的论文中，描述了一个课堂实验，其中一组学生根据精心制作的设计规格书进行构建，而第二组学生摒弃设计规格书，仅仅根据基本需求直接进行构建。第一组学生的系统由于设计人员不断添加功能而产生了特性膨胀，这是因为设计人员不断添加特性来让设计更“完整”，也可能是设计人员期待更高的概念一致性。因此，不仅仅是需求清单会引起膨胀，设计人员本身也可能会这样做。我自己也曾经在 IBM Stretch 计算机上做过这样的事情。

[9] 尤普（Jupp，2007 年）讨论了在英国的公共私营合作伙伴关系中使用的新型合约方案，用于公共工程。

[10] 穆尔·伍德（Muir Wood）的 *Strategy for Risk Management*（2007年），是一篇会议论文，提出了客户和承包商在合约中应如何处理未预见的风险。

和大师的跨时空对话

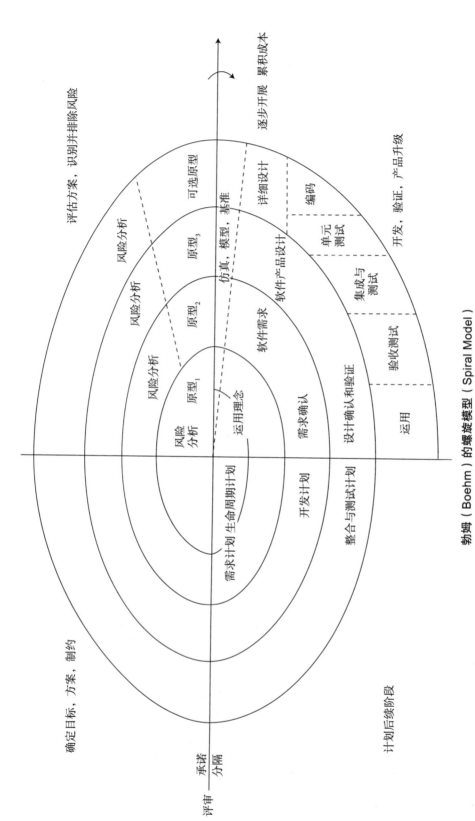

评审
承诺
分隔

确定目标，方案，制约

评估方案，识别并排除风险

风险分析

风险分析

风险分析

风险分析

原型₁

原型₂

原型₃

可选原型

运用理念

仿真，模型，基准

软件需求

软件产品设计

详细设计

逐步开展　累积成本

编码

单元测试

集成与测试

验收测试

需求确认

设计确认和验证

运用

需求计划生命周期计划

开发计划

整合与测试计划

计划后续阶段

开发，验证，产品升级

勃姆（Boehm）的螺旋模型（Spiral Model）

出自勃姆 1988 年的文章，Boehm ©1988 IEEE

第5章
更好的设计过程模型是什么

人们普遍认为创新设计（creative design）并不是先确定问题是什么，然后再去探寻令人满意的解题思路（solution concept）。相反，对于创新设计而言，问题和解题思路都是在不停地发展和改善的。通过在问题空间（problem space）和解法空间（solution space）之间不停地迭代，创新设计得以实现，每次迭代涉及问题分析（analysis）、解法合成（synthesis）和效果评估（evaluation processes）这三个步骤。

——尼格尔·克罗斯（Nigel Cross）和吉斯·多斯特（Kees Dorst）

Co-evolution of Problem and Solution Spaces in Creative Design

（1999 年）

5.1　为什么需要一个主导模型？

对于设计者来说，无论是实践还是研究，他们现在都迫切地想要了解以下问题的答案。

（1）如果理性模型真的是错误的。

（2）如果确实需要使用一个错误的模型。

（3）如果错误模型的长期存在有着深层次的原因，

那么，有哪些更好的模型能够做到以下要求。

①强调设计需求的逐步发现和演化。

②被形象化地展示，以便团队和利益相关者可以轻松地学习和理解。

③和理性模型一样，让不安分的人们互相达成合约。

所有的模型都是对现实的简化抽象。因此，在设计的生命周期进程（life-cycle progression）中，我们可以采用大量实用的模型，每个模型都可以侧重强调其中的某些方面，并允许它在其他方面有所忽略。麦克·皮克（Mike Pique）通过展示大约 40 种不同的蛋白质牛超氧化物歧化酶（protein bovine superoxide dismutase）的计算机图形模型，即棒状模型、带状模型、固体模型、活动模型等，生动地凸显了这一点。[1]

这样说来，自然会有人去反对主导模型（dominant model）在设计过程中的统治地位，他们会认为寻求主导模型是一件愚蠢至极的事情。相反，为什么不让 100 个模型遍地开花呢？每个模型都会给我们带来一些启示。

然而，我对这种观点是持有强烈的反对意见的。尽管当下对于理性模型有着诸多批评，并且由于它的过度简化给设计造成了一定的影响，但我确信在设计过程中保有一个主导模型仍然是十分必要的。让我如此确信的原因就是瀑布模型在软件工程中的普及程度，我认为在设计者的交流中，或在设计相关的学术指导中，一个主导模型是必不可少的。因此，目前急需的并不是对理性模型做改进，而是采用另一种误导性低的模型代替当前模型。事实上，在更广泛的设计领域中，有许多设计者在试图理解西蒙的问题解决模型，并用其改进设计过程，但我觉得他们是在死胡同里浪费时间。

5.2　协同演化模型

马赫（Maher）、彭（Poon）和布朗热（Boulanger）提出了一个更为规范的模型，即协同演化模型（co-evolution model）[2, 3]，我认为这个模型很有帮助。以下是克罗斯（Cross）和多斯特（Dorst）对这个模型的描述。

> 人们普遍认为创新设计并不是先确定问题是什么，然后再去探寻令人满意的解题思路。相反，对于创新设计而言，问题和解题思路都是在不停地演进和改善的。通过在问题空间和解法空间之间不停地迭代，创新设计得以实现，每次迭代涉及问题分析、解法合成和效果评估这三个步骤。由马赫（Maher）等人在 1996 年提出的创新设计模型，基于一种在问题空间和解法空间之间的"协同演化"（co-evolution）：通过在问题空间和解法空间之间的信息互换，这两个空间得以协同演进（co-evolve）（图 5-1）。[4]

这里的演化（evolution）使用了比喻的说法。这个模型是演进式的，因为对于问题的理解和对于解法的开发都是逐步生成且逐步评估的。

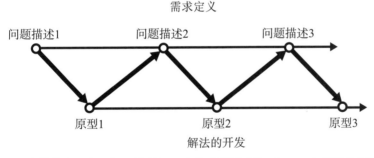

需求定义

问题描述1　　　　　问题描述2　　　　　问题描述3

原型1　　　　　原型2　　　　　原型3

解法的开发

图 5-1　由马赫（Maher）、彭（Poon）和布朗热（Boulanger）提出的用于设计的协同演化模型（Co-Evolution Model of design，1996 年）

专注于科技领域的哲学家最近深入探讨了一个问题：人类创新过程能在多大程度上用生物进化来模拟。齐曼（Ziman）在 2000 年编写了一本书，其中一些章节是由不同学科的作者共同完成的。这本书对哲学及其他领域专家的思想进行了很好的总结（其总结的哲学思想截至 2000年）。[5] 该书阐述了生物进化作为一个模型的优点，包括随机生成和自然选择，同时也阐明了不足，因为创新是由有目的性的设计所引导的（作者认为进化并不是这样，并没有明确的目的性）。

协同演化模型的确强调渐进性地发现需求和提出需求。如图 5-1 所示，协同演化模型在可视化的表现上可圈可点，让看过的人印象深刻。这个图例并不详尽，作者并不想让它呈现出"设计—构建—测试—部署—维护—扩展"这些过程的所有方面。此外，图中的几何图形并没有表现出一个收敛的过程。据我所知，该模型至今还没有太多后续的发展，并且在初始提出的版本中并不包含项目里程碑或共识节点（contracting points）。尽管该模型对设计者有一定的吸引力并且比理性模型好得多，但我认为它还不足够完整。

5.2.1　陀螺模型

然而，非常重要的一点是不要走极端。有些人极力主张一些功能丰富的模型，但是它们往往过于复杂以至于难以理解，更不用说掌握并在论述中灵活应用了。其中一个例子是希克林（Hickling）的陀螺模型（whirligig model），其中引入了天文学中的循环周期（cycles）和本轮（epicycles）的概念。[6]

5.3　雷蒙德的集市模型

雷蒙德（Raymond）在 2001 年出版了一部精彩绝伦的著作，名叫 *The Cathedral and the Bazaar*，他在这本书中阐述了"大教堂式"的设计过程，并阐明这种观念已经过时，代替它的是开源（open source）思想，也可以称为"集市式"（bazaar）的设计过程。开源思想已经成功且高效地引领了 Linux 的开发，最终开发出的操作系统呈现出令人吃惊的功能性和健壮性。他的论点有力且清晰。他认为开源过程将成为最有效的开发方式，不光是开发各种应用程序，也包括操作系统。他以他自己创作的软件产品 Fetchmail 为例进行了阐述。[7]

5.3.1　集市过程是如何工作的

雷蒙德是这样描述集市过程的，用户社区或者开发者社区的成员首先发现一个需求，然后成员自己开发了一个模块来实现这个需求，并将其作为礼物馈赠给与他志趣相投的人们。由于 Linux 在架构上采用了模块化的设计方法，尤其是它的管道和过滤机制，这种模块化机制大大地促进了来自 Linux 社区的模块集成。同样的过程也适用于修复 Linux 的错误。例如，有人在使用一个 Linux 模块时检测到了错误，随即定位出错误的原因并修复它，等到修复后的功能满足自己的使用需要后，这位源代码的修改者将本次修复作为礼物回馈给社区。

很明显，大家编写新的模块和修复漏洞是为了满足自己的使用需要。但是为什么他们会把开发成果公之于众呢？而这需要大量额外的工作，如测试、文档编写和发布。[8]雷蒙德认为在社区中获得的声望是对其行为的激励和奖赏。这个答案在我看来是有道理的。[9]

雷蒙德认为，通常会有多个模块或多个针对相同缺陷的修复方案被提供给社区。他认为市场机制（即使在免费产品中）在发挥作用。品质更好的工具或修复方案将获得更广泛的认可，其作者也相应地能获得更多的声望。

因此，集市上有许多"供应商"（vendors）通过信息化的方式提供其数字产品。许多买家用他们的投票表决来支付声誉，作为给予供应商的报酬，这种声誉在世界范围的社区中通过信息化的方式进行传播。

5.3.2　集市模型的优势

这种用礼物换取声望（gift-prestige）的社区文化是多么奇妙啊！既不是为金钱而工作（work-for-money），也不是宣称自己的知识产权（claim-my-intellectual-property-rights），这是如此截然不同的文化风格。不只是在计算机社区，它的社会化行为在其他领域中也是一个非常新颖的模式。

此外，雷蒙德还极力论述，通过集市过程创造的系统产品，一般来说在技术上都比通过大教堂过程创造的产品更为优秀。首先，市场机制会发展式地选出设计得最好的模块。其次，同时将一个新模块提交给数百名测试人员，可以更快地发现错误，从而得到更完善的产品。最后，由于市场选择机制在众多修复方案中发挥了作用，因此可以更好地去修复缺陷。

因此，该书提出的集市过程是一个全新的模型，既可以用于产品创作，也可以用于互不熟悉、异步交流、相互协作的数字团队之间的协作。

我强烈建议我的读者阅读雷蒙德的这本书，全书最广为流传的部分是其中对于标题 The Cathedral and the Bazaar 的论述，但是我希望读者还能关注本书的其他章节。这些章节蕴含着许多真理、大量的洞见和无法计量的智慧。

5.3.3　集市过程的适用场景

尽管雷蒙德如此推崇开源过程，但我对它的适用场景还是要粗略地提出 6 个互不相关的观察结果。由于在我的个人经历中没有应用过开源

和大师的跨时空对话

过程，因此我并不想在这里进行冗长的讨论。

（1）集市模型确实是一种演进式的模型。庞大的系统是通过添加组件逐步地构建起来的，每个组件都为满足用户所需（或称之为需求），这里的用户可能是使用者，也可能是设计者。

（2）通过礼物换取声望的经济模式对于那些已经有其他营生来源的开发者来说是有效的，也可以说，向开源社区捐赠的软件是商业软件的副产品（by-products），从开发者转向捐赠者（builders-donors）的行为是靠商业软件来买单的。

（3）正因如此，创造出来的大量产出只能说是副产品，因此相比完善的应用程序，这种工具级别的产出在数量上完全呈现碾压之势。然而，这些副产品并非总是有着完善的功能或者经过严格的调试，创造者最初的目的也仅仅是够用就好。事实上，是市场选择机制在控制它们的质量。

（4）尽管有大量的文章讨论过有关开源过程的"开放"（openness）和"自由"（freedom），但并不是将功能组件随意堆放就能建造出 Linux 这个级别的宏伟建筑，相反 Linux 的成功在很大程度上是因为借助了林纳斯·托瓦兹（Linus Torvalds）在概念完整性上的过人才智。另外，和托瓦兹同样重要的一点就是 UNIX 的存在，正是因为 UNIX 具有完整的系统设计，才使得 Linux 得以借鉴其功能规范。

（5）对于所有的设计过程，其关键是探索用户的需求、期望和偏好。在 Linux 社区集市过程的效果十分显著，在我看来最为直接的原因是 Linux 社区中的开发者本身也是 Linux 的使用者。开发者的需求来自于他们自身的想法和日常应用。他们对于 Linux 的期望、评估标准和偏好并没有受到其他人的影响，而更多来自他们自身的体验。整体需求是通过潜移默化的方式确定下来的，所以才会如所见这般精巧。我非常怀疑如果开发者自己不是使用者，并且只能通过间接的方式去了解使用者的需求，那么在这样的场景下开源过程是否也会奏效。

（6）因此，我们仍然需要各种大教堂式的过程，精心的设计、严格的控制和细致的测试。我们可以设想一下，你会应用开源过程来构建新的国家航空控制系统吗？[10]

5.4　勃姆的螺旋模型

巴里·勃姆在 1988 年提出了螺旋模型，用于软件产品的构建。[11]本章节的卷首插图展示了该模型的初始版本。螺旋的形状显然表示的是事物的发展进程。该模型正是通过螺旋的方式，将进程中接连出现的相同活动关联在一起。这种几何形状易于理解和记忆。该模型强调原型设计，远在可用原型能够实现以前，用户界面原型和用户测试的活动就已经开始了。

螺旋模型已经得到了广泛的认可，甚至被美国国防部采购，用于替代传统的瀑布模型。[12] 同时，该模型也有一定的后续发展。

丹宁（Denning）和达根（Dargan）在 1996 年对螺旋模型提出了批评："螺旋模型是一种改进，但它仍然是以设计者和产品为中心的，而不是以使用者和行为（action）为中心的。"[13] 后来他们二人提出了一种相当别致的、以行为（action）为中心的设计过程，该过程适当地提升了对使用者和应用模型的关注。他们论文的思想极具深度，我强烈推荐大家阅读。

不过，由于开发类的模型主要是供开发人员使用，我认为将它设计为以设计人员为中心是完全合适的。还有，他们二人提出的过程方法缺少一个便于记忆的几何模型，同时也缺乏达成共识的基础。另外我赞同勃姆并反对丹宁和达根的地方在于，我主张与用户代表进行频繁的互动，而非不间断的，在具体实现上可以考虑持续地给出产品原型的方法。

最初提出的螺旋模型虽然允许逐步地探索需求，但并没有强调这一点，同样没有被强调的还有共识节点（contracting points）。

我确信未来的发展方向是拥抱和继续开发螺旋模型。我建议在螺旋进程中明确地标记出共识节点，并清晰地定义出可以就哪些方面达成共识、哪些是必然会发生的事情，以及明确的风险分布。风险管理（risk management）是勃姆后续的研究重点。

5.5 设计过程模型：对第 2~ 第 5 章的总结

（1）需要有一个规范的设计过程模型来帮助我们组织设计工作，促进项目内外的交流，并用于讲学。

（2）因为设计师群体是空间思维者，所以关于设计过程模型，拥有一个视觉化的几何表现是至关重要的。

（3）设计的理性模型是天然适用于工程师的。在设计的发展史中，它曾被多次正式地公开发表，西蒙有过，帕尔和拜兹二人也有过、罗伊斯也有过。值得一提的是，这些发表都是相互独立的。

（4）理性模型具有线性和逐步执行的特性，使得它极具误导性。

它既不能准确地反映出真正的设计者所做的工作，也不能反映出最好的设计思想家所认识到的设计过程的本质。

（5）错误的模型是有害的。它导致过早地锁死需求，进而催生出臃肿的产品，并且在项目工期、预算和产品性能这几个方面造成灾难般的后果。

（6）尽管存在着大量不容置疑的批评，但是理性模型仍然被应用于工程实践。这是因为它有合乎逻辑的简洁，这对设计者来说极具诱惑，并且产品的构建者和客户还需要靠它来缔结合约。

（7）人们已经提出了多种理性模型的替代方案。我认为勃姆的螺旋模型最有前途。我们需要持续地开发螺旋模型。

5.6　注释和相关资料

[1] 皮克（Pique）的 *What Does a Protein Look Like?*（1982 年）。

[2] 马赫（Maher）的 *Formalising Design Exploration as Co-evolution*（1996 年）。

[3] 马赫（Maher）的 *Co-evolution as a Computational and Cognitive Model of Design*（2003 年）。

[4] 克罗斯（Cross）和多斯特（Dorst）的 *Co-evolution of Problem and Solution Spaces in Creative Design*（1999 年）；多斯特（Dorst）和克罗斯（Cross）的 *Creativity in the Design Process*（2001 年）。

[5] 齐曼（Ziman）的 *Technological Innovation as an Evolutionary Process*（2000 年）。

[6] 希克林（Hickling）的 *Beyond a Linear Iterative Process?*（1982 年）。

[7] 雷蒙德（Raymond）的 *The Cathedral and the Bazaar*（2001 年），我怀疑他所指的"大教堂"是指 *The Mythical Man-Month* 第 4 章的扉页。

[8] 布鲁克斯（Brooks）的 *The Mythical Man-Month*（1975 年）的第 2 章。

[9] 雷蒙德（Raymond）的 *The Golden Cauldron*（2001 年）。

[10] 理查德·P. 凯斯（Richard P. Case）明智地指出如下观点。

　　或许我们应该将开源设计思想中的"人皆可改"（anybody can change it）和"人皆可读"（anybody can see it）区分来看。对于前者，如果每个人都可以对其修改，那么当问题发生的时候（甚至可能发生重大问题），没有人有信心就问题做出分析，也没人能保证问题已经得到修复并且不会再次发生。对于后者，我们先不去考虑信息安全的问题。如果只有少数人有权访问现行设计，那么尽早发现设计缺陷的可能性会很低，也谈不上开发和评估替代方案了（来自 2009 年的个人交流）。

[11] 勃姆（Boehm）的 *A Spiral Model of Software Development and Enhancement*（1988 年）。

[12] 国防部随后明智地采用了行业软件开发标准：IEEE/EIA 12207.0、IEEE/EIA 12207.1 和 IEEE/EIA 12207.2。在这些标准中批准了螺旋模型。

[13] 丹宁（Denning）和达根（Dargan）的 *Action-Centered Design*（1996 年），第 110 页。

[14] 塞尔比（Selby）的 *Software Engineering：Barry W. Boehm's Lifetime Contributions to Software Development，Management，and Research*（2007 年），在第 5 章中收录了勃姆有关风险的大部分重要论文。

第 二 部 分
协作与远程协作

Menn 设计的 Sunniberg 大桥，1998

第 6 章
在设计中协作

会议是逃离"乏味劳作和孤独思考"的避难所。[1]

——伯纳德·巴鲁克（Bernard Baruch）

引述自里森（Risen）的文章 *A Theory on Meeting*（1970 年）。

6.1　协作自身是否有益

自 20 世纪以来，设计领域已经发生了两个重大的变革。

（1）现在的设计主要由团队完成，而不是个人。

（2）现在的设计团队通常借助远程通信进行协作，而不是在本地进行。

由于这些重大变革，设计界正在探讨下列热门的话题。

（1）远程协作（telecollaboration）。

（2）设计师的"虚拟团队"（virtal teams）。

（3）"虚拟设计工作室"（virtual design studios）。

通过电话、网络、计算机、计算机图形展示（graphic displays）和视频会议，上述种种都能得以实现。

如果我们想要理解远程协作，我们首先要搞清楚协作在现代专业设计中的作用。

一般情况下，协作本身会被当成是一件"有益的事情"。从幼儿园开始，"能够与他人协作"就是对小朋友极高的褒奖。同理，"群体的智慧远超任何个体""设计中的参与者越多，最后的结果就越好"，像这样的观点既吸引人又显得合情合理。不过，我将论证它们并非是普遍适用的。

从古至今，人类借助智慧取得了许多伟大的成果，但我认为其中的大部分都是由 1~2 个人的密切协作完成的。这个观点也适用于 19 世纪或 20 世纪初期的多数大型工程巨著。然而到了现代，由于团队设计具有的各种优势，其已经成为当代标准。团队设计的风险在于产品概念完整性上的缺失，这是一个非常严重的损失。因此，团队设计的挑战在于如何实现概念完整性，同时又能兼得协作带来的真正益处。

6.2　团队设计成为现代标准

对于现代化产品的设计，不论是批量生产的，还是像建筑或软件这样仅为一个需求服务的，团队设计都已经成为行业标准。这是自 19 世纪以来的一项重大的变革。我们所熟知的工程设计师都是来自 18 世纪或 19 世纪：卡特莱特（Cartwright）、瓦特（Watt）、斯蒂芬森（Stephenson）、布鲁内尔（Brunel）、爱迪生（Edison）、福特（Ford）、莱特兄弟（the Wright Brothers）。相反，我们来思考一下鹦鹉螺号（Nautilus）核潜艇（图 6-1）。我们知道，瑞克弗上将（Rickover）是推动美国海军核动力化的关键人物，但是我们中的哪位能够说出鹦鹉螺号主设计师的名字呢？可以这样说，鹦鹉螺号是一个团队设计的产物。

请想象下列伟大的设计师，再思考一下他们的作品。

（1）荷马（Homer）、但丁（Dante）、莎士比亚（Shakespeare）。

（2）巴赫（Bach）、莫扎特（Mozart）、吉尔伯特（Gilbert）和沙利文（Sullivan）。

（3）布鲁内莱斯基（Brunelleschi）、米开朗琪罗（Michelangelo）。

（4）达·芬奇（Leonardo）、伦勃朗（Rembrandt）、维拉斯奎兹（Velázquez）。

（5）菲迪亚斯（Phidias）、罗丹（Rodim）。

出自这些大师之手的伟大作品，大多数都是由个人创作的。少数是由双人协作完成的。

图 6-1　鹦鹉螺号核潜艇

注：[美国海军北极潜艇实验室 （U.S. Navy Arctic Submarine Laboratory）/
维基共享资源（Wikimedia Commons）]

6.2.1　为什么工程设计从个人转向了团队

1. 技术的复杂性

工程设计从个人转向团队的趋势变得越发明显，驱动这个变革的正是日益增长的工程复杂性，复杂性体现在工程的方方面面。我们可以通过两张图的比较来理解复杂性发生的变化，如图 6-2 所示是世界上的第一座铁桥，而本章页首的插图是它的现代版本，很明显后者要壮丽得多。

尽管第一座铁桥建造得也很考究，但是它明显在设计上过于谨慎，显得沉重且臃肿。无论是铁材料的特质还是静态和动态的应力分布，当时的建造者并没有透彻地理解这些知识（不过它已经非常不错了）。

相反，梅恩（Menn）设计的桥梁则高耸入云，同时也展现出设计者十足的自信，这是多年的科学分析和建模设计所带来的成果。

在过去，人们对于科技的应用还稍显稚嫩，不过我深刻体会到现在的人们对于技术的利用已经驾轻就熟了。我曾有幸参观了位于英国默西塞德郡（Merseyside）阳光港（Port Sunlight）的联合利华研究实验室。我惊讶地发现一位应用数学博士正在使用超级计算机进行流体力学计算（CFD），为的是正确地混合洗发水。他解释道，洗发水是一种由水性和油性成分构成的三层乳液，最重要的是将它们混合时不破坏其成分。

图 6-2　普理查德（Pritchard）和德比（Darby）的铁桥，建于 1779 年
（英国什罗普郡，Shropshire UK）

约翰·迪尔公司（John Deere）以摘棉机（cotton-picking machine）闻名于世，该公司的设计师使用计算流体力学（Computational Fluid Dynamics，CFD）来为夹杂着棉铃的气流构建模型。现代农民不仅需要操作拖拉机，同时也需要使用计算机来完成一些现代化的工作，包括肥料调配、化学制品的保护、种子的多样性、土壤分析和作物的轮转记录。[2] 莎莉集团（Sara Lee）的主厨根据采购面粉的化学性质不断调整蛋糕配方，造纸厂的老板也会根据不同性质的木浆进行调整。

不论是工程领域中的哪一个分支，它的复杂性都在爆炸式地增长，想要精通它们就需要专业化的技能。1953 年，我在攻读研究生的时候，自认为是能够跟得上计算机科学的所有发展的。在当时，计算机领域只有两个年度会议和两个季刊。我是一个脑力劳动者，整个职业生涯就是一个逐渐放弃的过程，我在不停地放弃我所热爱的每个领域：数学语言、数据库、操作系统、科学计算、软件工程，甚至我最早沉迷的计算机架构。放弃的原因是它们已经超出了我的能力范围，我无法跟上它们的发展速度。所有创造性科学类别都将不断地分裂出子分类。因此，设计当前最先进的产品需要不同领域专家的通力协作。

好在我们现在已经积攒了有效的知识，它们来自于文献资料、专业人才的指导、分析软件的数据，我们甚至可以通过搜索引擎找到有用的资源或可靠的协作者。这将在一定程度上大大地降低我们对各类技术知识的需求。

2. 快速市场化

另一个推动设计团队化的主要原因是把新设计和新产品快速推向市场的需求。有这样一个经验法则，最早推出新产品的企业有理由期待自己在长期市场中占有 40% 的份额，剩下的市场份额会被分配给众多较小的竞争对手。此外，先驱者可以在竞争对手崛起之前收获利润泡沫。在一场酣畅淋漓的大胜之后，先驱者将继续主导市场。这样的现实情况会使设计进度变得非常紧张。当人们发现团队设计可以在竞争环境中加速推出新产品，团队设计就成了必不可少的灵药。[3]

对比以往，为什么竞争所带来的时间上的压迫感越发强烈了呢？这是因为全球化通信和全球化市场的出现，意味着任何伟大创意的传播速度都要比过去快得多。

6.3　协作的成本

"众人拾柴火焰高"——通常如此

但是"人多手杂事翻倍"——总是如此

我们都知道第一句谚语。对于可分割的工作来说，分割之后再给到每个劳动者的工作负荷都较轻，因此并行完成工作所需的时间会更短。但是设计工作不都是可以完美分割的，而且也少有可以高度分割的工作。[4] 因此，协作会带来额外的成本。

6.3.1　分割成本

将设计工作分割成子任务本身就是额外的工作。在分割的时候，把子任务间的接口定义得既清晰又准确是一个大工程，如若轻视则会为设计工作带来风险。无论之前定义得有多明确，随着设计工作的进行，都需要不断地去了解接口定义的变化。在接口定义上会出现有矛盾的地方，在理解上会产生分歧，这些矛盾和分歧必须得到调解。

为了简化生产制造，必须对贯穿全部组件的通用元素进行标准化；必须建立某种设计风格的通用性。

这些分离的部分必须整合起来，这是对接口一致性的终极考验。在造船行业有一句常用的工程俗语，"计划时切开来，安装时猛敲"Cut to plan；bang to fit.。这句话可以理解为在设计阶段要经过充分的规划才能做切割，在生产阶段对于切割后造成误差导致的无法完全适配的情况，可以通过一些修补来使之适配。这句俗语也广泛适用于其他行业。[5]

6.3.2　教育成本

如果有 n 个人在协作设计，那每个人都必须了解设计的目标、需求、制约和效用函数。团队必须对所有这些事情有一个共同的愿景，即设计的目标是什么。粗略的成本估算是这样的，假设设计工作只需要一个人就可以完成，它由两个部分组成，学习成本 l 和设计成本 d，那么当这项工作分配给 n 个人时，相同工作的总工作量将不再是

$$工作量 = l + d$$

而至少是

$$工作量 = n \times l + d$$

此外，理解设计愿景和掌握设计知识的人必须为其他成员提供培训，因此在这段时间他们将脱离设计工作。我们期待专业化的效率优势能够弥补其中培训的成本。

6.3.3　设计中的沟通成本

在设计过程中，协同工作的设计者必须确保他们设计的组件能够拼合在一起。这需要他们相互之间进行清晰且有条理的沟通。

6.3.4　变更控制

我们必须建立相应的机制来控制设计变更，确保每位设计师只修改与自己业务相关的部分，一旦影响到其他设计师的业务范围，需要与其就影响进行协商之后再做修改。由于设计成本很大程度上是由变更和返工造成的，因此变更控制的成本也相当高。如果没有正式的变更控制机制，其付出的代价会更为昂贵。[6]

6.4　协作的难点在于概念完整性

我们认为，一份设计的雅致大致体现于它在概念上的一致性和完整

性。让我们思考一下雷恩（Wren）的杰作——圣保罗大教堂（St.Paul's Cathedral，图 6-3）。

设计的一致性并非设计者的个人满足，它同样有利于用户的理解和使用，最终设计出用户所期待的产品。在《人月神话》一书中，我将概念完整性作为系统设计中最重要的考虑因素。[7] 有些时候，这种意识被称为连贯性（conherence）、一致性或风格的统一性。布拉奥和我在其他地方也详细讨论过概念完整性，并将其归纳为正交性（orthogonality）、适当性（propriety）和通用性（generality）的组成原则。[8] 独立的设计师或艺术家通常会下意识地创造出具有这种完整性的作品，他们倾向于在每次遇到相同的微观决策时以相同的方式做出选择（除非有强有力的理由做出改变）。如果他的设计没有表现出这样的完整性，我们则认为它是有欠缺的，算不上是优秀的设计。

图 6-3　雷恩设计的圣保罗大教堂

许多伟大的工程设计至今仍然主要靠一个人或两个人的协作来完成。我们可以想象一下梅恩（Menn）设计的桥梁。[9] 或西摩·克雷（Seymour Cray）设计的一系列计算机。克雷在设计方面的天赋展露无遗，这体现在他本人对整个设计的掌控，涵盖了从架构到电路、封装和散热的全部设计领域。正是因为他对所有设计领域了如指掌，因此他可以自由地为不同组成部分分配资源。[10] 尽管他拥有并管理着一个团队，但他还是会在他精通的领域花时间去做设计。克雷承受着来自企业内部和外部的压力，这些压力会将他的注意力从设计转向其他事务，然而

和大师的跨时空对话

压力反而变成了强有力的动力。他认为，孤独比互动更有价值，因此他反复将他的设计团队从他早期成功创建的实验室中剥离出去。一个只由35 人组成的团队成功开发了 CDC 6600，他对此感到十分自豪，"这其中还包括保洁人员"。[11]

我们发现这样的模式在真正创新的产品设计中一再地出现：物理隔离、精简团队、高度专注和单一领导。而在非创新的产品设计中采用的模式则完全相反。例如，在英国汉普郡（Hampshire）的赫斯利（Hursley）庄园，由乔·米切尔（Joe Mitchell）领导的喷火式战斗机（Spitfire）团队；在洛克希德（Lockheed）公司的"臭鼬工厂"，凯利·约翰逊（Kelly Johnson）领导研制出了 U-2 间谍飞机和 F-117 隐身战斗机；IBM 在佛罗里达州博卡拉顿的封闭实验室里，成功研发出了可以追赶苹果公司的个人电脑。

6.4.1　不同意见

并不是所有的人都同意我一直在阐述的这个观点。有些人会认为参与式设计（participatory design）是更正确的选择，它具有更高的社会公正性，参与式体现在用户有权在设计中扮演更重要的角色，毕竟设计师设计的是他们使用的产品。[12] 对于建筑行业而言，这种参与是可行的（也是明智和公平的），但是对于面向大众市场的产品设计，这种参与在本质上是受限的，只能顾及潜在用户的小批量样本。设计者在参考用户反馈时要考虑到采样是否具有代表性及这是否符合设计者的愿景。

针对我之前所论述的"一个人或少数人的设计是最有效的"这一观点，有些人持不同意见，他们认为团队设计一直是行业标准。[13] 我认为他们也可能是正确的，这里需要读者自己来做判断。

6.5　如何在团队设计中获得概念完整性

任何需要多人协作设计的产品，无论其规模多么庞大、技术多么复杂或日程多么紧迫，都必须让用户感受到它在概念上是一致的。[14] 通常在由一个人完成的设计中这种一致性的产出是与生俱来的，但在协作设计中则需要非常注意，实现它需要一些管理技巧。那么，如何编排各种设计工作来实现概念完整性呢？

6.5.1　现代设计是跨学科的协商

当下设计已经呈现出高度专业化的趋势，不少作家（主要是学院派作家）从中得出这样的结论，他们认为设计的性质已经改变：现代的设计必须被当作"跨学科的协商"（在团队中）来进行。然而，尽管没有明确地公示，但这在团队中已表露得十分明显，那就是团队成员是平等的，一定要兼顾每一位成员的意见。但事实并非如此，如果概念完整性是终极目标，那么团队成员之间的协商一定会导致产品朝着过于臃肿的方向演变。最终产出的成果是出自委员会的设计，在委员会里没有人敢对另一个人的提议说"不"。[15]

6.5.2 系统架构

确保团队设计的概念完整性，其中的关键是授权唯一的系统架构师，这也是唯一的办法。当然，这位系统架构师必须精通相关技术。对于系统架构设计，他必须具有这个领域的相关经验。最重要的是，他必须对系统的概念完整性具有清晰的认识并怀有热情。

架构师在整个设计过程中充当着用户代理人、审批者和拥护者的角色，同时还要代表所有其他的利益相关方。通常真正的用户并不是买家。这在军事采购中是显而易见的，军事采购中的买家（甚至是提要求的人）与用户相距甚远。实际上，同一个系统可能有多名用户都在影响着产品的设计，有些想法来自战略指挥所，有些来自战地一线，有些只是个人偏好。在发言的时候，营销人员往往代表买家的利益，工程师代表自己的利益，制造商也代表自己的利益，只有架构师会照顾用户的得失。构建复杂系统也和建造小房子一样，架构师必须在技术上专业地把握住用户整体且长期的利益。承担这个角色是极具挑战的，[16] 我在《人月神话》的第 4~ 第 7 章详细地讨论过这个角色。

6.5.3 用户接口的设计者

对于一个重要的核心系统，仅靠一位首席架构师往往是不够的，通常需要一个架构团队。因此，对于概念完整性的挑战会不断地涌现。即使是架构的工作也必须进行分割、控制和反复集成。在此我要再次强调，概念完整性是需要格外努力才能实现的。

对用户来说，用户接口是最为重要的组成部分，设计时必须靠一位专业人员来掌舵。在一些团队中，这部分的细节工作通常由首席架构师操刀。Mac 平台早期的工具 MacDraw 和 MacPaint 都非常优秀，实际上它们的图形界面设计（对于一个可视化的工具，图形界面就是主要的用户接口①）是由设计师完成的。在大型的架构团队中，由于首席架

---

① 译者注：对于一个可视化的工具，图形界面就是主要的用户接口。

师负责的范围过大，导致他无法亲自完成用户接口的设计。尽管如此，仍然需要一个人来负责系统用户界面的设计。如果架构师无法掌握用户接口，那么更无法期待用户能完全理解它。我们可以参考一下谷歌的做法，它们的产品页面样式和主页面功能都是由玛丽莎·迈耶（Marissa Mayer）来掌控的，她的职务是公司副总裁。[17]

这样的界面设计师不仅需要具备大量的应用经验还需要善于聆听，除此之外更需要他品味超群。我曾经问过图灵奖得主、APL 编程语言的发明者肯尼斯·艾弗森（Kenneth Iverson）："为什么 APL 语言如此易用？"他的回答包含了大量信息："它满足了你的需求"（It does what you expect it to do）。APL 语言通过其展现出来的正交性、适当性和通用性，集中体现出它在设计上的一致性。同时它也体现了它的简约性——只用少许的概念就提供了许多功能。

我曾被邀请去评审 IBM 的新型计算机"Future Series"（FS）的架构，这个新系列被寄予很大期望，旨在成为 S/360 系列的继任者。FS 的设计团队技艺高超，极具经验且善于创新。在向我介绍产品宏伟的愿景时，我听得如醉如痴。有那么多好的想法！某位架构师用了一个小时向我介绍有关 FS 强大的寻址和索引能力。另一个小时又有一位架构师向我介绍了指令序列、循环、分支的能力。还有一位描述了丰富的操作集合，其中包括用于数据结构的新型操作符，功能十分强大。还有一位介绍了整体的 I/O 系统。

最后，我被大量的信息淹没了，我问道："你们是否可以让我和能够全面理解这一切的架构师交流一下，以便让我获得一个整体概念呢？"

"没有这样的人，没有人了解所有的事情。"

这时我知道这个项目注定会失败，系统会因自身的复杂而崩溃。而当我拿到厚达 800 页的用户手册时，更加坚定了我的这个结论。怎么会有用户可以掌握如此复杂的编程接口呢？[18]

6.6 需要协作的场景

在设计的某些方面，协作会因为设计者的多样性而产生更多价值。

6.6.1 确定需求和相关方的期望

如果设计工作中最难的部分是确定要设计什么，那么协作对这方面是否有帮助呢？我认为确实是有帮助的。与个人相比，一个小团队更适合发掘出未满足的需求或现有系统需要提升的地方。通常一群人会碰到各种各样的问题，这些问题涉及的领域也各不相同。大量问题意味着大量意想不到的答案。协作团队必须确保每位成员都得到充分的机会去探索他好奇的领域。

6.6.2 设定目标

在任何设计过程中，设计者首先要与多个利益相关方交谈。交谈的内容是关于设计目标和设计上的制约。梳理出潜在的目标和制约是一项艰难的工作，甚至利益相关方都没有意识到这些目标和制约的存在。实际上，设计者正是通过交谈来初步得到效用函数的估算，这里的交谈包括用户所说的内容、说话的方式和字里行间的细节。

这个阶段的关键之一是观察用户在工作中如何使用当前的工具和环境。对这些观察进行视频录像通常有所帮助，方便事后反复查看。

在设定目标的阶段，多人协作是非常有帮助的。通过协作可以达成如下目的。

（1）提出不同的问题。

（2）注意到未被提及的不同事物。

（3）对于事物的说法，具有独立的或不同的见解。

（4）从不同角度观察用户的工作。

（5）激发大家对于用户行为的讨论。

6.6.3 构思上的探索——激进的替代方案

在设计过程的早期设计者就可以开始探寻解决方案，着手的时机越早越好（只要没人执著于某种方案），因为我们一旦将构思出来的解决方案落实到具体事项，通常就会发现未曾提及的用户需求或制约。

6.6.4 头脑风暴

这是进行头脑风暴的好时机。每位设计团队成员分别草拟出几个独立的方案。团队成员聚在一起，激励对方提出激进，甚至疯狂的想法。这个阶段的标准规则包括"关注数量""不予批评""不设限制""合并改进"和"全员公开"。更多的头脑意味着更多的想法。更多头脑彼此刺激，产生出更多的想法。

头脑风暴出来的想法并不一定是更好的。多恩伯格（Dornburg）2007 年在桑迪亚（Sandia）实验室进行过一项受控的工业级试验，结果如下。

无论头脑风暴持续多长时间，在产出电子领域创意思路的数量方面，个体至少与团队表现得一样好。然而，如果要评估三个维度（独创性、可行性和有效性）的质量，个体明显优于团队协作（p 值 < 0.05）。

6.6.5　用竞争代替协作

在概念探索阶段可以举办几场设计竞赛，以此来激发设计师的创造力，同时可以收集一些优秀的设计创意。举办设计竞赛的最好时机应该是在项目的目标和制约都已经明确之后，这时可以向设计师明确地描述并共享需求和制约，并且此时不必要的制约也已经被毫无顾虑地移除，这样的竞赛效果是最好的。

几个世纪以来，设计竞赛已经成为建筑设计中的常规做法。布鲁内莱斯基（Brunelleschi）在 1419 年赢得了佛罗伦萨圣母百花大教堂（Santa Maria del Fiore cathedral）圆顶（图 6-4）的设计竞赛，声誉得到了极大的提升。他超前的设计构想通过缩放模型（scale model）验证了其可行性，打开了新的思路，今天我们在圣保罗大教堂（St. Paul）和美国国会大厦（the U.S. Capitol）中也可以看到相同的设计。

图 6-4　匿名作者，《来自博波利花园的佛罗伦萨风景》，19 世纪，水彩画，佛罗伦萨博物馆，意大利 / 斯卡拉 / 艺术资源，纽约

在建筑或某些大型土木工程中，一名客户会遇到多名渴望获得工作的设计师。因此，设计竞赛自然是一种可行的方案。

在计算机硬件或软件的常规产品开发中，情况则完全不同。对于一个特定产品，通常只会为它分配一个开发团队。团队内部总会就不同的设计决策存在争论，最终通常会借助讨论来达成一致。只有在极少数的情况下，管理层会成立多个团队来竞争实现同一个目标。

有时在公司的产品研发时会进行一场正规的设计竞赛。在 System/360 架构设计期间，我们花费了六个月的时间研制出一种堆栈架构。然后进行了第一轮成本估算。结果显示，这种方法对于中高端机型来说是有效的，但是我们现有 7 种机型，在其中的低端机型上的性价比非常低。

为此，我们进行了一场设计竞赛。架构团队自行组成了 13 个小团队（每个团队有 1~3 人），并在一组固定的规则和截止日期下各自绘制了架构草图。在我看来，这 13 个设计方案中有两个最为出色。出乎意料的是这两个方案的设计思路非常接近，更令人惊讶的是这两个团队相互并不熟悉，也并没有进行过沟通。

合并竞赛中收获的设计奠定了整个项目的模式。（它们最大的区别在于到底是用 6 位作为一个字节，还是 8 位作为一个字节，这引发了整个设计过程中最激烈、最深刻、最漫长的辩论。）

我认为设计竞赛极大地刺激了团队并富有成效，它最初是由吉恩·阿姆达尔（Gene Amdahl）提出的。原本在成本估算之后大家都觉得十分沮丧，但是一场设计竞赛让每个人再次找到了工作的动力。它让每个人深入设计的各个方面，极大地提高了士气，并在后来的设计开发中被证明是极具价值的。通过设计竞赛，设计者就许多设计决策达成了共识，同时也孕育出了一个优秀的设计。[20]

6.6.6　计划之外的设计竞赛——产品竞争

常见的是，设计团队 B 的设计方向渐渐与设计团队 A 的市场目标重叠。这时就需要进行一场临时的设计竞赛，这也是一场产品之争。

我曾见过许多产品的竞争，它们遵循下面 5 个标准剧本。

（1）两个团队，可能不了解对方工作的细节，通过会面交流比较双方的产品和目标市场，并一致认为两者之间没有真正的重叠部分。两个团队都应该全速前进。

（2）可能是销售预测结果的变化，也可能是高层的质疑态度，实际情况总会超出计划。

（3）每个团队都改变了自己的产品设计，以涵盖其他产品的预期市场，而非只是双方有重叠的部分。

（4）每个团队都开始在客户、营销团队和产品预测者中争取更多的支持者。

（5）在高层做出决定之前，双方发生一场比拼。

此时，剧情发展有几种可能：设计团队 A 获胜；设计团队 B 获胜；双方都生存了下来；双方都没有在激烈的竞争中存活下来。

如果持质疑态度的高层能在早期采取行动，那么剧本中的竞赛很快会分出胜负。然而某些时候，这个过程可能是彻底探索两种截然不同设计方法的最佳方式（这个过程将充满激情）。

6.6.7　设计评审

在设计的所有阶段，协作最能发挥作用的阶段是设计评审，甚至我们可以认为在设计评审中协作是必不可少的。必须从多个学科的角度进行评审，包括其他的设计者、用户和（或）代理人、实施者、采购者、制造商、维护人员、可靠性专家、安全和环境监管机构。

每个专业领域的专家都必须独立审查设计文档，因为仔细地审查需要花费时间并引发反思，有可能评审者还需要研究相关文献资料、归档资料和其他的产品设计。[21] 每位专家都有独到的观点，每个人都会提出不同的问题并发现不同的缺陷。但是有些时候，联合的团队评审也是必不可少的。

6.6.8　需要多学科的团队评审

多学科的视角使得团队评审的力量更加强大。评审团队的规模应该比设计团队大得多。那些将要建造设计它的工程师，那些将要维护它的运维人员、样本用户，那些将要推销它的销售人员，所有的这些人都必须纳入考虑范围。以新型潜艇的设计评审为例，后勤供应官员看到了一个缺陷，他的担忧引发了战损控制专家相同的担忧；制造工具专家看到了一些难以生产的东西，他提出的解决方案引起了声学专家的警惕。

通用动力公司（General Dynamics）电动船舶部门的设计师向我描述了一次评审的经历。造船厂的工长一眼看到一个半圆形的储罐，立刻建议将一个单一的圆柱体卷起来，切成两半，并用一个平板盖住。这个简易的方案代替了工程师制定的约 20 个零件。工长说："我们制造潜艇很擅长卷圆柱体。"

类似地，我曾经和位于英国莱瑟黑德市（Leatherhead）的布朗－鲁特公司（Brown & Root）的一位设计师交谈，他向我讲述了一次关于深海石油钻井平台的设计评审。维护工长指着一个特定的部件说："最好用厚钢板来生产这个部件。"

"为什么？"

"我们可以在车间里给它涂漆，如果安装后我们就再也够不到去给它涂漆了。"

于是工程师们重新设计了平台周围的整个区域，以便工人可以接近该部件。

6.6.9　使用图形式的表述

在设计评审中，对评审最有帮助的是产品的通用模型，它可以是一份平面图、一个全尺寸缩放的木质模型或虚拟现实（virtualreality）模拟的潜艇、一个机械部件的原型，或一个计算机的结构图表。

相比设计人员自己使用的评审材料，多学科的设计评审通常需要更丰富的可视化表示。并非每位参与审查的人都能够从工程 / 建筑图纸中想象得出最终的成品。在参访了各种机构的设计评审之后，我观察发现虚拟环境可视化技术（virtual-environment visualization technology）最富成效的应用之一就是设计评审。[22]

对于一场有效的设计评审来说，最至关重要的就是产品模型的分享和彼此之间的评论。在团队设计评审中，如果有参会者无法亲自到达会场，那么必须有一种能够模拟的工具来让参会者对产品有相同的体验。在这种场景下，我们可以考虑采用远程协作（telecollaboration）工具。

6.7　在设计过程中协作不发挥作用的场景

6.7.1　对设计协作的幻想

CSCW（computer supported-collaborative-work），即依托计算机的协同作业，在 CSCW 的文档中充斥着对其不切实际的幻想。原本这也无伤大雅，但不幸的是，这种错误的观点会误导日趋复杂的学术研究，使其聚焦于越来越不实用的协作技术工具。

CSCW 营造出来的愿景是这样的：设计团队通过现身体验，或借助虚拟手段，在计算机技术工具中体验到设计对象的模型。利用技术手段，无论是房屋建设、还是机械部件、甚至一艘潜艇、一个软件的白板图或共享文本，都可以形象地表现出来。任何团队成员都可以就此提出改进建议，通常可以直接在模型中进行改善。当成员们提出改进意见后，接下来就是对改进意见进行讨论，最终逐步形成设计。

6.7.2　真正的协作设计并非如此

然而，这种不切实际的幻想并不是协作设计者真实的工作方式，协作设计与协作设计评审是完全相反的。

　　在所有我见过的多人设计团队中，设计会先被切分成多个模块，每个模块从始至终都只有一位负责人，称为模块的所有者（owner）。这位负责人将独自为该模块提出设计方案。随后，他会与团队中的其他成员会面，进行一场小型的设计评审会议。在评审会议开始之前，他会暂停手头的工作，先整理出各种设计决策的详细影响后果，并制定协作讨论方向。

　　如果在评审会议上有人提出了替代方案，而该负责人又不接受，那么提出方案的成员通常会回退一步制定另一种设计方案。然后再次召开评审会议，就两种方案做出选择，也可能将两种方案进行融合，甚至放弃当前全部方案转向其他的设计方向。

6.7.3　在哪个阶段做设计控制

　　这种不切实际的幻想对原创设计（originating designs）是不起作用的，它只能在现有的设计上修修补补。但是即便作为改进现有设计的模型来说，协作式的方法也是有缺陷的。协作带来了日程计划中的并行活动（concurrent activity），只要有并行就需要考虑同步（synchronization），这在单人设计中是完全不需要的。设计师杰克负责大型油轮的空气管道，吉尔负责蒸汽管道。随着双方设计的逐步完善，在设计项目的流程中一定要确保有设计控制（design control）的机制来监控他们是否在各自的设计中使用了同一处空间。在后续的每次设计变更时也需要格外注意。需要预先为解决冲突准备一些决议程序（resolution procedure）。还需要建立一些版本控制机制以便每个新设计都不会与之前任何一个版本重复，对于版本控制，我们可以采用"有时间标记的单一版本"（single time-stamped version）。

　　关于对协作不切实际的幻想，我曾亲眼见过一个实例，作为客户的一位海军上将查看了核潜艇的设计模型，他提议希望移动一道隔板来为维修人员提供更大的空间。（在 CAD 系统的 VR 界面中实现这一点在技术上是一个具有挑战性的工作。许多实时可视化技术依赖于大部分世界模型的静态特性。）

　　但是这个提议是不值得接受的。海军上将可能想要移动隔板以查看空间变化后的感观如何，在模型的早期测试版本（playpen version）中他可能被允许这样做。但是在将任何这样的改动引入标准设计版本之前，必须有人或某个程序检查对隔板另一侧的空间、结构、声学、管道和布线的影响。想象一下，作为责任人的工程师们发现隔板被海军上将移动了，很明显海军上将不可能知道它所包含的制约和设计上的考虑。当海军上将来参观虚拟模型的时候，设计已经进行到后面的阶段了，对应他的提议需要走正式的变更控制流程。

不切实际的协作设计模型反映出对概念完整性的极度不关注。吉尔在这里拍拍，吉姆在那里推一下，杰克在那里修修补补。虽然这些行为都是自发的，是协作完成的，但却会产生糟糕的设计。事实上，我们对这个过程非常了解，以至于我们对它有一个轻蔑的命名——委员会设计（committee design）。如果协作工具的产品定位是鼓励委员会设计的话，它们将会起到更加负面的作用。

6.7.4　尤其是概念性设计，一定不要选择协作

一旦探索阶段结束，基本主题被选定，就该由概念完整性来主导设计。一位首席设计师（chief designer）应该将自己的基本设计方案交由设计团队，然后由设计团队来完成细化工作，而不应该将设计打散，让每人各自负责一部分。[23]

当然，如此苦苦追寻的概念设计有可能会走进死胡同。此时，我们必须在基础方案的选择上做出改变，并再次进行协作探索，直到选出可行的基础方案。

6.8　双人团队是有魔力的

上述对设计协作的论述，说的都是两个人以上的团队。双人团队是一个特殊情况。即使在概念设计阶段，当概念完整性受到危害时，两位设计师通过协作可能比单独的一位设计师更有效。结对编程（pair programming）的文献表明，在详细设计阶段这种情况是属实的。对于常规的工作，双人协作的初始产出是低于两人分头工作的，但在这个阶段双人协作的错误率会大大降低。[24] 在很多设计工作中约有 40％ 的工作量是返工，因此双人协作的净生产力更高，产出的产品更为稳健。

世界上有很多需要两个人完成的工作。木匠需要有人扶住木梁的另一端，电工在穿线时需要有人帮忙，抚养孩子最好由两个积极互助的父母来完成。圣经中写道，"独身对人不利"（it is not good for man to be alone），虽然说的是有关婚姻的事情[25]，但对于孤独的设计师来说，它也是一个有用的警示。

双人协作设计与多人设计或独立设计有着明显的区别。两个人会通过非正式的方式交换观点，这个过程很迅捷，另外，对于谁有发言

权或谁受谁支配这样的事情也是不存在的。每个人只会短暂地占据发言权。设计过程在无数个微型会话（microsessions）之间不停地切换，会话的主题包括提议、探讨和质疑、反向提议、观点融合和解决方案，通常设计只会按照一个思路来发展，不像多人讨论那样需要同时维护多个独立并行的思路。两个人在同一张纸上书写，不发生碰撞或冲突还是可行的。

"铁磨铁，磨出刃"（As iron sharpens iron，），对比独立设计，另一位伙伴会激发出自己更积极的思考。在与另一位伙伴交流时，也许会刻意表达自己的想法，即不仅仅是"是什么"，还包括"为什么"，这样能够更快地发现自己的错误，更快地认识到其他可行的设计选项。

托伦斯（Torrence）在 1970 年有一篇经典的论文，其表明双人交互可以产生两倍数量的创意（original ideas），创意翻倍的同时又提高了工作的乐趣，作者鼓励实验者采用双人协作去尝试难度更大的工作[26]。

结对设计（pair-wise design）的阶段也需要配以独立设计，通过独立设计可以完成设计细节、记录创意成果，以及准备下一次联合会话的提议。

6.9   对于计算机科学家又如何呢？

许多学院派的计算机科学家的工作，都聚焦在为不同学科的工作者设计计算机辅助协作工具上。令人沮丧的是，这些想法和工具很少有能够进入日常应用的（目前大获成功的是代码控制系统和 Word 中的"跟踪更改"功能）。或许这是因为学院派的工具构建者特别容易忽视现实世界团队设计的一些关键属性。

（1）真正的设计总是比我们想象的更加复杂[27]。尤其明显的是设计通常是从教科书上的示例开始的，而这些例子通常被过度简化。对比教科书上的示例，真正的设计有更加复杂的目标，设计者要遵守更加复杂的制约，并要了解更加复杂的度量标准。真正的设计总是会涉及无数的细节。

（2）真正的团队设计总是需要设计变更控制流程，以免左手不知道右手在干什么。

（3）无论多少协作都无法消解"乏味劳作和孤独思考"。

出于这些原因，我认为在协同设计工具领域，我们要对那些没有实际设计经验的研究生的论文研究持谨慎的态度。此外，我们的期刊应该放缓接收那些没有基于实际经验或实际设计应用的论文。

6.10　备注和相关资料

[1] 引用自伯纳德·巴鲁克（Bernard Baruch），他说这个精妙的短句是他的律师说给他的。

[2] 经济学人杂志（Economist）的文章 *Harvest Moon*（2009 年）。

[3] 在一个多项目并行的组织中，高明的管理者会预先安排 1~2 位设计师开始对尚未成型但可预见的技术进行设计探索。

[4] 布鲁克斯（Brooks）的 *The Mythical Man-Month*（1995 年），第 2 章。

[5] 康涅狄格州格罗顿市电动船舶工厂的工长（个人交流）。

[6] 克罗斯（Cross）在 *Analysing Design Activity*（1996 年）一书中，从学术的角度比较了个人设计师和团队设计师在设计工作中的表现，这是我见过最完整的相关研究。这本书介绍了在荷兰的代尔夫特（Delft）市举办的一次国际研讨会，代尔夫特协定（Delft protocols）旨在让一名个人设计师和一个由 3 名设计师组成的设计团队同时解决相同课题，通过视频记录两个团队的工作过程。为了便于观察，活动方鼓励个人设计师在设计过程中借助自言自语来表述自己的设计思想。这本书有 20 个不同的章节，每个章节都由不同作者编写，并应用了不同的方法来分析代尔夫特协定中的视频记录。在大部分章节中，作者将自己预设的活动分类应用于其中 1~2 个案例。许多章节既比较了两种团队的行动和效能，还分析了他们的社交行为。其中，最值得一提的论述来自加布里埃拉·高施密特（Gabriela Goldschmidt），在文章 *The Designer as a Team of One* 中提出："细致分析得出的结论是，在完成工作的方式上，个人和团队几乎没有区别。"

查尔斯·伊斯特曼（Charles Eastman）在 *Design Studies*（1997 年）一书的 475~476 页回顾了这本书："这些研究提供了丰富的视角，使读者能够了解设计过程的多样性（fertileness）和特异性（idiosyncrasy）。视频记录显然捕捉到了设计行为的丰富特征，……然而，当前分析方法的局限性是显而易见的。每项研究本身只提供了一个小小的视角来窥视设计过程。只有通过多项研究的积累，才能感知到整个过程的全貌。这本书清晰地展示出经历 30 年努力之后的设计研究的现状，并将其更普遍地与各种设计理论联系起来。"

[7] 布鲁克斯（Brooks）的 *The Mythical Man-Month*（1995 年），第 4 章，42 页之后。

[8] 布拉奥（Blaauw）和布鲁克斯（Brooks）的 *Computer Architecture*

（1995 年），第 1.4 小节；布鲁克斯（Brooks）的 *The Mythical Man-Month*（1995 年），第 4～第 7 章，19 页。

[9] 比林顿（Billington）的 *The Art of Structural Design*（2003 年），第 6 章；梅恩（Menn）的文章 *The Place of Aesthetics in Bridge Design*（1996 年）。

[10] 布拉奥（Blaauw）和布鲁克斯（Brooks）的 *Computer Architecture*（1995 年），第 14 章。

[11] 默里（Murray）的 *The Supermen*（1997 年）。

[12] 格林鲍姆（Greenbaum）和金（Kyng）的 *Design at Work*（1991 年）；波克尔（Bødker）的文章 *A Utiopian Experience*（1987 年）。

[13] 韦斯伯格（Weisberg）的 *Creativity：Genius and Other Myths*（1986 年）；斯汀格（Stillinger）的 *Multiple Authorship and the Myth of Solitary Genius*（1991 年）。

[14] R·约瑟夫·马歇尔（R. Joseph Mitchell）是斯皮特火箭（Spitfire）的设计师，他曾警告他的测试飞行员（火箭的用户）不要相信工程师："如果有人告诉你有关飞机的任何事情，而他们的解释太过复杂，你无法理解的话，相信我：那些都是胡说八道。"

[15] Artechra 咨询公司的伊恩·伍兹（Eoin Woods）说："我对联合设计（joint design）没有你那么悲观。我曾在设计团队中工作过，在那里我们进行过激烈的讨论来推进我们的设计，然后在我们之间就解决方案达成了一致（尽管有时是一个和善的独裁者做出最终决定）。因为最终胜出的是 1~2 个强有力的设计概念，所以设计将保持一致，并推动所有其他决策；我们没有通过委员会进行设计，也没有进行'讨价还价'（horse-trade）式的详细决策（来自 2009 年的个人交流）。"

[16] 斯坦福大学的布莱德·帕金森（Brad Parkinson）是 GPS 系统的两位系统架构师之一，同时他们二人也是甲方的工程代表，他指出采用多个承包商为系统构建增加了挑战性（来自 2007 年的个人交流）。

[17] 豪森（Holson）的文章 *Putting a Bolder Face on Google*（2009 年）。

[18] 卡内基梅隆大学的玛丽·肖（Mary Shaw）问道："这对于现代软件开发环境和它们的 API 意味着什么？"

[19] 奥斯伯恩（Osborn）的 *Applied Imagination*（1963 年）。

[20] 企业中的设计竞赛是不一样的，这项任务本质上是政治性的。不同的竞争团队甚至连对企业使命的认识都不尽相同。企业的发展如何取决于企业由谁来把控。

[21] 玛格丽特·撒切尔（Margaret Thatcher）说："人们需要文档

（而不是幻灯片），人们可以通过阅读文档来做预习，也可以向同事咨询（通过约翰·费尔克劳夫爵士的个人交流）。"美国企业在评审时往往借助 PowerPoint 演示。那些模糊的要点使每个参与者都可以按自己的意愿解释信息；含糊其辞的表达有助于化解尴尬，然而其中的细节却至关重要。劳·郭士纳（Lou Gerstner）是让 IBM 扭亏为盈的 CEO，很早之前他就做出过惊人的举动（参考 2002 年的《谁说大象不能跳舞？》，原书名 *Who Says Elephants Can't Dance?*，第 43 页）："尼克在演示第二张幻灯片时，我礼貌地走到桌子前，关闭了投影仪……这产生了极其强大的连锁反应……说到惊愕，就好像美国总统在白宫会议上禁止使用英语一样。"

[22] 布鲁克斯（Brooks）的文章 *What's Real about Virtual Reality?*（1999 年）

[23] 哈兰·迈尔斯（Harlan Mills）提出的受支持的首席设计师团队（supported-chief-designer team），即"外科手术式"（surgical）的团队，详见布鲁克斯的《人月神话》的第 3 章。

[24] 威廉姆斯（Williams）的文章 *Strengthening the Case for Pair-Programming*（2000 年）；柯博恩（Cockburn）的文章 *The Costs and Benefits of Pair Programming*（2001 年）。

[25]《创世纪》2:18。

[26] 托伦斯（Torrance）的文章 *Dyadic Interaction as a Facilitator of Gifted Performance*（1970 年）。

请参考黑尔斯（Hales）的博士论文 *An Analysis of the Engineering Design Process in an Industrial Context*（1991 年于剑桥大学），这篇论文精彩至极。另外还有索尔顿（Salton）的博士论文 *An Automatic Data Processing System for Public Utility Revenue Accounting*（1958 年于哈佛大学），这篇论文详细记录了实际设计涉及的内容。

亨利·福克斯（Henry Fuchs）对未来办公室的愿景

北卡罗来纳大学的安德烈·斯泰特（Andrei State）的绘画作品

第 7 章
远程协作

新一代的电子化依存关系将世界重塑成一个地球村（global village）的形象。

——马歇尔·麦克卢汉（Marshall McLuhan，1967 年）

The Medium Is the Message

7.1　为什么是远程协作

最后，我们借机来探讨一下远程协作（telecollaboration）。为什么设计团队现在要应用通信技术来开展成员间的跨地区协作呢？

7.1.1　专业化

现在的工作往往需要各种超专业化的技能，这将引发更多对协作的需求。然而，在一个村庄里是无法找到各领域的专业资源的，甚至在城市里也很难做到。过去，每个村庄都有各自的铁匠，但是现在人们对于材料的需求发生了变化，我们更需要的是钛合金方向的材料学专家。城镇的消防员现在也已经被专业的消防公司取代了，如雷德·阿代尔（Red Adair），这家公司的专业消防员被召唤到世界各地去扑灭火灾，挽救价值数百万美元的油井项目。[1]

7.1.2　家庭

人类对于居住地总是有着强烈甚至偏执的喜好。对于一些人来说，这是家庭、族群和文化的召唤。对于另一些人来说，是乡村、城镇或城市的选择。还有一些人，对气候、海滨或山地有着独特的偏好。拥有高度专业技能的人往往可以自己决定去向。远程协作技术使越来越多的专家能够自由选择居住地和办公地点。我有两位学生，一位居住在冰岛，另一位居住在巴西，但他们都为硅谷的公司工作。

7.1.3　全天候值守

地球的自转使得团队成员可以轮班工作，实现全天候的工作推进，通过工作地区的切换，且每位成员只需要工作一个白班即可。

7.1.4　成本

通过外包（outsourcing）的方式，我们可以用较低的成本来换取常规的科技能力，这一切要归功于不同经济体之间的生活成本和生活标准的差异。当然，为不同经济体开辟（电信的）外包渠道将引发一场平衡地区发展差异的浪潮，对于援助欠发达地区这件事来说，这无疑是最健康的方式。

7.1.5　政治

对受政府支持的大型国际企业来说，它的业务将不可避免地被拆分到不同的国家和地区。以空客 380 为例，这是一个非常大胆的工程项目（图 7-1）。不光是这个项目的生产制造，连它的研发也是分布在法国、德国、英国和西班牙这四个国家。

曾担任空客英国公司（Airbus UK）技术总监的杰弗里·贾普（Jeffrey Jupp），向我解释了英国布里斯托尔的空客团队如何设计飞机机翼，以适应法国图卢兹团队设计的飞机机身的过程。

（1）充分应用了远程通信（telecommunications）的能力。

（2）布里斯托尔派遣了一些工程师到图卢兹，充当中间人（ambassadors）的角色。

（3）每天都有一架搭乘一线团队成员的公司航班往返于英国和图卢兹之间。

根据我的经验，这些辅助的协作工具都是不可或缺的。不过，令人稍感遗憾的是，空客 A380 项目也踩过坑，对于空客这种由政治因素引发的跨国项目而言，这种坑或许更为危险。当时英法两国的团队使用的是 5.0 版本的 CATIA CAD 软件，而德国和西班牙的团队使用的是 4.0。因为各方软件发行版本的差异，项目产生了问题，其中一个团队发现，对方团队提供的接线管的半径太小了，以致于无法容纳自己设计的接线。除此以外，其他首次交付的成品也有问题，这些问题导致了 22 个月的延期，给项目造成了极大的困难。[2]

图 7-1　空客 A380

7.2　势在必得—IBM System/360 计算机产品线的分布式开发，1961—1965 年

最初的七台 IBM System/360 计算机是在三个不同国家的四

个地区同时研发的：纽约州的波基普西（Poughkeepsie）、恩迪科特（Endicott），英国的赫斯利（Hursley）和德国的波布林根（Böblingen）。这些计算机是最早的严格向上向下二进制兼容（upward-downward strictly binary compatible）的计算机产品线，它们引领了计算机行业的发展，这次发展将一个字节（byte）包含的位数（bit）从 6 位变成了 8 位。当时我是 IBM System/360 项目的管理者。本书的第 24 章是 System/360 架构设计的案例研究。（Model 20 并不具备向下兼容性，它的架构师威廉·赖特（William Wright）认为这是一个错误的设计，我的看法也是如此。）

在更加独立且分散的实验室中，IBM System/360 项目有超过 40 个新的 8 位输入输出设备需要同时研发，每个设备都利用了专业的技术和经验，这些实验室位于法国的拉戈德（La Gaude）、瑞典的利丁厄（Lidingö）、荷兰的优特霍恩（Uithoorn）、加利福尼亚州的圣何塞（San Jose）、科罗拉多州的博尔德（Boulder）、肯塔基州的莱克星顿（Lexington）和纽约州的恩迪科特（Endicott）。技术创新极大地促进了这些研发项目之间的协作：连接输入输出设备到计算机的通用标准逻辑、电气和机械接口的详细定义。[3] 即便如此，管理这些设备的分布式研发仍然是一项重大的举措。与硬件研发相比，软件研发的远程协作更为过激，其研发团队散布在更为分散的地区。

对于计算机硬件、软件和输入输出设备，我们采用了上述与空客公司（BAE）相同的管理方法。相比之下，我们的硬件条件要原始得多、我租用了 IBM 的首条全天候跨大西洋的电话线路。我们没有往返飞行的公司航班，但我们购买了大量的航空机票。英国实验室当时派驻了一位常驻工程师（resident participant）前往阿姆达尔（Amdahl）负责的架构团队，团队所在地是波基普西市（Poughkeepsie）；我们也在英国和德国的处理器实施团队中派驻了来自波基普西的常驻工程师。

除成千上万的电话和文档外，许多实验室之间还进行了结对（pairwise）的、面对面的会议交流。每年为期两周的全团队会议解决了大量悬而未决的冲突和挑战，其中的一次会议就解决了大约 200 个问题。

我们团队具备了下列三点优势，使我们可以尝试分布式开发。

（1）专业的分布式技术。

（2）稳固的人才库。

（3）能够跨组织的政策制度和工作分派。

最终分布式开发的成果是显著的。[4] 但请不要误解，采用分布式方式来研发概念统一的产品是需要付出格外努力的。此外，分布式本身会产生大量额外的工作。非正式沟通在本地团队协作中十分常见，然而我们严重低估了它的重要性，直到我们亲身体验到缺少它所带来的不便。我发现空间上的壁垒是真实存在的。[5] 时区上的壁垒也是，有时甚至比空间上的壁垒更为致命。在文化上同样有壁垒存在，必须加以考虑。[6]

7.3　拥抱远程协作

分布式的设计将持续增加。远程通信技术也会不断发展。那么设计者和设计项目的管理者要如何应用通信技术来实现远程协作呢？

7.3.1　面对面的方式是至关重要的

考虑一下你自己的电话沟通经历。你觉得在与陌生人电话交流的时候，这种体验是否和与熟人通电话一样舒适呢？ 另外，在沟通效果上两者是否有差异呢？

假设你要完成下列事项，如果不借助任何沟通工具（如视频会议、电话、电子邮件、书面信函），你愿意走多远的路？

（1）安排午餐聚会。

（2）寻求购买服务的折扣。

（3）协商复杂的商业交易。

（4）规划家庭度假。

（5）解雇您的行政助理。

对于其中的一些情况，你可能更倾向于使用电子邮件或电话而不用亲自走动（远程沟通的方式于时间有益）；而对于其他情况，你可能很愿意走上一段距离。

我所了解的、最成功的远程协作都是建立在长时间面对面沟通经历的基础之上的，即使项目已经通过远程协作得以运转，但是仍然需要一些面对面的沟通。如果没有这样的沟通经历，那么通过出差的方式让成员会面也是值得的，尽管要花费金钱上和时间上的成本。

我在 IBM 工作的时候，曾专门为 S/360 项目的管理人员和助理提供了通勤巴士，这笔支出是最富成效的。通勤巴士将他们从波普基西带往纽约的白原市（White Plains），这段距离大约有 60 英里。这样他们可以在中午和总部的同事共进午餐，彼此交流，他们之前只熟悉对方的声音，并没有真正见过面。这种交流比只是在远程协作上下功夫更加有效。

据我所知，在波音 777 的初期设计阶段，波音公司把数十个分布式设计团队的成员聚集到华盛顿州的埃弗里特（Everett），进行了数周的集体交流。

实际上，人们从本能就能认识到面对面交流带来的价值。因此，尽管已经存在强大的视频会议技术，飞机仍然运载着大量商务出行的人们。

7.3.2　清晰的接口

在远程设计的组件之间定义清晰的接口是一项艰巨的任务。这项工作不仅仅要定义出明确的接口，还需要持续地向团队成员解释接口定义的语义。随着项目的开展，接口的变更不可避免，必须进行变更控制，同时还要把变更广泛地传达给相关成员。

除接口定义外，系统架构还包括另一个重要的组成部分，那就是管理层要设计一个预定的机制来解决观点和偏好上的分歧。从某种意义上来说，权威是必不可少的，需要有人有权做出决定。

虽然定义清晰接口的工作成本相当高昂，但是它会为项目带来难以置信的回馈。清晰的接口会极大地降低设计中的错误率。据估算，尽管错误和返工对整个设计的影响是有限的，但它们有可能会占据一半的设计成本。更糟糕的是，由于模糊或粗糙的接口引起的错误通常只会在系统集成阶段才会出现，到那时这些错误将更难以发现，修复起来也更加昂贵，甚至会影响整个系统的开发进度。

此外，清晰的接口会提振团队士气，降低各方的误解，让设计工作变得轻松；相反，疲于消解成员间的误解则显得非常无趣。在设计过程中减少误解，成员们会感受到项目进展顺畅；但如果每天都在不停地消除误解，那么成员会感觉项目进展乏力。清晰的接口会让每位设计者享有掌握自己产出所有权的乐趣。这样的工作方式会使构成整体系统的众多庞大的子系统更具辨识度，看起来就像是一个个标示了设计者所有权的小组件，按照接口的顺序整合在一起。

7.4　远程协作的技术

年复一年，科技专家一直在预测设计者的商务出行将被远程通信技术所取代。[7] 然而，迄今为止这一情况并未发生。为什么会这样？未来会被取代吗？我的猜测是肯定的，越发便利和生动的通信技术确实将成功地替代越来越多的面对面会议。[8] 然而，由于人际交流的无尽微妙，对于设计协作伙伴来说，时不时在同一个房间内共处仍然非常重要。

7.4.1　低技术通常可行

1. 文档

对于远程协作来说，最有效的技术是共享文档，无论是通过网络还是通过邮寄。正式的说明和图例代表着精准性，需要成员仔细研读、促进探讨、引发互动。

盖瑞·布拉奥和我发现，虽然我们共同编写的 *Computer Architecture* 有着 1 200 页的篇幅，但是我们大部分横跨大西洋的互动实际上是通过邮寄草稿完成的。不过，这种有效的远程协作是建立在过去九年间每天面对面交流的基础之上的。这种交流使我们深入了解彼此的设计风格、偏好和"协作方式"，并且我们对计算机架构也有着深入的共识。即便有了这样的基础，我们仍然要进行每季度的电话会议，以及用半年一次、为期三天的面对面会议作为补充，并非只采用反复远程交换手稿的单一方式。

这些面对面会议总是非常有启发性。从本质上看，它们总是聚焦于那些尚未解决的难题。我们发现，当对文档中的说明无法达到预期效果时，通常是因为我们并不了解我们在谈论什么。接下来我们会按照惯例进行半小时的讨论。我们可以从中学到关于计算机架构的新知识。

过去我们都是在草稿上用红色标记来区分修订内容，而现代的 Word 文档本身就带有修订追踪的功能，评论者可以以此交互，各自的修改都会与其他人的区分开来。Word 的修订追踪功能设计得很好，不过我发现带有红色标记的草稿（red-marked draft）要比 Word 文档更容易创建和阅读，主要是因为平面化的读写方式（two-dimensional access）更为直观。我觉得现在的电子化技术还没有达到如同读写草稿一般的体验水准（也可以说我是一个没有跟上时代的人）。

2. 电话

紧随文档之后的是电话，它比电子邮件更具突破性。相比语音通话，电子邮件很难体现出撰写人在语调上的变化，并且信息的传达也不是同步的，熟练使用电子邮件的用户非常了解这种缺失带来的危险性。即时通信（instant messaging）可以在一定程度上代替电话，但是效果明显要差很多。

3. 电话加共享文档

电话加上共享文档（telephone-plus-shared document）会产生一加一大于二的效果。这种组合增加了实时互动，节省了大量的书面解释，并避免了许多误解。大家可能没有注意到，共享文档让电话交流更为明确，并添加了很多具体细节。它迫使协作伙伴在面对大量问题时能够逐字逐句地达成一致，否则这些问题很可能被忽视。

这种组合非常强大。在我们的实验室里，我们的机械工程师库尔蒂斯·凯勒（Kurtis Keller）与犹他大学的山姆·德雷克（Sam Drake）合作设计了一款新头戴显示器。我们在犹他大学和北卡罗来纳大学之间建有一个非常有效的、实时的、高带宽的视频电话会议系统。凯勒的办公室距离视频会议室仅有 150 英尺，步行即可到达。然而，我们观察到，在设计过程中，凯勒甚至不愿花这么少的功夫去使用视频电话会议系统。相反，他会在自己的办公室通过电话开展工作，同时，他和德雷克都在他们的工作站上查看设计图。

7.4.2 视频会议

在远程协作领域，视频会议曾被吹捧为"改变游戏规则的"工具，尽管它已经得到了广泛应用，但进展速度和覆盖范围还是远远低于最初的预期。

为什么进展缓慢？在早期阶段，有限的带宽导致视频帧率低，使视频体验相当糟糕。现在，常规的视频传输速率已经能满足需要了，那么还有哪些技术可以提升体验呢？

（1）视野范围。视频通话很适合一对一的对话模式，但如果一个委员会的一半成员与另一半成员通过视频会面，则很难同时看到在场的每个人并分辨各自的面部表情。

（2）更好的文档和演示共享。参与者希望在阅览幻灯片或文档的时候也能同时看到演讲者，而不是交替切换视频视角。最好能将文档资料展开在办公桌上。这样参与者可以在文档资料上做私人笔记，也可以共享标记出的内容。双方以对称的方式共享白板也是一个迫切的需求。

（3）更高的分辨率。现在的分辨率仍然不足以分享一个完整的 8.5 英寸 ×11 英寸的文本页面，也无法清晰地看到人物的面部表情。

（4）更好的景深感受（depth cues）。常规的二维视频是缺少景深感受的，虽然它几乎不会引发理解上的分歧，但是缺少景深效果会让参与者自始至终都会注意到演讲者并不在现场。

1.什么时候视频会议最有价值

虽然目前仍然存在技术上的不足，但在某些特定的社交场合，视频会议还是比电话会议好得多，尽管仍然不及面对面的会议，但当与会双方的沟通非常依赖面部表情或肢体语言的时候，视频会议的优势尤其明显，比如以下这些情况。

（1）在筛选陌生求职者，以选择最终候选人时。

（2）当问题对一个或多个参与者来说至关重要时。

（3）当一方参与者极度缺乏信心时。

（4）在双方的组织或国家的文化差异尤为明显时。

2. 高科技的视频会议

针对最大实感电视会议系统（maximum-realism teleconferencing systems）的研究已经取得了相当大的进展。我的同事亨利·福克斯（Henry Fuchs）通过增加景深改进了视频会议的效果，并通过一些案例演示证明了这种改进可以显著增强人们"身临其境"的感受。利用强大的运动景深效果（kinetic depth effect），每位参与者的头部都会被跟踪，当一个人头部移动时，屏幕上重建的物体会根据它们与摄像机的距离而发生改变。此外，通过多个摄像机生成一个三维图像，通过两台带有偏振滤镜的投影机进行立体式呈现。[9]

3. 远程协作技术，主动还是被动

有大量的学术研究被应用到远程协作的软硬件研发之中。开发者应用它们开发出大量的远程协作工具和系统，其中一些已经被成功的商业化，除此之外，围绕远程协作的主题也设立了一系列研讨会[10]，另外还有一本颇受重视的期刊[11]（这与本地协作享有同等待遇）。

最终人们被迫接受了这样的结论：大多数远程协作的工具和系统都源于技术上的创新，而不是基于对协作模式或协作需求的分析。事实上，当我们在搜索引擎上快速检索"远程协作"几个字的时候，前 50 个检索结果有 49 个是工具或教程相关的，而不是设计协作。我独自在图书馆调查了 20 本与远程协作相关的图书，其中有 19 本是介绍工具本身的，而不是介绍如何运用这些工具来完成设计工作的具体应用。

这种本末倒置的现状让我深感忧虑。这浪费了宝贵的资源、博士生的研究成果，并且误导了我们最有能力的学生。从古至今一直是用户和他们的具体工作推动了高效工具的研发。按照我的经验，最好的方法是让工具的开发者与真正的使用者共同协作，一起完成实际的工作任务。在这种情况下，有问题的原型工具将无法令人满意，开发者会快速获得直言不讳的反馈，这至关重要。我在其他的文章中也对此进行了大量阐述，我的立场从未改变。[12]

7.5　备注和相关资料

[1] 洛尔（Lohr）在论文 *The Crowd is Wise*（*When It's Focused*）（2009 年）

中提出了"集体智慧"（collective intelligence）的概念，即通过互联网形成专业团队来推进重大技术项目。

然而，最近的案例和最新的研究表明，开放创新模式的成功是有前提的，首先创新的工作一定要经过精心的设计，然后还需要有激励措施能够吸引最高效的协作者。"有一种误解，是你可以轻松地将群众的智慧应用在某件事情上，然后事情就会朝最好的方向发展"，马萨诸塞理工学院集体智慧中心的主任托马斯·W. 马隆（Thomas W. Malone）表示，"这是不正确的，这不是魔术"。

[2] 克拉克（Clark）的 *The Airbus Saga*（2006 年）是一篇优秀的新闻报道。可以参考 http://en.wikipedia.org/wiki/Airbus_380，我于 2008 年 9 月 9 日访问。

[3] 这项工作需要一个小型的架构团队来完成。

[4] 怀斯（Wise）的文章 *I.B.M's $5,000,000,000 Gamble*（1966 年）对该项目及问题进行了非常有洞见、深入和公正的探讨，该文章发表于项目结束的两年后。关于协同设计，他说："国际化的工程团队以相当有效的方式组建起来，使 IBM 能够合理地宣称 System/360 计算机或许是第一款真正国际化设计的产品。"（第 142 页。）

彼得·法戈（Peter Fagg），System/360 项目的工程经理，在没有对任何团队拥有直接管理权限的情况下，非常出色地管理了跨部门、国际化的数十个新型输入输出设备的开发工作。

[5] 赫布斯勒布（Herbsleb）的 *Distances, Dependencies, and Delay in a Global Collaboration*（2000 年）和蒂斯利（Teasley）的 *How does Radical Collocation Help a Team Succeed*? 记录了分布式工作的各种缺点。海因兹（Hinds）的 *Distributed Work*（2002 年）则提供了有关分布式工作的全方位的报道。

[6] 格玛沃特（Ghemawat）的 *Redefining Global Strategy*（2007年）。

[7] 加纳（Garner）在 *Comparing Graphic Actions Between Remote and Proximal Design Teams*（2001 年）的报告中，报道了一项有趣的研究，这项研究对设计项目中的面对面协作和远程协作进行了对比。

这篇论文概述了一项研究项目的执行过程和结果，该项目对比了两组设计学专业学生的速写活动和速写作品，其中一组采用面对面的协作方式，另外一组则使用了计算机工具，通过远程协作的方式来进行绘制工作。通过速写绘图的行为，作者阐述了共享草图的现象，以及"缩略图"式草图的重要性，缩略图常被用于面对面协作的实验研究，但是关于使用计算机远程协作的研究则明显不足。

此外，索南瓦尔德（Sonnenwald）等人在合著的《评估科学协作环境》（*Evaluating a Scientific Collaboratory*，2003 年）中表明，不仅观察结果没有差异，而且他们发现，科学家认为每种工作模式都有优点和缺点。

> 对科学协作环境（scientific collaboratories）的评估已经滞后于其自身的发展。科学协作环境所提供的能力是否掩盖了其缺点？为了评估科学协作环境系统，我们进行了一项重复测量的受控实验，对比了 20 对参与者（科学专业的高年级本科学生）在面对面和远程工作条件下完成科学工作的过程和结果。
>
> 我们收集了产出结果（实验评分报告）来评估科学工作的质量，通过事后问卷调查的结果数据，来衡量系统的可接受性，并进行事后访谈以了解参与者在两种条件下从事科学工作的态度。我们假设了这样的实验结果：该实验的参与者在远程协作时效果较差，上报了更多的困难，并且不太愿意采用远程协作系统。
>
> 与预期相反，定量统计数据显示在协作效果和可接受性方面二者没有显著差异。定性数据帮助解释了实验结果未达预期的原因：参与者汇报了在两种条件下工作的优点和缺点，并针对远程协作感知方面的欠缺开发了应对方案。虽然数据的分析结果未达预期，但综合分析使我们得出结论：科学协作环境系统的开发和应用具有积极的潜力。

[8]《经济学人》网站的匿名作者在 2009 年推测道："由于信息技术的进步，周期性的经济衰退可能与商务旅行的结构性下降成正比。"因此，经济衰退可能加速了对视频会议的应用。

[9] 拉斯卡（Raskar）的 *The Office of the Future*（1998 年）；托尔斯（Towles）的 *3D TeleCollaboration over Internet* 2（2009 年）；http:// www.cs.unc.edu/Research/stc/inthenews/pdf/washingtonpost_2000_1128. pdf，我于 2009 年 8 月 28 日访问。

像 Second Life 项目这样的虚拟环境技术也被应用于远程协作。相关内容可以参考这篇博客文章：http://blog.irvingwb.com/blog/2008/12/ serious-virtual-worlds-applications.html。

[10] 请参考 http://www.cscw2008.org/。

[11] *Computer Supported Cooperative Work*（CSCW）：协作计算的期刊。

ISSN：0925-9724（印刷版）；ISSN：1573-7551（电子版）。

[12] 布鲁克斯（Brooks）的 *The Computer 'Scientist' as Toolsmith*（1977年）；布鲁克斯的 *The Computer Scientist as Toolsmith* II（1996年）。

第三部分

设 计 视 角

约翰·洛克（John Locke，1632—1704 年），英国经验主义哲学家

第 8 章
设计领域的理性主义与经验主义之争

任何人都可能犯错；大多数人在很多方面是由于情感或利益的驱使，受到诱惑而犯错。

——约翰·洛克（John Locke）

An Essay Concerning Human Understanding（1690 年）

……我们所依赖的两种认识方式，是直觉和演绎，这两种方式是我们在获取知识时所必须依靠的。

——勒内·笛卡儿（René Descartes）

Rules for the Direction of the Mind（1628 年）

8.1　理性主义与经验主义之争

请先考虑这个问题：我能否仅通过充分的思考就可以正确地设计出一个复杂的事物？尤其在设计领域，这个问题体现了两个长久以来的哲学体系之间的关键，即理性主义（rationalism）和经验主义（empiricism）之间的症结。理性主义者认为这是可行的，而经验主义者则认为不行。[1]

这个关键远比表面上看起来的要深刻得多。这个哲学问题从根本上说是人们对于人类作为创造者本身的看法。

理性主义者相信，人类天生是可靠的（也是善良的），虽然会犯错误，但通过正确的教育可以得到改善。在接受正确的教育、积累经验并经过足够细致的思考之后，设计者可以创造出完美无缺的设计。因此，理性主义的设计方法论提倡学习如何通过推理使设计变得无懈可击。

经验主义者相信，人类天生就有缺陷，容易反复受到诱惑并犯错，由人类所创造的任何事物都伴有缺陷。因此，经验主义的设计方法论提倡学习通过实验来查明缺陷，以便对设计进行迭代改进。

类似的例子不胜枚举：亚里士多德相信他可以通过推理来发现科学真理，因此，他认为较重的物体会比较轻的物体下落得更快；而伽利略则坚信实验的必要性，并勇敢地挑战了亚里士多德这位古老的权威。

雷内·笛卡儿（1596—1650 年）也许是那位最直接地阐述了理性主义观点的先驱，而约翰·洛克（1632—1704 年）则明确提出了经验主义的观点。

从傅里叶（Fourier）对热传导的分析，到卡诺（Carnot）的热力学，再到布尔巴基（Bourbaki）学派的数学体系，直到今天，在美丽的逻辑结构领域，法国的科学思想仍然无与伦比。与此同时，与法国科学界的理性主义相呼应，英国科学界在其传统的经验主义思想的引导下不断取得巨大的成就，一想到这里，瓦特（Watt）、法拉第（Faraday）、海维赛德（Heaviside）、布拉格（Braggs）等名字就不禁浮现在我的脑海之中。

8.2　软件设计

计算机程序是不是一个可以通过抽象来构建，并能够通过证明来保证其正确性的数学对象呢？理性主义者对此持肯定意见，其中，代表人物是埃德斯格·迪科斯特拉（Edsger Dijkstra）[2]。这一切完全取决于细致的思考。人们可以而且也应该设计出正确的软件，此后再证明设计是无懈可击的，做到以上这些就足够了。[3]

当然，程序是一个纯粹的数学对象，原则上是可以通过正确的思考来实现完美的设计，但是困难并不在于设计手法，而在于设计者本身。经验主义者认为，人类不可避免地会犯错误，在确定目标、软件架构、目标（算法和数据结构）实施及代码自身的实现方面都可能犯错。正因为坚信人类容易犯错，人们归纳出一种有针对性的设计方法论，包括设计、早期原型、早期用户测试、迭代增量实现、在数量庞大的测试用例库上进行测试及在更改后进行回归测试。

8.3　我是一个固执己见的经验主义者

我的亲身经历使我成为一名经验主义者。在我的职业生涯中，我只写过两个第一次运行就能成功，并且功能完全满足我的需求的程序。其中一个是我写的第一个非常重要的程序。那时我在哈佛大学读研究生（1953—1954 年），我们专业有一个学期设置了程序设计的课程。虽然可以亲自动手操作哈佛 Mark IV 计算机，不过每个团队的两名学生只有两次为期一小时的上机时间，用来调试和运行他们本学期的工程作业。我的搭档是威廉五世·比尔·赖特（William V. （Bill）Wright），他能力显著，我们二人有节制地将代码控制在 1 500 行，还对此仔细地进行了桌面核对（desk-checked），这个过程重复多次直到让我们厌烦。然而幸运的是，第一次上机它就正确运行了。

可以说，这次经历证明了的确可以通过合理的设计来确保程序的正确性。不过，我们并没有在理论上证明我们的程序是正确的，实际上，我们的桌面测试（desk-test）是通过人工来模拟计算机的执行过程。我怀疑是否有人能够对测试保持如此支持的态度，并愿意经常重复我们所做的那种严密的检查。是的，理性主义在原则上是可行的，但对于现实中的人和真正的现代软件而言，理性主义是不可持续的。

关于正确地设计程序，是否有任何经验可言呢？人们现在已经应用形式化证明（formal proof）的方法验证了安全的操作系统中其内核的设计和实现是正确的。[4] 这是该技术的合理应用。人们需要形式化证明所提供的高层级的保证性。

当然，形式化证明的保证性也并非 100％无误。比如，在数学史上，许多证明一度被接受，但后来被发现是谬误。形式化证明并非是一种无误的技术，[5] 其优势在于它与程序设计在推理形式上是不同的，因此，同一个错误很难同时通过这两种形式的审查，从而大大提高了防止出错的概率。

内核可能是正确性证明技术（correctness proof technique）应用的完美体现。如果内核是安全且正确的，那么程序中其他地方的错误、漏洞或恶意行为的影响就可以得到控制。证明一个程序的正确性需要大量的工作，与构建程序的工作量相当。美中不足的是，没有任何证据能证明程序的最初目标是正确的。[6]

IBM 的哈兰·米尔斯（Harlan Mills）和同事们开发了一种正确性验证（correctness-proving）的变种方法，这对我来说非常有意义。在他们的"净室"（cleanroom）技术中，米尔斯和团队对设计的每个方面都进行了严苛的群体审查。设计团队聚集在一起，设计师在会议中向其他人证明设计为什么是正确的，同时，接受来自其他人对论证的质疑，也包括一些古论证相关的隐含假设。[7]

我认为通常不能只用形式化证明来验证逻辑的正确性，然而，放弃所有系统性验证工作（这是更常见的极端情况）也是危险的。在我看来，米尔斯采用了系统性又非形式化的群体审查来论证逻辑的正确性，在系统性和形式化之间做到了明智且现实的平衡。

8.4　其他设计领域中的理性主义、经验主义和正确性

据我所知，在设计领域中，只有软件工程领域的设计者才会尝试采用严格的形式化方法（formal methods）来证明设计的正确性，而其他设计领域的设计者几乎不会这样做。这可能是因为软件工程与数学一样，都是由纯粹的逻辑所构成，所以严格的证明是可行的。而在其他设计领域中，大部分领域所涉及的都是物理层级的实现，无论是对于材料及其缺陷，还是空间及其适用性，我们都无法从理论上对其进行证明。

组织结构设计（organization design）与软件设计相似，都不涉及具体的物质。据我所知，没有人会去尝试验证一个假设出来的组织结构的正确性，人们甚至不会去验证它的可行性。然而，*The Federalist Papers* 的作者们曾试图通过严密的逻辑论证来展示美国宪法的可行性。尽管先辈们大量的聪明才智仍然给后辈们留下了宝贵的遗产，但美国内战（一个极其严重的系统崩溃）还是向人们展示了这一论证并不完善。

除了软件工程领域以外，其他设计领域可能不会进行正确性证明，但是这些设计领域会广泛利用各种分析和模拟的技术对设计进行验证。

在机械制造领域人们会对机械部件进行应力、振动、声学角度的分析；在建筑领域通过实时或视频录像的演示，建筑师和客户能够在已设计的建筑物上模拟应用场景；在地理学领域，荷载－应力分析（loading-stress analyses）可用于对雪灾或飓风进行模拟测试，地震分析则提供了动态应力测试。

计算机硬件在电路层面、逻辑设计层面和程序执行层面上，都在广泛使用仿真测试。甚至对于一台尚未构建的计算机硬件，我们为其设计操作系统时也可以通过模拟的方式进行测试。具体方法是，在现有的主机上通过计算机模拟器来执行（尽管缓慢至极）。

这些大量的经验主义的分析方法的广泛应用，其必然结果是设计过程中的更多迭代。更复杂的分析意味着对需求的满足程度和要遵从的约束条件予以更精确的度量。如果这些得以实现，那么针对特定目标的设计验证会变得更加容易且明确。不过，这些分析和模拟都没有涉及目标的正确性，并且也不涉及环境假设的有效性。

再次思考这个问题：只凭周全的考虑，我就能正确地设计一个复杂的事物吗？答案是不能。实践中的测试和迭代是必需的。但是细致的思考也有助于设计过程。本书第三部分的后续文章提出了一些相关方面的思考。

8.5　注释和相关资料

[1] 理性主义和经验主义是认识论中的两种方法论，主要阐述人们是如何获取知识的。这两种立场的典型倡导者并非是两极分化的。笛卡儿主张经验科学；洛克则将理性主义视为数学的基础。

将认识论从理论观点具体应用到设计领域是我个人的看法。我在这个领域还很陌生，容易犯错误。

[2] 迪科斯特拉的著作 *Selected Writings on Computing*（1982 年）。

[3] 迪科斯特拉的论文 *A Constructive Approach to the Problem of Program Correctness*（1968 年），第 174 ~ 186 页。

[4] 克莱恩（Klein）在论文 *Operating System Verification*（2009 年）和 *seL4：Formal Verification of an OS Kernel*（2009 年）中提供了一个优秀的概述和一个令人印象深刻的最新研究成果。作者宣称重要的

操作系统内核的实现在功能性上已被完美验证，这是在该领域中的第一次。

[5] 曾经有一个证明认为矩阵乘法需要 n^3 次标量乘法计算。然而，该证明的缺陷在于默认操作是在向量上进行的。斯特拉森（Strassen）在论文 *Gaussian Elimination is not Optimal*（1969 年）中揭示了这个问题。

[6] 一个著名的案例是汉莎航空 2904 号航班的事故，它非常有启发性。该航班由于计算机控制的制动系统未能启动而导致飞机偏离了跑道。代码是按照设计规格执行的，但这份设计书在突发意外的情况下本身就有问题。参考自维基百科（http: //en.wikipedia.org/wiki/Lufthansa_Flight_2904），我引用的是 2009 年 7 月 16 日的版本。

为确保推力反转系统和扰流板仅在着陆情况下启动，软件必须满足以下所有条件才能启动这些系统。
（1）每个主起落架支柱上的重量必须超过 12 吨。
（2）飞机的轮子转速必须超过 72 节。
（3）推力杆必须处于反推位置。

在这次发生在华沙的事故中，前面两个条件都没有得到满足，这导致了最有效的制动系统没有被激活。第一个条件没有满足，是因为飞机降落时出现倾斜（以抵消可能的风切变），因此无法达到触发传感器所需的两个起落架上的 12 吨压力。第二个条件也没有满足，因为在湿滑的跑道上存在滑水现象。

[7] 米尔斯的论文 *Cleanroom Software Engineering*（1987 年）维基百科（引用自 2008 年 10 月 30 日的版本：http://en.wikipedia.org/wiki/Cleanroom_Software_Engineering）对"净室"的整个方法提供了一个很好的概述：净室方法的基本原则包括如下。

（1）基于形式方法的软件开发。
"净室开发"使用盒状结构来明确描述和设计一款软件产品。通过团队审查来验证设计是否正确实现了产品规格。
（2）统计质量控制下的渐进式实现。
"净室开发"采用迭代的方法，在迭代中为产品逐步添加实现的功能增量。每次增量的质量都根据预先建立的标准进行衡量，以验证开发过程是否可接受。如果未达到质量标准，则停止当前增量的测试，并返回设计阶段。

（3）统计学上可靠的测试。

在"净室开发"过程中，软件测试被视为一项统计实验。根据形式化规范，选择一个有代表性的软件输入／输出子集进行测试。然后对该样本进行统计分析，以得出软件的可靠性估算和对该估算的置信度。

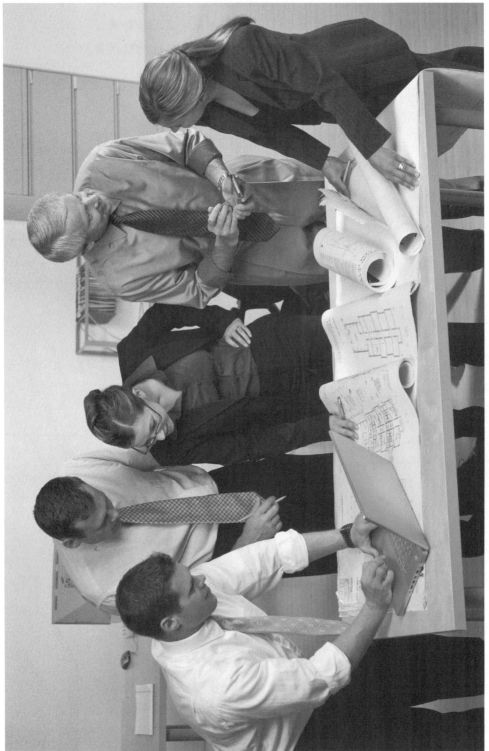

架构团队

安德森·罗斯 / 盖蒂图片公司 — Stockbyte 应用（Anderson Ross/Getty Images Inc. — Stockbyte）

第 9 章
用户模型——错误优于模糊

……错误比混乱更容易揭示真相。

——弗朗西斯·培根爵士（Sir Francis Bacon）

The New Organon（1620 年）

和大师的跨时空对话

9.1　定义明确的用户模型和使用模型

通常，经验丰富的设计者在开始设计工作前，会先将他们对于用户的理解清晰地记录下来，这里也包括用户的目的和使用方式。明智的设计者在不了解用户和用户群的时候，会先将自己对用户所做出的设想也一并明确地记录下来。

当存在多个不同的应用或用户群时，设计者会对每个应用和用户群进行画像描述，并明确定义它们之间的权重，以便定义使用模型（use model）。[1]

这些对于未知所做出的假设越是详细和具体，就越能尽早地提供给设计者考虑细节的机会。总之，对于细节的思考在后续设计过程中是必须的。尽早地考虑细节可以预防犯错。[2]

9.1.1　果真如此吗

有多少人在开始设计之前会真的做这么多额外的工作？显然，事实上很少有人会这样做。以我的观察结果来看，设计者需要更努力地去明确定义使用模型和用户模型（user model），而现在我们做得远远不够。如果这些得以实现，那么设计的水准必然会得到提升。

现代设计主要采用团队设计的方式，并且使用的工具也比过去要复杂很多，这些都是现代设计的特性。因此，使用模型和用户模型不仅要明确，还应该遵循现代设计的特性。

9.2　团队设计

在实际工作中，所有的设计者都在头脑中有意或无意地生成过用户模型和使用模型。而团队设计则带来了更高的要求，即整个团队遵循相同的用户模型和使用模型。在这样的要求下，团队必须就各种模型，以及对用户做出的各种设想做出明确的定义。

很少有团队会真正履行这样的实践方法，因为团队的成员们会不约而同地认为，各自对用户的基本设想早已是团队共识，是不言而喻的事情。毕竟，每个人都听到过企业领导者对团队提出的鼓励与挑战，同时，所有人都是领域中的专家，每位成员也都阅读过项目的目标定义文档。

然而事情并不是那么简单。事实上，在使用功能相似的系统时，每个人都有着不同的体验，而我的体验左右了我对典型用户的理解；每位成员也都使用过各种不同的应用，而我的个人经历让我对应用有自己的认识。在设计阶段，每位设计者对用户都有自己的设想，如果团队不能就各自隐式的设想起草一份通用的文档集，那么每位设计者都将工作在一堆相互矛盾的设想中。这将导致许多微观决策因为太过微小而无法被关注，失去被探讨的机会，最终将会丧失概念完整性。

在团队设计中，不同的使用模型必然会导致设计的不一致性。例如，操作系统 OS/360（现在的 z/OS）在某些部件中反映出两种完全不一致的调试理念，其中，一种理念是不需要用户交互的批处理模式，另一种理念则假设了用户使用分时共享（time-shared）终端与计算机实时交互。当时我们并没有意识到要为这两种使用模型做出决断，因为这两种迥异的使用模型仅仅体现在整个系统的某几个子部件之中。[3] 但是，最后的结果是整个系统的臃肿和架构的支离破碎。

9.2.1　复杂的设计

随着工具变得越来越复杂，设计者也越来越需要一个明确的使用模型。即使对于一把铲子，也需要明确地指定是用于挖掘煤炭、土壤、谷物、冰雪还是其他混合物；它的用户群是儿童、妇女还是男性；用户的职业是普通人还是体力劳动者。明确的定义非常重要。对于其他产品，如卡车、电子表格、学校的房屋，它们对明确的使用模型的需求更是巨大的。

此外，设计越是复杂，设计者精通用户工作领域的可能性就越低。这样一来，隐藏在每位设计者头脑之中的各种假设模型（assumed model）就会更危险。

9.3　如果超出个人认知，该怎么办才好

一旦设计者开始制定明确的使用模型，问题就会接踵而至：设计者必须勇敢地正视自己所不熟悉的事情。这份压力迫使他提前抛出问题，这对设计大有裨益。

假设一位设计者正在设计一个用于路线规划和校车安排的软件产品，在通过与两三个"有代表性"的学校机构进行严谨的现场调研后，设计者可以收集到大量的事实数据：时间的制约、校车的数量、驾驶员的数量、学生的地理分布等。然而，当设计者开始构建一个通用的路线

规划和调度程序的使用模型时，这些事实数据只会带来更多的麻烦。

采样后的系统具有何等程度的代表性？在整个潜在用户群中，所有的这些参数的范围是什么？它们的分布情况又是什么样的？

每个调度周期内的变化率是多少？在五年后、十年后的变化幅度会是什么样的？

随着问题变得越发复杂，答案也变得越发模糊。如果设计者已经下定决心要制定明确的使用模型，那他应该怎么办呢？

9.3.1　估算

我非常确信，在问题超出了设计者可以通过合理调查来解答的范围之后，他应该对问题的答案进行估算，或者换一种说法，假设对于特征和值的全部集合有一套假设的频率分布，那么就可以用它来构建完整的、清晰的、通用的用户模型和使用模型。

组织缜密的估算胜过未曾明言的设想。

设计者可以从"粗略"的估算过程中获得大量有益的信息。

对于值和频率的估算会使设计者更加细致地思考预期的用户群。

将估算的值和频率记录下来，并时常在讨论中将其展示给其他成员。往往批判具体的事物比创造它更容易，因此，整个团队会对设计提出更多意见。这些讨论能为所有的参与者提供更多的信息，同时，讨论也会展示出不同的设计个体所持有的用户画像之间的差异。通常，讨论还会揭露出其他未被意识到的对用户的各种假设。[4]

明确地列举出值和频率将有助于每位成员意识到决策与用户群属性之间的依存关系。

更重要的是，这会引发一连串至关重要的问题：对于用户的各种设想中哪些是重要的？它的重要程度又如何？即使是这种粗略的敏感性分析也是有价值的。当发现重要决策取决于某个特定的估算时，所有为获得一个更好估算而付出的成本都是有价值的。

然而，最终许多设想仍然存在争议且无法被验证。首席架构师必须拥有明确的用户模型和使用模型，它们要与团队相匹配，并且要与团队共享。

9.3.2　错误优于模糊

此时，读者可能会提出反对意见："我怎么能对使用方式和用户做出如此详细的了解或猜测呢？"答案是："事实上，你做出的那些猜想通常是杂乱无章的。"也就是说，无论是有意识地还是无意识地，每个设计决策都是在设计者对使用方式和对用户的设想下进行的。这通常意味着，在真实场景下，对细节并不明确的设计师会将自己代入用户，设计出他认为当他是用户时所希望获得的产品。然而，设计师终归不是用户。

因此，对于假设来说，错误却明确的假设优于模糊的假设。错误的假设可能会受到质疑，而模糊的假设则不会被人关注。

9.4　注释和相关资料

[1] 使用模型是一组加权的用例集合。罗伯特森（Robertson）在 *Requirements-Led Project Management*（2005 年）一书中对用例进行了非常详尽的描述。

[2] 科伯恩（Cockburn）的 *Writing Effective Use Cases*（2000 年）富含详尽的内容。

[3] 布鲁克斯（Brooks）*The Mythical Man-Month*（1995 年），第 56~57 页。

[4] 我在计算机架构的高级课程中是这样要求的：学生们需要为他们的学期项目进行这样的假设和讨论。认真完成这个课程对他们设计能力的提升是非常有帮助的。

阿波罗火箭

iStockphoto 图片库

第 10 章

英尺、盎司、比特位、支出费用——预算资源

如果想要获得设计的概念一致性，尤其是在团队设计中，设计者需要明确地指出稀缺资源，并公开地追踪资源的动向，还要严格地控制对资源的使用。

10.1   什么是预算资源

在任何设计中，至少存在一种稀缺资源需要进行限额配给或编入预算，有时会有两个或更多的资源需要被综合考虑以达到效益最大化。但通常情况下，其中的一个资源是主导项目成败的，另外的资源主要体现在对项目的期望或制约上，经济学家将其称为有限资源（limiting resources）。我更倾向于重视设计者需要采取的必要行动，即有意识地编排预算。[1]

尽管设计者经常谈论成本或性价比（性能和成本的比率）的资源优化，但实际上他们并不总是按照这种方式行事。由此可见，如果想要获得设计的概念一致性，尤其是在团队设计中，设计者需要明确地指出稀缺资源，并公开地追踪资源动向，还要严格地控制对资源的使用。

10.2   与支出费用无关的预算资源

仔细地考虑一些与支出费用无关，但仍然重要的如下预算资源。

（1）对于一幢海滨别墅，它的临海占地长度的英尺数。

（2）大到一架空间飞行器，小到一个背包，它能负荷的盎司数。

（3）任何一款冯·诺依曼计算机架构的内存带宽。

（4）GPS 系统的纳秒级时间容差。

（5）在一个小行星拦截项目计划中、自然日的天数。

（6）在 OS/360 设计项目中的内核驻留内存空间。

（7）会议的计划时间。

（8）大型方案或期刊论文的页数。

（9）通信卫星的功率（和储能）。

（10）高性能芯片的发热量。

（11）美国西部农田的含水量。

（12）学位课程规划中学生的学习时长。

（13）在组织章程中，政治权力的大小。

（14）电影或视频时长的秒数，甚至是帧数。

（15）对于伦敦地铁的施工和维护，每天轨道上可作业的小时数。

（16）计算机架构中的格式位数。

（17）在军事突击计划中，需要的小时或分钟数。

10.3　支出费用也有分类及替代品

事实上，要控制设计项目的预算成本就必须考虑成本的多样性。对于产量高达几亿台的个人计算机，制造成本是主导因素；对于只生产数十台的超级计算机，开发成本则占主导地位。

很多时候，设计者会选择一些支出费用的替代品作为项目的预算资源；建筑师在进行方案开发和草图设计时常常将平方英尺作为定量资源；计算机架构师过去常常使用寄存器和各种缓存级别的比特位数作为芯片面积的替代品。

替代品有很多优势，它们通常更简单、直接。在掌握替代品与支出费用的换算比率之前，设计者就已经用替代品来开展设计工作了。同时，替代品也更为稳定。使用同一种替代品，即使替代品与支出费用的换算比率可能和以往不同，甚至是动态变化的，设计者也可以利用过往的设计经验。设计者很清楚在一个礼堂中，每个人需要多少平方英尺的空间。

替代品也可能导致错误的结果，过往的成功经历会诱使设计者在替代品不再适用的情况下继续使用它们。例如，在芯片设计领域，布线长度和引脚数量已经成为最为关键的资源，然而一些芯片设计师仍然会以芯片面积来考虑问题。

10.4　预算资源会发生变化

有时，技术变革会使关键资源发生转换。这是一个很容易让人落入其中的陷阱。随着芯片密度的增加，I/O 引脚数量取代了芯片面积成为限制芯片性能的因素，因此，它成为了定量资源。但是，现在功耗又取代了引脚数量成为许多芯片设计中需要考虑的关键制约因素。[2] 西摩·克雷（Seymour Cray）曾有句名言：“散热是超级计算机设计的关键。”而吉恩·阿姆达尔（Gene Amdahl）也在同一时间告诉我，在他的设计中，芯片外的电容率（off-chip capacitance）才是限制计算机速度的主要原因。[3]

在软件设计领域，有些人认为类的数量已经取代了功能点成为了软件复杂性和软件规模的估算指标。然而，经验丰富的顾问苏珊娜（Suzanne）和詹姆斯·罗伯逊（James Robert）表示，他们发现最可靠的估算指标仍然是功能点。[4] 资源开发者伊恩·伍兹（Eoin Woods）则指出：

人们希望衡量两个方面：产品交付了多少价值，以及为了交付这个价值所需要花费的代价。功能点是一个很好的指标，因为它们试图衡量前者，而代码行数、类的数量等非常容易受到代码风格的影响，难以衡量。开发者可以在减少代码行数和类的数量的同时，轻松地增加交付的价值【来自评论者的意见】。

预算资源可能会在设计中途发生变化，而这是因为我们找到了更聪明的做法。按照 OS/360（1965 年）的设计，它可以支持一个 16 倍的计算机内存大小范围，从最低的 32K 字节（是的，是 K 而不是 M）一直到 512K 字节及以上。显然，设计者必须为应用程序保留一定的内存空间，因此，要严格限制操作系统的内核，在最极端的情况下只有 12K 字节。当时我们都相信内存空间是制约系统的"预算资源"，但结果是我们错了。

OS/360 是最早一批能够使用磁盘来存储自身的操作系统之一。而早期的操作系统是存储在磁带甚至卡片上的。随机访问系统技术极大地扩展了操作系统在有限内存空间中构建的能力。"每次只从磁盘中读取一个数据块（chunk）。"于是，每位系统设计团队的成员在设计时都采用了高频且小批量的读取方式，即数据块必须很小，以适应最小配置的 1K 字节缓冲区的大小。

团队中最聪明的开发成员之一，罗伯特·鲁斯劳夫（Robert Ruthrauff）在 OS/360 项目早期就开始构建性能模拟器，并且非常幸运的是，它在很早就可以运行。但是最初的模拟结果令人心碎！在第二快的计算机机型（Model 65）上，我们的编程系统每分钟只能编译 5 条 Fortran 代码语句！从那天起，项目的预算资源就从内存字节切换成了磁盘访问速度。[5]

10.5　如何应对

如果从预算资源方面的考虑对设计团队是有益的，那么应该如何行动才好呢？

10.5.1　明确的标识

对于一位项目管理者来说，通常在设计项目之初，要先罗列出所有的目标和制约条件。接下来应该明确地标识出预算资源。需要注意的是，按照预算资源的定义和我们的探讨结果来看，在这里出现的预算资源通常是指设计本身的资源，而不是设计过程的资源。例如，对于一个设计项目来说，团队成员的技能分配始终是至关重要的，但它和设计本身并没有关系。

项目的日程安排可能是成功与否的关键，但它通常只与设计项目有关，而与最终的设计成果无关。例如，在紧迫的截止日期前准备有竞争力的提案时，"我们将在我们可用的时间内尽力设计出最佳方案"。但从另一方面来说，如果我们要为避免小行星碰撞的项目做设计，那么日程安排的天数将成为预算资源。同样地，在首次推出全新产品的市场竞争中，排期也可能会成为预算资源。

10.5.2　公开地追踪

整个团队需要持续地掌握关键资源的当前预算状况。尤其是每个子团队的每位团队成员，都必须知道他们要设计的部件允许占用及控制多少毫瓦的芯片功耗，以及事务处理的磁盘访问次数。

10.5.3　严密的控制

不管是如何关键的资源，团队领导者都要保留一小部分个人储备，以备后期分配，如同将军在战斗最激烈的地方保留一些后备力量一样。[6]

由专人来负责预算的控制和重新编排是至关重要的。在 OS/360 的架构设计中，盖瑞·布拉奥（Gerry Blaauw）非常出色地完成了对程序状态字寄存器（Program Status Word）中比特位数的控制。这些比特位，连同内存带宽和指令格式中的比特位，正是当时架构师们急需分配的预算资源。他对整个系统有着全面的理解，再加上他在资源利用上尽力节约的设计思想，以及他在现有架构内寻找替代方案的创造能力，这些因素共同造就了一个高效的计算机架构。[7]

肯·艾弗森（Ken Iverson）是图灵奖得主，他因创造 APL 编程语言而斩获这项殊荣，他最看重的是概念一致性，因此，他将语言概念的数量作为预算资源。为了引入新的概念，他为执行团队和应用团队提出大量提案。同样由于他对整个系统的全面理解、谨慎的设计思想，以及在现有语言中寻找解决方案的创造能力，因此，一款极度雅致的编程语言就此诞生。

如今，玛丽莎·梅耶尔（Marissa Mayer）维护着谷歌公司的设计风格和用户体验，她同样也展现出了对整体系统的把握、对设计的一致性的热情，以及谨慎节约的设计思想。[8]

10.6　注释和相关资料

[1] 西蒙（Simon）在 *The Sciences of the Artificial*（1996 年）一书中，也将识别有限资源视为设计过程中至关重要的一环（第 143~144 页）。

[2] 默里（Murray），*The Supermen*（1997 年）。

[3] 个人交流（约 1972 年）。

[4] 个人交流（2008 年）。

[5] Digitek 公司实现的小型 Fortran 编译器（1965 年）非常优雅，编译器自身的代码采用了一种极为密集又专业的表现方法，从而避免了对外部存储的需要。通过完全避免了磁盘访问速度上的限制，这种解释性的表现方式在解码过程的用时上节约了十倍的时间。来自布鲁克斯，*Auromatic Data Processing*（1969 年），第 6 章。

[6] 严肃地说，规划战斗的将军也是一名设计者，同时他也是在面对新情况和新制约的时候，最需要迅速修改设计的人。

[7] 布拉奥，*IBM System/360*，12.4 节。

[8] 霍尔森（Holson），*Putting a bloder face on Google*（2009 年）。

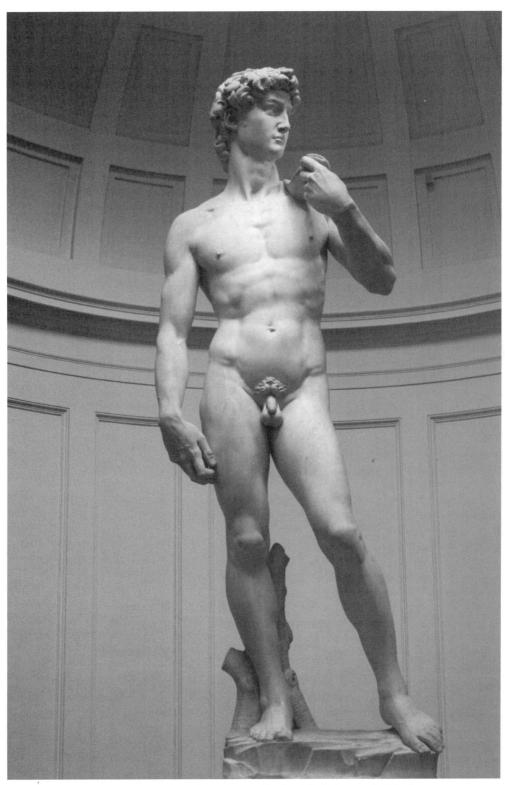

米开朗基罗的大卫雕像，是用一块"废弃"的大理石雕刻而成

来自 iStockphoto 的图片库

第 11 章
制约因素是益友

形式即解放

——艺术家的格言

我需要四面围绕着我的墙，以保护我的生活，防止我误入歧途。

——詹姆斯·泰勒（James Taylor），*Bartender's Blues*（1983 年）

设计一款通用产品要比设计一款特定用途的产品更有挑战。

11.1　制约因素

　　制约因素是设计者的负担，但同时它们也是设计者的益友。制约因素会缩小设计者的搜索空间，通过缩小设计空间，设计者可以更加聚焦，并加速设计过程。我们中的很多人在初中时都不喜欢自由命题写作，如"请随意写一篇短文"。事实上，消除所有制约因素会使"设计"短文的工作变得更加困难，而不是更加简单。

　　作曲家巴赫（Bach）对此深有体会。沃尔夫（Wolff）曾经说过："尽管巴赫从最初就倾向于超越传统界限，但是他更喜欢在给定的框架内工作，并接受限制所带来的挑战。"[1]

　　制约因素不仅会缩小搜索空间，它们同样还考验着设计者，从而激发出设计者的全新创作。以米开朗基罗（Michelangelo）的《大卫》为例，据说，雕刻大卫的这块大理石原本在 25 年前因为出现裂缝被安东尼奥·罗塞里诺（Antonio Rossellino）所放弃，它被认定为没有使用价值。然而最后，米开朗基罗用其创造出了不同于以往的伟大作品——《大卫》，并且大卫的形象也与同时期的其他艺术作品不尽相同。这个案例激发了我们去研究米开朗基罗是如何看待这块石材的缺陷，以及它最终如何激发出不同的艺术理念。

　　克里斯托弗·雷恩（Christopher Wren）设计的伦敦大教堂提供了另一个生动的案例。1666 年的伦敦大火摧毁了 50 座英国圣公会教堂，浩劫过后雷恩收到了重建它们的委托，此时他面临着极高的制约因素。对于每座正待重建的教堂，他必须考虑到现有的场地和环境，并且还要考虑幸存的基础设施。此外，英国圣公会教堂被要求面朝东方，以象征基督许诺的回归，在宗教文化中这称为"明亮的晨星（bright morning star）"[2]。如今，仍有 27 座雷恩重建的教堂保留至今，它们历经沧桑，并在第二次世界大战的大轰炸中幸存了下来。参观这些建筑是非常有趣的体验，我们可以实地游览每个建筑现场，观察雷恩曾经面对的难题，思考建筑朝向的制约，并看看雷恩是如何创造出不同的解决方案的。

　　在北卡罗来纳山区的蓝岭花园大道（Blue Ridge Parkway），设计师们设计了一座极尽可能减少与地面接触以保护环境的高架桥，而最终的成果相当优雅。[3]

11.2　归结于一点

　　对设计者而言，设计工作中存在人为制约因素是一件有益的事情，它会在某种程度上减轻设计者的压力。理想情况下，各种制约因素会将设计者推向设计空间中未被探索的区域，从而激发出新的创造力。但是，任何一组制约因素也有可能将设计者推向空间中的黑洞，使得他们一筹莫展。

因此，设计者必须仔细区分以下几种制约因素。

（1）现实存在的制约因素；

（2）曾经存在但现在已经过时的制约因素；

（3）被误认为现实存在的制约因素；

（4）有意设定的人为制约因素。

11.2.1　过时的制约因素

经验丰富的设计者就像一头习惯于在笼中行走的狮子，他有可能发现自己遵循的制约因素已经被技术进步所淘汰了，固执己见只是出于习惯。例如，我在 *The Mythical Man-Month*（1995 年）一书的第 9 章 *Ten pounds in a five-pound sack* 中介绍的内容，现在读起来会觉得匪夷所思。在当时介绍了将软件压缩到有限内存空间中的技术。这在 1965 年是至关重要的，然而到了 1975 年，它的重要程度早已大不如前，不过还是有许多程序员在资源占用上努力地追求极致。（当然，对于嵌入式计算机来说，内存大小一直都很重要，特别是在现在我们称为"手机"的那些令人惊叹的高性能的系统中。）

11.2.2　误以为真的制约因素

有很多被误以为现实存在的制约因素反而是不存在的，这是一件难以察觉的事情。例如图 11-1 所示的一个经典的谜题案例（它的解法如图 11-5 所示 [4]）。另外，还有一个案例可以参考，即在第 3 章描述的用地边界的制约。

图 11-1　被误解的制约谜题：画一条连续的线，要求通过九个点，且该线最多由四条直线线段组成（折三次）

斯特拉森算法（Strassen algerithin）也很好地证明了这一点，在计算两个 2×2 矩阵的乘积时，如果想把矩阵相乘的次数从 8 次降为 7 次，那就需要放弃必须使用向量运算这个制约因素，而这个制约因素是先入为主的，是被误以为要必须遵循的伪制约因素（falsc corvstraint）。

IBM 9020 计算机系统是专为美国联邦航空管理局（Federal Aritation Administration FAA）设计的，它为我们提供了一个血淋淋的案例。FAA 委托 MITRE 公司来负责相关事务，MITRE 的系统架构师们旨在寻求一个超可靠的系统。因此，他们指定了如图 11-2 所示的规格配置。

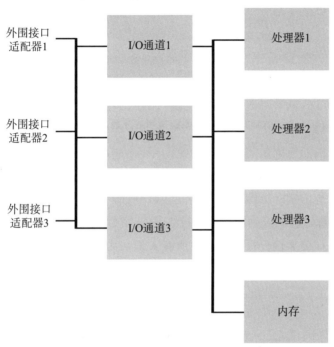

图 11-2　1965 年美国联邦航空管理局（FAA）系统规定的三重模块冗余处理器和 I/O 配置规格

到目前为止，一切都还不错。IBM 团队对这个投标申请做出了回应，并发现新的 System/360 半集成电路技术非常符合客户提出的单元可靠性（unit-reliability）的需求。

S/360 Model 50 是一款中型计算机，其处理器同时满足了速度和可靠性两方面的需求。S/360 Model 50 的 I/O 系统采用了与处理器相同的内存和数据通路，区别在于它采用了不同的微代码，这款产品完美地满足了对 I/O 控制器的要求。

因此，IBM 的工程师们设计了如图 11-3 所示的系统。

通过细致地分析论证可以发现，图 11-3 的配置完全满足了系统的性能需求和所有可靠性方面的需求。然而令人意想不到的是，该配置规

和大师的跨时空对话

格最后被否决了。

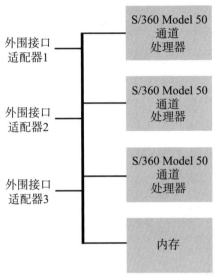

图 11-3 　最初为美国联邦航空管理局系统提出的方案，使用 S/360 Model 50 计算机

被否决的原因是它不符合规定的拓扑结构。MITRE 公司的系统架构师们错误地坚持要求指定的拓扑结构，他们认为这是一个必要的制约因素，尽管他们实际上购买的是功能和可靠性，而不是拓扑结构。因此，在经过投标过程和产品构建后，最终 IBM 交付了如图 11-4 所示的配置。然而在进行可靠性分析时，几乎所有人都认为该配置的可靠性实际上比图 11-3 所示的配置要低得多，因为它包含相较于之前多一倍的组件和更多可能发生故障的适配器。尽管如此，它却符合指定的制约条件！

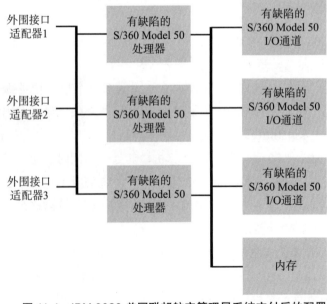

图 11-4 　IBM 9020 美国联邦航空管理局系统交付后的配置

对于纳税人来说，这个项目的定价令人啼笑皆非。政府为图 11-4 所示的系统所支付的费用与图 11-3 所示的系统是一样的，完全无视了研发成本。因为 IBM 当时非常希望获得这个合同！显而易见的是，在该系统的使用寿命期限内，就电力、散热和维护等各个方面的成本而言，两个系统的费用是完全不对等的。

当人们具体指定设计某物时，应当说明需要的特性，而不用说明如何实现这些特性。

如果实现方式被限定了制约条件，那么这意味着，会排除一些更好的解决方案。为了产品和用户的利益，设计者在面对伪制约因素时，应该予以反击！

11.3　设计悖论：通用产品比专用产品更难设计

在之前的章节中，我曾将设计中最困难的部分认定为如何明确到底要设计什么。在本章中，我又主张制约因素是设计师的益友，它们使设计工作变得更加容易，而不是更加困难。如此说来，目标越专一，设计任务就越简单。

乍一看似乎并非如此。人们可能很草率地认为，"设计一个占地面积为 1 000 平方英尺的房子"比"在北卡罗来纳州教堂山市，为一个有着一个男孩和一个女孩的家庭设计一个占地面积为 1 000 平方英尺，面向北方的房子"更容易一些。

从某种意义上说，前者的设计工作确实更容易一些，因为这份设计不会轻易遭受非议。如果没有制约因素，那么就没有标准来评价这是否是一份优秀的设计。总的来说，做一个平庸的通用设计比做一个平庸的有特定用途的设计更容易。

然而，总体而言，如果想要得到一份优秀的设计，后者的工作更简单。任何设计过程都始于设计者的详尽阐述，以及对目标和制约因素的细节具体化。首要的任务便是缩小设计空间，指定的设计目标越是受制约，这个任务就越趋于完善。

11.3.1　一挥而就的通用设计

为什么会发生这样的情况呢？下面以计算机架构为例进行分析。我们已经充分地理解了通用型计算机的架构。目前，已经有上百个典型的计算机架构被研发出来并投入商业市场。每个人都知道这些通用型计算机应该做些什么。一个优秀的设计者可以在几天内勾勒出一个计算机架构，在架构方面设计者需要考虑的问题非常明确，它们包括：

（1）指令格式。

（2）寻址和内存管理。

（3）数据类型及其它们的表现形式。

（4）操作集。

（5）指令序列。

（6）监控设施。

（7）输入 / 输出 。

11.3.2　设计专用计算机架构

另一方面，设计一台专用计算机显然需要更多的前期工作。设计者必须了解它的整个应用，它有什么特殊之处、操作的相对频率是多少、客户对性能、成本、可靠性，重量等方面有哪些要求？各自的权重是多少？设计者必须切实有效地对计算机的使用方式进行明确的特征描述。

11.3.3　设计一款卓越的通用架构

不过，对于真正地设计一款通用架构，设计者还需要一个明确的用户模型，而这个用户模型的构建是比较困难的。实际上，设计者必须探索用户可能使用到的所有应用，以确定每种应用的特殊需求及各种应用之间的权衡。例如，科学计算强调矩阵代数和偏微分方程；工程计算强调数据归约和公式计算；数据库查询强调最优的磁盘利用率。设计者必须对每种应用有所了解。

接下来，有必要对所有的应用进行如下权衡。

（1）在所有使用方式上进行权衡。

（2）在所有可以预期的计算机实现方式上进行权衡。

（3）在新架构可能存在的几十年的使用寿命期限内进行权衡。[5]

随着设计的进行，设计者必须验证初期的设计成果是否与每个用户群的假定特征相契合。当设计完成并制作出原型后，需要由来自每个用户群的实际用户对原型进行用户测试。

在我教授的计算机架构的高级课程中，我总要求学生进行特定用途的计算机架构设计。他们不能只给出空谈或一些陈旧的理论，应用分析和用户分析必须精准无误。尽管他们通常能够在特定用途方面完成得非常出色，但是在有限的时间内，他们也许无法设计出一款卓越的、不受制约的通用架构。特定用途的设计比严格意义上的通用设计要简单得多，其中的难度主要体现在对设计对象的深入分析。

11.3.4　软件设计

同样的悖论也适用于软件设计。通用型编程语言往往需要在表达能力、通用性和简洁性之间寻找到一个微妙的平衡，相比之下设计特定用途的编程语言要简单、直接得多。在特定用途的设计中，需要遵循的制约条件是更容易实现的。

11.3.5　空间设计

对于建筑空间的设计，这种悖论也同样适用。设计一间顶级的卧室要比设计一间顶级的公共生活空间更容易，这是因为公共生活空间通常具有更丰富的功能，设计者需要分析更多的使用场景和装饰风格。[6]

与之类似的是，设计一所专业的实验室要比设计计算机科学大楼的公共大厅更简单。

11.3.6　结论

制约因素是设计者的益友，如果在最初，设计任务看起来没有任何限制条件，那么首先要更加深入地思考真正想要实现的目标到底是什么，要考虑用户模型和使用模型，接下来很可能会发现一些制约因素，这对设计者和用户都是有帮助的。

11.4　注释和相关资料

[1] 沃尔夫在 *Johann Sebastian Bach*（2000 年）一书中提到，如果巴赫发现他的创作委托没有任何限制，并且可用的演奏人才也都能得到满足的时候，他有时甚至会采用一些相当人为的制约因素来激发自己的创造力。一个例子就是重复使用巴赫主题（BACH motif，由 B 平调，A 调，C 调，B 自然音的音符序列组成）。我不推荐在工程领域或软件领域采用人为的制约来激发创造力。

[2] 参考圣经的第 22 章 16 小节。

[3] http://www.blueridgeparkway.org/linncove.htm，我于 2009 年 7 月 18 日访问该网页。

[4] 九点谜题的一个解法如图 11-5 所示。

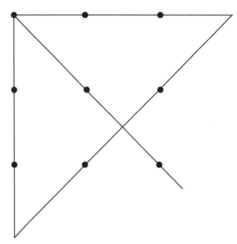

图 11-5　九点谜题的一个解法

[5] 起初，我们预计 System/360 架构的生命周期会持续 25 年，贯穿多个迭代版本（参考布鲁克斯在 1965 年编写的 *The future of computer architecture*）。然而，人们对持续使用现有的编程语言、计算机架构和操作系统架构的需求远远超出了我们当初的预期。直到今日，IBM z/90 计算机仍然有 System/360 架构的影子，这相距 System/360 的时代已经过去了 45 年，并且这样的借鉴尚未终止。编程语言 Fortran（诞生于 1956 年）至今仍被应用的情况是另一个对此的佐证。

[6] 罗伯特·亚当（Robert Adam，1728—1792 年）为位于伦敦汉普斯特德（Hampstead）的肯伍德别墅（Kenwood House）设计了室内陈设的每一处细节，甚至包括门把手（*Kenwood Guidebook*）。

蒙蒂塞洛（Monticello）庄园：它位于弗吉尼亚，为杰弗逊（Jefferson）所有，它体现了杰弗逊在意大利建筑师帕拉底欧（Palladio）的罗马风格上的改造

来自 iStockphoto 图片服务

第12章
技术设计中的美学与风格

坚固性、实用性、愉悦性（与之对应的拉丁语为 firmitas，utilitas，venustas）

——马库斯·维特鲁威斯（Marcus Vitruvius，公元前 22 年）

De Architectura

风格是思想的着装，如此说来，一种精心包装过的思想，如同穿着得体的人，展现出自身过人的风采。

——切斯特菲尔德勋爵（Lord Chesterfield，1774 年）

第 240 封信 361 页

12.1　技术设计中的美学

维特鲁威斯提出过一个非常著名的观点，他认为一座优秀的建筑应该具备"坚固、实用和愉悦"的特性。[1] 尽管从纯粹的实用主义角度来看，具备坚固性和实用性就已经足够了，但是维特鲁威斯仍然认为愉悦性与另外两个特性同等重要。

纵观人类发展的整个历程，它的确证实了维特鲁威斯的观点。我们总是希望公共或私人的建筑都能够满足人类灵魂对于美的追求，我们愿意为此付出更多的努力。

穴居人在洞穴墙壁上绘画；美洲原住民装饰他们的兽皮帐篷；英国史前人类用指甲雕刻他们的陶器。长久以来，雕花、雕刻、铺砖、镶板和绘画等装饰方式让人类住所的构造变得更加坚固，同时也更加便利。在很大程度上，人们对于美的标准有着非常多样化的理解，有些来自文化上的不同，有些来自时代背景间的差异，风格的跨度可以从华丽到简约，然而视觉上的美感始终是建筑设计的目标。

在技术设计中，美感和美学到底有什么作用呢？汽车、飞机和船舶具有物理形态，因此，它们得以展现视觉上的美感。但是物理形态并不是美感的全部。我发现人们常常会谈及编程语言的"优雅"和"丑陋"之处。当我们谈到一台"简洁"的计算机时，我们并不是指它的外观设计，而是指其逻辑结构的某种属性。

我们在欣赏和使用某些设计时会感到愉悦，不过并非所有设计都会如此。我们也许会发现其他的设计虽然也具有相同的功能并且同样可靠，但是它们没有让使用者感到愉悦。这种愉悦的感受可以是视觉上的、听觉上的、味觉上的、触觉上的，甚至可以是纯粹的知性上的愉悦，例如，一个漂亮的数学证明或一个包装得体的思想。我们的语言以多样化的方式表述了这一点，即当我们无意中谈论到一个"优雅"的程序时，听众总是能够理解讲述者的意思。[2]

12.2　何为逻辑之美

12.2.1　简约

优雅来自于简约。数学专业对优雅的定义是，"用较少的元素完成大量的工作"。这自然适用于数学证明。然而，许多数学教材的作者认为这也适用于阐述问题。显然，阐述问题不能只采用意图清晰的长篇论述这一种手段，相反，优秀的阐述需要简洁干练，并且需要通过图例的方式进行扩展和说明。

人们在设计编程语言的时候，往往倾向于以简约作为指导原则。同样，计算机设计也需要高度重视简洁性，直白地说，就是使用尽量少的元素。[3]

例如，Lisp 编程语言有一个小巧的内核，但其优雅的扩展性和可组合性使其具有强大的功能。与之相反，Visual Basic 编程语言虽然更为复杂，但扩展它也更为困难。

简约并不足够。仅仅追求简约是不够的。比如，在计算机架构中添加一个"看似不必要"的组件，如索引寄存器，它可以显著提升计算机的性能和性价比。Common Lisp 编程语言通过扩展基本语法，使程序员开展编程工作更为轻松。

范·德·普尔（Van der Poel）设计了一台仅有一个操作码的计算机。[4] 每条指令都执行相同的操作。他向世人展示了他的计算机在功能上是足够丰富的——他的计算机可以执行任何其他计算机能执行的任务。然而，面对这台计算机编程是非常困难的。讽刺的是，使用它所带来的愉悦感受与解填字游戏的感受类似，这是一种刻意设计的复杂结构，但是却没有预期的实用性。

在实际应用中，高效地应用范·德·普尔的计算机需要掌握一整套由非显著性设计模式构成的程序库。范·德·普尔编写了一些子程序和宏操作（macro operations）供他人调用，从而其他人可以在这些基础上开展更加高级的编程工作。

APL 也有类似的情况。APL 是一个非常优雅且功能强大的编程语言，在 APL 语言中，开发者可以轻松应用不同的编程风格，可以是简洁直接的，也可以是复杂紧凑的。尽管 APL 的操作符只提供一些简单的行为，但是开发者有时会组合一些非显著的设计模式用以计算高频调用的函数。例如，在 *Computer Architecture*（布拉奥和布鲁克斯合著，1997 年）的 A.6 节中有示例程序 A-41 "Force to even"，其功能是强制偶数转换，即将一个数值除以 2，再向下取整，然后再乘以 2。

在某些技术圈子中，甚至流行一种将尽可能多的功能压缩到单行 APL 代码的编程游戏，创作者们忽略了功能的复杂性，也丝毫不在乎采用何种设计模式。创作者们兴高采烈地交换创意并以发布"一行代码"（one-liners）为傲。但是我想再次强调，这种行为只是和填字游戏类似的娱乐活动，算不上优雅的设计。编程语言存在的目的是为了改善程序编写，和更高频次地阅读代码，而非解谜游戏。[5]

12.2.2　结构清晰

简约是不够的。 对于编程语言或计算机架构来说，人们还需要它们具有一定的直观性。讲述者应该把想要表达的内容直接说出来。

人类的自然语言并不简洁，我们通常认为语言是为了满足各种实际需要而发展起来的。香农（Shannon）在 1949 年表明，英语的冗余程度约为 50%。[6] 即便具有如此多的冗余，人类语言最终也发展出不同的方言，就如同编程语言一样。

结构。 在技术设计中，"优雅"的设计要求基本的结构化概念清晰明了，如果在逻辑上无法直观地表现，那么也应该能够方便地向他人给出清晰的解释。

比喻（metaphor）。无论是针对"优雅"的设计要求，还是易于理解的特性，在设计用户接口时采用比喻的手法都是有帮助的，用户会觉得比喻出来的事物更熟悉且更容易理解。一个非常典型的例子就是，苹果公司的麦金塔（Macintosh）操作系统的用户界面被比喻为办公室的"桌面"；还有早期的电子表格软件 VisiCalc 也是如此；现在，我们更常见到的是 Excel 或 Lotus 等软件。①

12.2.3　一致性

盖瑞·布拉奥（Gerry Blaauw）和我对"什么是优秀的计算机架构"这一问题进行过深入的研究。在 *Computer Architecture*（1997 年）一书中，我们解释了"什么是有吸引力的技术架构"。或许它也可以用来解释上面那个更宏大的问题。在 12.2.4 节中，我将总结《计算机体系结构》中 1.4 节的内容。[7]

12.2.4　优秀的计算机架构是什么样的？

对一个计算机架构来说，包含所需功能是其最低要求，否则从设计上就是错误的。但是即便所需的功能都存在，它们也有可能在使用体验上有所缺失，或者有可能因为整体架构过于复杂，令使用者很难学习，也无法记住各种功能及其使用规则。通常人们将一个易于使用的计算机架构称为简洁（clean）的架构。

布拉奥和我相信一致性是所有质量方针的基础。一个优秀的架构应

---

① 译者注：通常让用户把结构数据理解为表格文档的做法很有效。

该在观感层面保持一致，如果设计者对系统的一部分有所了解，那么他应该可以在此基础上推测出其余部分。[8]

例如，在操作集中添加一个平方根操作是相对简单的，基本上我们可以明确定义这个操作。该操作应用到的数据和指令格式应该与其他浮点型运算相同。操作结果的精度、范围、舍入方法和位权重（significance）需要与其他操作的结果保持一致。甚至对负数取平方根的非常规操作，也应该考虑到类似除零操作的异常处理。

然而，很难找到完美的一致性解决方案。对于计算机架构来说，通常产品描述的标准是非常简洁的，机器本地代码的标准也很简单，并且需要适配各种不同的实现方式，这些客观原因为实现一致性带来了巨大的挑战。

12.2.5　派生原则

从一致性派生出三个主要的设计原则：正交性（orthogonality）、专用性（propriety）和通用性（generality）。

（1）正交性：不与无关事物建立联系。

对一个正交的功能（orthogonal function）进行修改不会对该集合中的任何其他功能产生显著的影响。例如，对于一个闹钟来说，这组功能可能包括一个发光的表盘和一个闹钟功能。如果闹钟只在表盘发光的时候起作用，那么这就违反了正交性原则。在 *Computer Architecture* 一书中，我与布拉奥给出了许多计算机架构中违反正交性原则的示例。

（2）专用性：不引入不相关的事物。

用来满足基本需求的功能称为专用功能（proper function）。对汽车来说，转向、速度控制、灯光和雨刮器等功能都是与其用途一致的。

与专用性相反的是无关性（extraneousness），如汽车的换挡器、换挡齿轮不是驾驶所必需的零部件，它是通过用户作用于汽车的。

下面的例子展示了计算机中的专用性。数字 0 在二进制补码标记法（twos-complement notation）中只有唯一的表示方式。相比之下，符号位元表示法（signed-magnitude）和反码标记法（one-complement notation）都会在 0 的前面附加一个符号，而对于 0 来说，这个符号是多余的。关于这个多余的符号，设计者需要制定更多的计算规则，或者在操作中针对 0 进行测试，这些规则在使用中往往具有意想不到的影响。

简约性是专用性的一个子集。另外一个子集是透明性，即一个功能的实现不会产生明显的副作用。在计算机中，使用流水线机制实现的数据通道对程序员来说应该是无感知的。

（3）通用性：不限制固有的事物。

通用性是将一个功能用于多种用途的能力，它体现了设计者谦恭的职业态度。设计者相信用户的创造力会超越自己的想象，并且其需求有可能超出自己的预测范围。设计者应该避免根据自己对功能应用的看法来设置限制。当设计者不了解具体用途时，应当给予使用者更大的自由。

英 特 尔 公 司 的 微 处 理 器 Intel 8080A 具 有 一 个 名 为 "重 启"（restart）的操作。它最初旨在中断后重新开始。但它的设计具有足够的通用性，这使得它最常见的用途是从子程序中返回。

实现设计的通用性有以下主要方法，包括采用开放性的设计（为未来发展留下空间）、提供完善的功能组合、将功能分解为正交的组件，以及采用模块化的设计方法。

12.2.6　一致性的更多功效

一致性可以增强用户信心和提升用户对系统的自我感悟，这是因为一致性可以确认和激发用户对系统的期望。一致性还能够化解便于使用和便于学习之间的矛盾。便于学习的定点运算（fixed-point arithmetic）需要简单的架构，而便于使用的浮点运算（floating-point arithmetic）需要复杂的架构。如果设计者将定点运算设计成浮点运算的一个子集，那么这将有利于用户逐步理解架构的复杂性。

12.3　技术设计的风格

当听到一首古典音乐曲目时，即使从未听过这个作品，见多识广的听众通常也可以猜到它出自哪个年代，甚至还可以猜到出自哪位作曲家之手；当看到一幅陌生的绘画作品时，我们通常可以说："看起来像是一幅伦勃朗的作品"或"像是来自荷兰黄金时代的作品"。在第二次世界大战期间，英国皇家海军女子服务队（WRENs, Women's Royal Naval Service.）学会了识别轴心国广播员特有的莫尔斯电码风格，从而能够找出对方活动过的军事单位。桥梁、汽车、飞机和计算机架构也都具有各自的风格。再例如，当看到一款设计独特的计算机时，设计师也会说它"看起来好像"是西摩·克雷（Seymour Cray）设计的。

其中一种让人感到愉悦的因素是我们所称的风格（下面是一种尝试性的定义）。风格使得人们感到愉悦的原因由两个部分组成：一是风格的一致性，二是风格本身的内在品质。在建筑、音乐、烹饪或计算机领域，没有任何一种风格能够迎合所有人的口味，各种风格都混在一起只会让人感到不适。[9]

我先前已经论述过，概念完整性是设计中最重要的特性。毫无疑问，设计中最重要的完整性体现在整体结构上，即设计的基本框架。但在细节和外表上，也需要遵循一致性风格。

采用一致性风格是产品概念完整性的一部分，哪怕这只关乎产品的"外观"。它不仅带来愉悦的体验，还让设计更易于理解。同时，一致性风格也将带来如下好处：学习门槛低、易于使用、易于长期搁置后的重拾、易于维护、易于扩展。

风格关乎所有的设计媒介和所有的设计流派。

12.4   风格是什么

准确地说，独特的工作方式会让设计者的产品更具辨识度，而这个独特的工作方式又是什么呢？回答这个问题比看起来的要更困难一些。

12.4.1   风格的定义

我们来思考风格这个词，就单词的本意来说，牛津英语词典将"style"定义为：

14. 文学作品中属于形式或表达方式的特征，而非思想或事物表达的本质。

21. 熟练构造、执行或制作的特定模式或形式；艺术作品被演绎的方式，被认为是艺术家的个人或他所属时代和地域的特征。

韦伯斯特修订无删节词典（1913 年版）的定义为：

4. 表现方式，尤指音乐或任何一种艺术的表现方式；考虑问题或达成结果的一个特质或独特的方式。

阿金（Akin），*Experitse of the Architect*（1988 年）：

风格作为设计者的个人表达或专业性的选择，它是一种对设计工作有帮助的工具，能够限制设计问题的多样性。

12.4.2   设计细节的特征

我们观察到同一位艺术家创作的不同作品在绘画主题、流派和音乐主题等方面可能不同，但在可辨识的风格上是十分相似的。同样，弗兰克·劳埃德·赖特（Frank Lloyd Wright）设计的橡树公园教堂（Oak Park church）尽管在某些局部设计和布局上与其他建筑师设计的教堂有一定的相似之处，但在线条、细节、装饰和色调上与赖特的宅邸有着密切的联系。无论是什么风格，它更多影响的是设计细节，而不是设计的主要意图或关键点。[10]

12.4.3　一个假想：脑力劳动的最小化

一切设计和创作都涉及数百个微观决策。习惯性似乎是人类节省精力的一种机制，通过习惯我们可以在日常生活中减少决策所带来的负担。如果这确实是人类天生的特点，那么它肯定也会延续到我们的创造活动中来。如果没有特殊原因，我们会以同样的方式做出相同的微观决策。一系列始终如一的微观决策，塑造了我们的工作，并赋予其独特性、区别性，从而使其具备辨识度。

12.4.4　贯穿各种微观决策的一致性

人们不仅期待在不同时间点上做出相同的微观决策，还希望在一组相似的决策上也能保持一致性。在关联的微观决策中，同一个人会按照一致的方式来衡量相同的因素。

例如，弗兰克·劳埃德·赖特在他所有的装饰设计，以及结构设计中，更倾向使用直线元素而非曲线元素；西摩·克雷会选择性能的最优比，而不会在性能上妥协以兼容他的早期机型。

12.4.5　风格清晰

如果设计者在宏观决策和微观决策上都能保持一致性的话，那么我们就可以说他具有明确的风格，这意味着，我们可以很容易地去描述他的风格。由此带来的好处就是，他的风格更具辨识度。

例如，巴洛克式的建筑能够展现出清晰的风格；赖特设计的建筑既简约又整洁，这里简约和整洁并不是指同一个属性。

当设计决策缺乏一致性时，我们称它为模糊（opaque）的风格或是混乱（muddled）的风格。不知道为什么，一致性总是带来清晰性，而清晰性又给人带来愉悦的感受。[11]

12.4.6　我的工作定义

风格是一组不同的、重复发生的微观决策，无论这组微观决策何时发生，即使它们所处环境可能不同，其结果都会按照相同的方式进行。

此外，相关的微观决策是通过相关的方式来制定的。

风格无疑是存在的。通过聆听几个小节，我们就能知道一部音乐作品是出自巴赫，还是出自莫扎特或舒伯特。有一次著名的展览集结了许多伦勃朗的作品，其中还包括很多之前被认定为是伦勃朗的真迹，但后来它们又被认定为临摹的仿制品。专家们对于什么是真迹达成了一致的意见。出人意料的是，有时甚至外行人也能分辨出其中的真伪。[12]

专业人士可以轻易地辨别出一台计算机是出自西摩·克雷，还是盖瑞·布拉奥，或是戈登·贝尔（Gordon Bell）。[13] 凭借各自文章的风格细节，*Federalist Papers* 的几位作者最终也被彻底分辨清楚。[14] 程序员们可以识别出彼此的代码。C. S. 刘易斯（C. S. Lewis）认为，耶稣的神迹精准地展现出上帝作为造物主所具有的创造性风格。[15, 16]

12.5 风格的特性

无论采用什么样的设计手段，设计者的风格都具有一些共同的特性。

12.5.1 高代价的规范

第一，明确一种风格需要大量的规范说明。例如，*The Chicago Manual of* [English prose] *Style* 足足有 984 页；*Fowler's Modern English Usage* 使用了约 2800 个词来定义冠词的正确用法。我们对巴赫风格的潜在认知使用了头脑中存储的大量信息。

12.5.2 层级规范

第二，任何风格的规范（无论是明确的，还是潜在的）在本质上都是分层级的。以英语散文为例：

（1）方言和措辞。

（2）人称、时态、正式程度、生动性、语调温度。

（3）平衡和节奏——韵律。

（4）用法——性别代词。

（5）标点符号。

（6）综合布局——字体、间距等。

这本书的排版风格，包括书籍的样式、章节的样式、标题、段落排版、字体和其他元素，都在本书的网站上有所展示 [17]。

12.5.3　风格的发展

第三，风格会随着时间的推移而发展，甚至个人风格也是如此。鉴赏专家能够分辨出特纳（Turner）的作品是他晚期还是早期创作的。[18] 再到更大的风格，比如，哥特式建筑，它也发生过巨大的发展，从早期风格，到装饰性风格，再到垂直风格，我们都可以清楚地辨别出来。而且，时尚风格的发展速度更快速，无论是流行音乐，还是青少年之间的流行语，亦或是 17 世纪英国花园的设计。

12.6　获得一致性风格的方式——文档化

一种设计风格是由一系列的微观决策来明确定义的。一个清晰的风格会展现出一组一致的决策。当然，清晰的风格未必是好的风格，但是，混乱的风格从来都不是好的选择。[19]

因此，有志向的设计者一定要极力追求风格的一致性。设计团队必须更加努力地实现这一目标。一位独立作者连续写下一篇 10 页的论文，这篇论文会有一个清晰的风格。同样是这位作者，在撰写一本书时，他会发现自己需要在写作过程中记录一些风格上的微观决策，以保持风格的一致性。此外，即使是只有 10 页的论文，如果有多位作者参与编写，那么他们也需要一个样式表（style sheet）（或者选择一位终审编辑来整理论文终稿），以确保一致性。

在大多数设计环境中，许多风格上的决策在开始时就已经确定了。在学术期刊发表技术论文需要遵循格式手册；出版书籍要符合出版商的规定；汽车设计师会遵循一套庞大的 SAE（美国汽车工程师学会）标准，此外还需要遵循制造公司对弹簧、螺母、螺栓等组件的优先采用清单；操作系统的设计者通常都拥有一套由常用子程序组成的标准库。

然而，每个独特的设计都会引发许多尚未开发的微观决策。盖瑞·布拉奥和我发现，在我们大量协作编写的 *Computer Architecture* 一书中竟然累计出一篇长达 19 页的写作风格指南。[20] 当然，这个指南只是被称为标杆的 *Chicago Manual of Style* 和爱迪生·韦斯利（Addison-Wesley）出版社的内部风格文件的补充。尽管这些已经非常详细，但仍然有很多还未解答的问题需要我们具体处理。例如，我们应该如何引用特定的计算机；是不是要采用制造商加上型号的方式；是每次引用到它的时候都需要这样表示，还是只有首次引用的时候需要，或者只在每章首次引用的时候这样表示。

　　当然，无论是利用工程图纸、建筑蓝图还是用户手册，设计团队必须记录设计本身。他们还必须解释为什么要这样设计，捕捉设计者的意图，以便之后的维护人员不会一无所知地将重要的组件从建筑中移除。它属于最终的工作成果。设计团队还必须在维护期间，内部记录各种微观决策，以保持概念的一致性，正是这些决策构成了可见设计的基础。

12.7　如何获得一份优秀的设计

　　简明的观点、直接的方法，和艰辛的工作。

12.7.1　有意地学习其他设计者的风格

　　尝试按照其他人的风格来工作，这将促使设计者更加密切地关注设计细节和明确思想，这样才有机会设计出伟大的作品，比如，雷斯庇吉（Respighi）的 *Ancient Airs and Dance*、弗里茨·克莱斯勒（Fritz Kreisler）的 *Classical Manuscripts*（1905 年）或他的 *Praeludium and Allegro*（这是模仿普尼亚尼 Pugnani 的风格）等作品。[21]

12.7.2　自主决断

　　对于你喜欢什么样的风格，写下你的选择及为什么选择它，喜欢一个独特设计的哪个方面及为什么。

12.7.3　实践，实践，实践

12.7.4　修订

　　寻找风格中的矛盾之处。

12.7.5　仔细挑选设计者

　　我们要挑选具备清晰的设计风格和良好品味的设计者，这些都可以通过他过往的设计作品看出来。

12.8　注释和相关资料

[1] 维特鲁威斯，*De Architectura*（公元前 22 年）。

[2] 格兰特（Gelernter）在 *Machine Beauty*（1988 年）一书中强烈

主张在设计中应该遵循美感，而不仅仅是分析。

[3] 史蒂夫·沃兹尼亚克（Steve Wozniak）在自传 *iWoz*（2006 年）中曾自豪地宣称苹果 2 型计算机（Apple II）所使用的零部件数量只有其他同等机器的三分之二。

[4] 出自范·德·普尔的 *ZEBRA, a Simple Binary Computer*（1959 年）。关于这台机器的通俗解释在布拉奥和布鲁克斯合著的 *Computer Architecture* 中的第 13.1 节中有提供。另外请参阅范·德·普尔的 *The Logical Principles of Some Simple Computers*（1962 年）。

[5] 在布拉奥和我合著的 *Computer Architecture* 中，程序 9-8 提供了一个高难度的 APL 单行代码。

[6] 香农的 *The Mathematical Theory of Communication*（1949 年）。

[7] 布拉奥和布鲁克斯的 *Computer Architecture*。

[8] 布拉奥的 *Door de vingers zien*（1965 年）和 *Hardware requirements for the Fourth Generation*（1970 年）。

[9] C. S. 刘易斯在 *An Experiment in Criticism*（1961 年）中强烈主张风格的层级（"阳春白雪"与"下里巴人"）是独立的。

[10] 亚历山大（Alexander），*A Pattern Language*（1977 年），是一个重要的建筑学示例。

[11] 我特别喜欢那些风格清晰的案例，其中包括一些人工创造和仿效的作品。

（1）巴塞罗那的露天西班牙建筑博物馆，El Poble Espanyol。

（2）沃尔特·迪士尼世界的未来实验原型社区（EPCOT），其中国家馆最具特色。

（3）杜克大学（Duke University）的哥特式校园。

（4）弗吉尼亚大学草坪上杰弗逊的十座建筑物，每座都展示了独特的风格。

（5）西德尼·史密斯（Sidney Smith）的 18 世纪散文。

（6）雷斯庇吉（Respighi）和克莱斯勒（Kreisler）的作品（引用自注释 12）。

[12] 有一件作品以仿效品的身份出现，但回到芝加哥艺术学院时被鉴定为真品。

[13] 请参阅布拉奥和布鲁克斯的 *Computer Architecture* 中"计算机动物园"部分的第 14 章"克雷"，第 15 章"贝尔"和 12.4 节"布拉奥的风格"。

[14] 莫 斯 特 勒（Mosteller） 的 *Inference and Disputed Authorship*

和大师的跨时空对话

（1964 年）。

[15] 刘易斯的 *Miracles*（1947 年），第 15 章。

[16] 陈国祥（Kuohsiang Chen）的论文 *Form Language and Style Description*（1997 年），对什么是风格做出了严肃的评述，并且试图对其进行量化。

[17] http://www.cs.unc.edu/~brooks/DesignofDesign。

[18] 大多数艺术家的风格会发生演变。北卡罗来纳艺术博物馆举办的"莫奈在诺曼底"（2006—2007 年）展览它突出展现了莫奈多年来风格上引人瞩目的变化。

[19] 高迪设计的巴塞罗那圣家族大教堂给人留下了深刻的印象，尽管人们的喜好各有不同，但其风格的概念完整性毋庸置疑。

[20] 发布在本书网页：http://www.cs.unc.edu/~brooks/DesignofDesign。

[21] 克莱斯勒最初在 1905 年出版了 *Classical Manuscripts*，他声称在法国南部一家古老的修道院中发现了它们。他对自己的名字频繁地出现在音乐会节目单上感到尴尬。在 1935 年，他承认这些作品是自己创作的，并将它们以 *In the Style of*（1935 年）为标题重新出版。

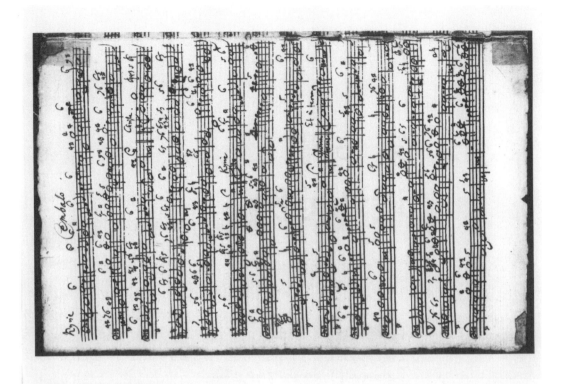

帕莱斯特里纳·弥撒（Palestrina Mass）原稿中的分页，由巴赫（Bach）亲手撰写

柏林国家图书馆

第 13 章
设计范例

　　……设计者需要有目的性的去探索浩瀚的可能性空间。如果没有为将要探索的事物建立某种结构化的方法，那么将无法知悉去哪里探寻，也无法知悉是否已经找到了目标。因此，创造者在探索过程中运用过去的解决方案和风格理念似乎是合理的做法……

　　　　　　——比尔·希利尔（Bill Hilier）和艾伦·佩恩（Alan Penn）

　　　　　Can There be a Domain Independent Theory of Design？（1995 年）

和大师的跨时空对话

13.1 全新设计是罕见的

13.1.1 不过全新设计确实令人愉悦

设计者很少有机会设计全新的产品。想象一下设计第一颗地球轨道卫星、第一部便携式电话、第一个人机交互界面（windows-icon-menu-pointer，WIMP）、第一个航空终端、第一台超级计算机！

13.1.2 设计是相似的

通常情况下，即使是新颖的设计也是源于过去具有相似用途的，或者由相似技术构建的产品。设计者本人可能曾经参与过早期版本的设计工作；如果没有，那么他极有可能看过或研究过，甚至可能使用过一些类似的产品。

那么，在设计过程中，范例（exemplars）和先例（precedents）最适合应用在哪些地方呢？设计者应该如何研究和应用它们？是否应该为每个设计领域建立一个长期维护的可用范例库？该如何建立范例库？又由谁来负责？

13.2 范例的作用

范例为创新设计提供了安全的模型。对于设计工作来说，范例可以作为隐性的核对清单，对潜在的错误给出预警，并为开创性的创新设计提供起点。

因此，卓越的设计者不惜花费巨大的人力成本研究先例。帕拉迪奥（Palladio，1508—1580 年）不仅仔细研究了维特鲁威斯的著作，他还实地前往罗马观测了遗留的古代建筑，由此掌握了古罗马文明最瞩目的建筑理念和技术参数。正是通过这种烦琐且不为人知的工作，他不仅创造出了专属的原创设计，还留下了一本设计巨著，孕育出了一种恒久的建筑风格。

杰弗逊（Jefferson）不仅仔细研究了帕拉迪奥的著作，而且在巴黎时，他还仔细研究了周围的建筑。[1]

巴赫曾专门申请 6 个月的无薪休假，远赴 250 英里①之外去学习布

---

① 1 英里 =1.6093km。

克斯特胡德（Buxtehude）的作品和设计思想（结果他因假期超时而丢掉了工作）。巴赫极具才华，他被认为是超越布克斯特胡德的伟大作曲家，但是他没有摒弃前辈的技艺，而是充分理解并将它们融入了自己的创作。[2]

我极力主张出色的技术设计者也要采取同样的方式，然而现代设计的快节奏已经使设计者不再认同这样的实践方法。

为了创造出优秀的设计，技术设计领域不能只依靠设计者的个人努力，还需要建立一个可供参考的范例库，并对这些范例进行深入的分析和评论。

13.3   计算机硬件和软件的设计是什么样的

在计算机硬件和软件领域，基于范例的设计现在是什么样的呢？我认为公允的回答是，我们在这方面相对于传统设计学科而言还比较落后。虽然我们在开发基于范例的理论设计方面取得了一些成果，但这种方法在专业教学中仍未得到充分的重视，并且也没有高度融合到设计实践中。

13.3.1   你使用什么样的范例

在传统设计学科中，业余设计者和专业设计者在使用范例方面存在着显著差异。

业余设计者通常只使用他们个人经验中的范例。而专业设计者通常接触过更广泛的范例，包括不同时代、不同风格、不同思想流派的全部范例。最好的情况是，专业设计者经过专家的指引已经浏览过全部范例，专家们会重点展示各种范例值得注意的特性并解释它们之间的差异。

计算机硬件和软件领域的大量设计表明，设计者在大部分的时间里只会应用自己见过的范例，即便是专业设计者哪怕有大把资源可用，他们也不会持续钻研范例。

13.3.2   计算机

计算机的架构各不相同，它们受到了来自设计者深远的影响，而影响设计者的则是他们最初大量接触编程时使用的机器。因此，早期的DEC 小型机呈现了来自麻省理工学院浓厚的 whirlwind 风格；IBM 的S/360 受到 IBM 704 和 IBM 1401 的强烈影响；而早期的微型计算机明显是受到了 DEC PDP-11 的启发。

人们还可以在计算机上看到企业的影子，这是因为计算机的设计者基本都是企业的员工，这一点与建筑领域的差异巨大。通过明确的企业培训和潜在的企业文化熏陶，设计者更了解自己公司的前任机型，而很少掌握竞争对手的机器的特性。例如，英特尔公司的微处理器强烈反映出一种特殊的企业风格。

在计算机这个领域，以向前兼容为原则来做设计是很常见的。成功的计算机会衍生出一系列兼容的后续机型，通常是通过在早期型号的基础上添加功能来实现的。

13.3.3　量产软件

像 Microsoft Word 这样的产品也遵循了计算机的设计模式，通过逐步修改功能和实现来构建后续的产品版本。莱曼（Lehman）和贝莱蒂（Belady）对此进行了深入的记录和研究。[3]

13.3.4　定制应用软件和操作系统

从历史上看，大多数定制应用软件和操作系统主要反映的是其设计者的个人经验，而非整个学科。

近年来涌现出了一些关于模式的文献，再加上与之相关的研究，这为该领域的融合提供了相互受益的交流。伽马（Gamma）在 *Design Patterns*（1995 年）中展现出他对数据结构和组件级别模式的深刻理解；布施曼（Buschmann） 的 *Pattern-Oriented Software Architecture*（1996 年）阐述了大规模系统架构的模式。我们需要更多关于整个系统和解释系统概念的描述。总的来说，只有少数几个操作系统做到了这一点。

13.4　研究范例的设计原理

设计者应该如何研究自己所属领域的范例呢？我们可以通过阅读相关手册来研究一种架构；我们也可以通过阅读产品文档来学习一款产品。不过想要理解整体状况，我们需要通过研究产品的技术性资料或书籍来理解它的原理。

然而，大多数技术性资料更注重介绍"这是什么"，而忽视了"为什么这样设计"。而且，大量设计从一开始就缺少原创设计者的详细解释，因为这些原创设计者正忙于他们的下一个设计项目。

在设计过程中也会发生一些异常情况，它们主要集中在技术创新的前期和后期，一般在后期会爆发一场技术革命，涌现出大量的理论学说和激烈的学术讨论。相关的学术资料就像军事胜利的捷报一样，总是出现在设计完成以后，并且通常是非常合理的。这是因为相比真正的设计过程，设计者在事后回顾的时候会更加理智。对于大多数人，真正的设计过程充满了坎坷，时常会陷入僵局，当然也有迷途知返的情况，甚至有可能调转目标。从这些数量有限的异常情况中，我们可以收获到大量真实有效的经验教训。

计算机处理器的架构设计为范例研究提供了一个成果丰硕的案例。这项技术正值发展的黄金阶段，因此，有大量用于描述的场景和方法。架构设计最初始于各种不同的设计方法，而后逐渐趋于转向"标准架构"。布拉奥和我合著的《计算机体系结构》中的第 9 章详细阐述了这一发展历程。在发展的过程中，出现了虚拟内存（virtual memory）、小型计算机（minicomputers）、微型计算机（microcomputers）和精简指令集架构（reduced instruction setcomputer，RISC）等革命性的变革。每一场变革都引发了新的讨论，从而刺激设计者对基础理论做出更加充分的探索分析。

13.4.1　初代计算机

伯克斯（Burks）、哥德斯坦（Glodstine）和冯·诺伊曼（Von Neumann）合著的 *Preliminary Discussion of the Logical Design of an Electronic Computing Instrument*（1946 年）可以说是计算机领域中最重要的相关论文，其中曾这样写道：

这是一项令人难以置信的成果，每位计算机科学家都必须阅读这份报告。它有力地阐述了存储程序（stored-program）的概念，此外，还有运算器至少要包括三个寄存器和一个算术逻辑单元及许多其他思想。它的内容涵盖全面，逻辑引人入胜。

莫里斯·威尔克斯（Maurice Wilkes）谈到早期的草稿，曾说道：

我熬夜读完了这份报告……我立刻意识到这份报告具有极大的价值，从那时起，我对计算机的发展方向再也没有任何疑问。[4]

威尔克斯进一步表示，这篇论文阐述了来自宾夕法尼亚大学的普雷斯帕·埃克特（Presper Eckert）、约翰·莫克来（John Mauchly）和约翰·冯·诺伊曼互相交流所产生的思想。威尔克斯对这些成果丰硕的思想通常只归功于冯·诺伊曼（Von Neumann）个人而感到遗憾，并一直努力向大众澄清这种误解。

在 *Preliminary Discussion of the logical Design of an Electronic Computer Instrument* 这份报告面世之后，来自各个地方的大量团队开始使用真空管逻辑（vacuum-tube logic）电路来构建存储程序计算机。第一个成功的作品出现在曼彻斯特，当地团队构建了一台可以运行的机器雏形，但其规模较小、无法实际应用；而剑桥大学则成功构建了第一台可用的存储程序计算机 EDSAC。下面这两份技术性资料非常完整地描述了与之相关的基础理论：威廉姆斯（Williams）的 *Electronic digital computers*（1948 年）和威尔克斯的 *The EDSAC*（1949 年）。

最重要的早期超级计算机是 IBM Stretch 和 Control Data CDC 6600。巴克霍尔茨（Buchholz）的 *Planning a Computer System：Project Stretch*（1962 年）提供了这两台计算机基本理论的相关文献。然而，最值得注意的文献来自于本书的第 17 章，它描绘了一种完全不同类型的计算机——一个专为密码分析的数据流而设计的协同处理器，但是对其具体应用和机器特性的原理几乎没有相关描述。

CDC 6600 很快超越了 Stretch 成为世界上最快的计算机，并在科学超级计算领域独占鳌头。它是克雷公司（Cray）的超级计算机产品线的先驱机型。桑顿（Thornton）的 *The Design of a Computer—The CDC 6600*（1970 年）为此提供了大量基础理论的介绍。

13.4.2　第三代计算机

由于第二代计算机架构缺乏足够的地址位（address bit）来处理大容量内存，因此，它们失去了竞争力。此时大容量内存已经变得极具性价比，并且逐渐成为不可或缺的因素。尽管向前兼容的特性会给设计者带来极大困扰，但是对一款希望可以长期发展的架构来说，向前兼容是不可避免的。幸运的是，集成电路大大降低了实现成本，高级语言得以重新编译，这样一来向新架构的迁移也变得更为现实。新架构引发了新的理论。

布拉奥和我合著的 *Computer Architecture* 虽然不是一本完全以理论为主的书籍，但其中包含了 S/360 架构决策的许多理论基础。这些是我们能够通过个人认知来解释的案例。阿姆达尔（Amdahl）和布拉奥在 1964 年提供了 S/360 基本原理的简要概述。

13.4.3　虚拟内存

曼彻斯特的 Atlas 计算机引入了两项新功能，一个是指令块的自动分页，另一个是可以将指令和数据块从较慢的后备存储器自动调入到较小的高速内存。密歇根大学和麻省理工学院的分时操作系统（time-sharing operating systems）的开发人员很快提议将其完整的归纳为虚拟内存的概念，并为计算机配置了庞大的命名空间。通用电气和 IBM 也建造了这样的计算机。以下三位设计者再次创造了一场技术革命和一个新的理论：Atlas 的创造者萨姆纳（Sumner，1962 年）、丹尼斯（Dennis，1965 年）和阿尔丁（Arden，1966 年）。

13.4.4　小型计算机革命

晶体管 - 二极管逻辑电路为计算机提供了一种彻底降低成本的实现方式。DEC PDP-8 就是这样一台改变世界的机器。它的出现使计算机不再是必须由一整个机构来负担，相反，每个部门都可以负担和使用自己的计算机。这种社会层面的进步与技术进步带来的价值同样重要，它使计算机的性价比极度攀升。此后，成千上万的小型计算机被制造出来，它们与大型计算机并存，并具有重要的市场地位。

由于大型计算机制造商总是执迷于自己的商业模式，再加上它们臃肿、沉重的企业结构，安于现状的经营理念，最终它们普遍忽视了小型计算机革命所带来的影响。大量新一代的计算机制造商开始兴起，其中最成功的是 DEC（Digital Equipment Corporation）。贝尔（Bell，1978 年）论述了 DEC 小型计算机的基本原理和发展历程。

13.4.5　微型计算机和精简指令集计算机（RISC）的革命

在集成电路领域也同样发生了相似的社会性变革和技术革命。成本的大幅降低意味着计算机不再是必须由一个部门才能拥有的设备，相反，个人也可以拥有和使用属于自己的个人计算机。很快，微型计算机的产量也高达数百万台。

在这场技术革命中，原本在自己领域非常成功的小型计算机制造商却也因为自负而错过了微型计算机革命。惠普幸存了下来，而 DEC 则没有。一些大型计算机制造商，尤其是 IBM，重新进入了这个领域，成为个人微型计算机的主要供应商之一。

同样，这场革命也带来了一系列新的理论：霍夫（Hoff）在 1972 年研发出了单芯片 CPU（one-chip CPU），帕特森（Patterson）在 1981 年开发出了计算机架构RISC I，雷丁（Radin）在 1982 年建造了 IBM 801。[5]

其他领域的专家同样也能轻松地列出类似的清单，展示历史的流程、革命性的大事件和里程碑式的范例。

13.5　如何改进基于范例的设计

如果设计者希望在自己的领域内超越自身和团队，以掌握整个领域的理念和技术，那么该领域如何才能帮到他们呢？

13.5.1　各种范例集合

前面的章节表明，在计算机架构领域，有大量的文献范例可供参考。显然，下一步应该是编撰和发行系统性的文献范例集合。戈登·贝尔和艾伦·纽厄尔（Allen Newell）在他们 1971 年出版的 *Computer Stuctures* 中首次给出了足够详细的信息，以帮助相关行业的设计者；亨尼西（Hennessy）和帕特森（Patterson）在 1990 年投稿的 *Computer Architecture: A Quarotitive Approach* 一书中也做出了杰出的贡献，该书的附录 E 对相关行业设计者非常有帮助；布拉奥和我通过该书的第 9~16 章，进一步丰富了该领域的文献范例。

13.5.2　超越范例集合

在获得范例集合之后，下一步是对特定的范例进行细致、公正的评述。在计算机设计领域，我们通常可以在范例集合的文本资料和特定机种的学术期刊中看到类似的内容。

在评述之后，接下来是对比不同的范例并进行分析，根据各自的目标评估它们之间的差异。我们倾向于让分析人员去评述产品目标是如何选择的，而不是评估设计对目标的实现效果。倾向于分析产品目标选择而非实现效果的原因是后者对未来的设计者并没有太大帮助。

在比较分析之后，还需要采取进一步的行动。设计中的某些特性可能表现得十分出色，而其他特性则比较平庸。某些设计问题的解决方法是奏效的，而其他方法则不然。因此，细致的分析人员会从每个范例中提炼出优秀的实践准则，以指导新的设计，而新的设计往往是各种现存设计综复合体（syntheses）。在大多数的工程学科中，这些准则被集成手册，并最终形成行业标准。

13.5.3　软件设计领域表现如何

通过搜集范例、评述范例、比较分析范例和提炼复合准则这 4 个阶段，计算机硬件设计已经取得了很大的进展，但同时，软件设计则相对滞后。

也许，这只是一个时间问题。从时间上看，在 1968 年软件工程才被作为一个专门的学科，[6] 然而计算机工程早在 1937 年就已经开始了。[7] 截至目前，我们只能找到少有的几个操作系统范例的说明、[8] 编程语言的介绍与理论的集合，[9] 以及其他类型的少量资料。

描述操作系统架构比描述计算机架构要困难得多。每个独立的功能都更为复杂，而且功能点的数量更多。此外，在操作系统的架构中，link 操作的语义比 divide 操作的语义更难描述。我认为工程师面临的复杂性增加了两个数量级，这势必会阻碍重要的软件范例的搜集、评述、分析和复合。我很高兴格雷迪·布奇（Grady Booch）承担了编写软件架构手册的工作，目前这只是一个网站，但未来将印刷出版成册。[10]

13.5.4　谁来负责

将范例研究系统化是一项学术性质的工作，它与设计无关。学者和设计者在偏好和性格上有所不同。通常设计者会在一个设计项目结束后立即开启下一个设计项目，不会特地停下来做项目回顾，更别说学术性的研究了。只有当一门学科趋于完善以后，它才会吸引学者（或是极富经验的设计者）就范例进行学术性的研究。

13.5.5　怎样吸引到学者

现代工程学术界是否重视并认同学者的系统化工作呢？从事这份工作的学者是否可以获得大学的终身职位呢？在许多大专学院中，这类工作可能会在研究科学技术历史（history of science and technology）的院系中得到重视，但在工程学院可能不会得到同等的回报。

13.6　范例——惰性、创意和自负

在上文中，我们讨论了设计范例，但是我们稍稍跳过了对每位设计者来说非常实际的一些问题。

（1）模仿过去的设计或先例的行为只是一种懒惰的表现吗？一位正直的专业人士被允许这样做吗？这是否有背于诚实正直的从业态度呢？

（2）人们选择成为设计者是因为他们喜欢创造东西。但是，将自我展现（self-expression）限制在他人风格的牢笼之中又有什么乐趣呢。

（3）人类世界高度重视原创性和创新，并报以尊重和声誉，有时甚至回报的方式是名和利。

（4）一个人类个体对于种族的特殊贡献取决于他自身独特的视野。忽视或抑制这种独创性难道不是一种不公吗？[11]

13.6.1 个人观点

为了避免误解，我极力强调不要轻易断言大多数设计问题可以通过模仿范例来解决，我也不主张盲目地复制它们。

我明确主张如下观点。

（1）设计者应该熟知自己所属领域的范例，包括它们的优点和缺点。原创性并不能作为无知的借口。

（2）工程领域不同于艺术，无谓的创新（在有意义的方面没有预期的改善）是一种愚蠢的想法、是一种自私又自负的放纵行为，因为它不可避免地存在着令人意想不到的负面后果，并将带来风险。

（3）掌握前辈风格的设计者将拥有更多的精神财富，供其在创意方面得以借鉴。

13.6.2 惰性

当然，懒惰或敷衍的设计者可以通过选择一个范例，并稍作修改以付出自己最少的工作成本。大体上，那些只做简单复制的设计者并不会去借鉴古老或久远的范例，而只选择最新或正值流行的范例。因此，在建筑领域，当前世界上最常见的只有两种风格，一种是敷衍的包豪斯（Bauhaus）风格，另一种是平庸的弗兰克·劳埃德·赖特（Frank Lloyd Wright）式的牧场风格。

如果想要掌握任何设计领域中有用的范例资料，那么请不要敷衍行事，高度的热情和努力是极其必要的。

13.6.3 创意和自负

在我看来，当前人们对设计创意的过度重视误导了设计者。下面的这句话转述自维特鲁威斯："无论采用何种手段，人们都希望设计能满足功能上的需求，经受住压力的考验，耐久而稳固，并为用户带来愉悦"。这段论述很适合于评价夏克（Shaker）式家具、康宁公司的 Revere 餐具及 Peck and Stowe 公司的长鼻钳等产品。[12]

那么，创意到底是什么呢？当然，它会带来愉悦。我们都见过那些革新的设计，它们如此新颖璀璨，以至于我们为其优雅的解决方案而欢欣鼓舞。比如，莱泽曼公司（Leatherman）生产的折叠口袋工具、一只机灵鬼（Slinky）弹簧玩具或是一座斜拉桥（cable-stayed bridge）等。

一方面，这种愉悦源于新产品的设计方案在解决老问题时表现出的卓越优雅，而不仅仅是它自身的新颖性。它体现于每次我们使用工具或体验玩具时都能感受到的耳目一新的愉悦感受。这种感受不会褪色。另一方面，单纯的新颖性只是一种具有欺骗性的满足感。就像奇闻逸事的热度不会维持太久一样，随着新奇感的消退，愉悦也会随之消失。追求新奇的人永远无法满足，而没有持久的愉悦可言。[13]

将创意作为目标还是附加属性。一方面，追求创意的人往往会找到创新的角度，但无法得到持久的愉悦；另一方面，追求设计实用性的人往往最有可能创造出具有持久价值的创新设计。因此，创新可以说是产品的附加属性。

自负。与追求创意密切相关的是自负和渴望成名的欲望。这种由来已久的症结和人类自身的贪婪会玷污所有的设计，并且造成大规模的损失。

早在巴别塔时期，这种自负就显露出来了。"来吧，我们要建造一座通向天堂的塔楼，为我们自己赢得名声。"[14]

诗人雪莱（Shelley）在他的一首诗中捕捉到了古往今来的欲望："我是奥西曼迪亚斯，万王之王；你们强者啊，瞧瞧我的伟业，然后绝望吧。"

追求创意的渴求使许多作品失去了原本的价值。[15]

13.7 注释和相关资料

[1] 霍华德（Howard）的 *Dr. Kimball and Mr. Jefferson*（2006 年）。

[2] 托维（Tovey）在 *Johann Sebastian Bach*（1950 年）中这样写到："事实上，在音乐领域，从巴莱斯特里纳（Palestrina）到巴赫的任何一个时代，我们都能找到音乐家精心抄写的手稿。"

[3] 莱曼的 *A Model of Large Program Development*（1976 年）；帕尔纳斯（Parnas）的 *Designing Software for Ease of Extension and Contraction*（1979 年）。

[4] 威尔克斯的 *Memoirs of a Computer Pioneer*（1985 年），第 108、109 页。

[5] 霍夫（Hoff）的论文 *The One-Chip CPU—Computer or Component?*（1972 年）；帕特森（Patterson）的论文 *RISC I*（1981 年）；雷丁（Radin）的论文 *The 801 Minicomputer*（1982 年）。

[6] 诺尔（Naur）的论文 *Software Engineering*（1968 年）。

[7] 艾肯（Aiken）的论文 *Proposed Automatic Calculating Machine*（1937 年）。

[8] 这些说明包括 Multics、UNIX、OS/360 和 Linux。

[9] 萨米特（Sammet）的 *Programming Languages*（1969 年）；韦克斯布拉克（Wexelblat）的 *History of Programming Languages*（1996 年）；波尔津（Bergin）的 *History of Programming Languages* Vol.2（1996 年）。

[10] 布齐的 *Handbook of Software Architecture*（2009 年）。

[11] 雷恩（Wren）的圣保罗大教堂展现出这样的概念，即赞颂圣灵与是否采用传统风格无关。我对迪斯尼乐园在其建筑中遵循传统风格，并表达出美妙的创意感到欣喜。想想灰姑娘的城堡、汤姆·索耶的小岛、鬼屋、瑞士家庭罗宾逊的树屋和 19 世纪的主街。在这种背景下，即使是夸张或滑稽的风格也是可行的，并且令人愉悦。

[12] 希斯（Heath）的 *Lessons from Vitruvius*（1989 年）是关于维特鲁威斯的一篇优秀的概述。这篇文章称维特鲁威斯提出了一种设计方法，实质上是一种分支树（branching-tree）的方法，可以在 45 种房屋类型中进行选择。这是一个关于范例应用和简化设计方法的重要的参考文献。

[13] 我认为这是对神圣的乐趣和邪恶的伪造品两者最为真实的测试。因为真正的乐趣给予满足感（在英语中 satis 的词根代表"足够"）。人们有足够的食物、足够的睡眠、足够的工作、足够的娱乐、足够的欢愉。然而，误入歧途的人总是寻求新的美味、不同的喜好和不断恶化的怪癖好。

[14] *Bible* 的第 11 章。

[15] 我工作的建筑是这样的。按照它所处的环境，西特森大厅本可以与面对的卡罗来纳酒店完美地形成一个视觉上的方院结构。它们具有相同的高度，都是雅致的异域风情建筑，并且使用了相同的建筑材料。然而，"创意"使得西特森大厅采用了不同于卡罗来纳酒店的钢制屋顶，这显得十分丑陋，并且第三层的天窗过高以至于坐着的人无法欣赏到它。最终，整体视觉上的方院设计没能实现。

塔科马·纳罗斯（Tacoma Narrows）大桥的气动设计失误导致崩塌

第 14 章
设计专家是怎样犯错的

我以基督的名义恳请你，考虑一下你可能会犯错误。

——奥利弗·克伦威尔（Oliver Cromwell，1650 年）

尽管我会犯错，但错误对我也是有帮助的！

——菲奥雷洛·拉·瓜尔迪亚（Fiorello La Guardia）

专业设计者常犯的错误并不是错误地设计了某件事物，而是设计了某件错误的事物。

14.1　错误

在任何领域中，普通人会犯许多专家永远不会犯的小错误。而专家能够通过培训、见习和实践来熟练地掌握高超的技术。

但如果专家犯错，通常是一些致命性的失误，比如，在施工过程中崩塌的桥梁、楼层之间没有楼梯的房屋、浪费大量内存带宽的计算机、过于复杂难以学习的编程语言等。

亨利·彼得罗斯基（Henry Petroski）提出，在每次材料学或科技领域发生革新之后，设计者通常会按照如下过程行事。

（1）起初谨慎行事。

（2）掌握新型方法。

（3）大胆地开始扩展应用，此时，往往会忘记基本假设。

（4）可能受到自满和竞争的驱使，在过于大胆和自负的情况下贪功冒进。

他引用了一项关于桥梁倒塌时间的研究，这份研究记录了连续 30 年间主要的桥梁倒塌事故，并警示我们即将迎来下一次倒塌事故。[1] 而美国明尼阿波利斯市的 I-35W 号大桥倒塌事故印证了他的观点。

之所以专业设计者会出现重大失误，一个主要的原因是他们是从一开始就接受新式技术的培训的新生代设计者。这些新生代专业设计者通常没有经历过新技术从探寻、假设到诞生的论证过程，因此，对于应用场景和注意事项的意识远远不及他们的上一代。

通常新生代设计者也不清楚新技术如何合理地与其他技术相结合。我认为，他们往往只熟悉细枝末节，而无法看清整体结构，并且他们很少主动思考。"我所做的事情是否在整体上是合理的？"引用托马斯·杰弗逊（Thomas Jefferson）的话来说，专业设计者通常太专注于所做事情的正确性，而忽略了停下来问自己："我是否在做正确的事情？"

在 S/360 系列计算机的开发过程中，尽管我们的硬件架构师团队经验丰富，但是令人遗憾的是他们拒绝添加自动内存管理功能，这个纰漏最后不得不重新耗费成本对其加以纠正。

成功对于专业设计者来说反而是危险的。失败会激发他们对问题的分析、审查和反思。尽管成功会增强对于设计技术和设计者自身的信心，但是这种自信可能并不客观。

14.2　史上最糟糕的计算机编程语言

关于专家也会失手这件事情，IBM OS/360 的任务控制语言（job control language，JCL）是一个鲜活的示例。目前，这门语言称为 z/OS 的 MVS 任务控制语言（MVS job control language）。我认为它是史无前例的、最糟糕的计算机编程语言。虽然这个项目是在我的监管下研发的，但是该项目所有管理层都应对此负责。

首先，我们需要审视 JCL 作为一门编程语言的不足之处。接下来，我们必须探究研发团队犯错的原因。该项目的研发团队是由真正意义上的专家所组成的，其中包括最初 Fortran 语言的设计者和语言学专家中的佼佼者，结果却彻底走偏了方向。

虽说这些错误发生的时间远在 45 年前，但是直到今天仍然有人应用 JCL，这门语言也没有大的改变，这些错误会一直困扰着我们。另外，它带给我们的经验教训也将是深远的。

14.2.1　JCL 是什么

尽管 OS/360 是最初被设计为一款用于批处理的操作系统，但是用户还是可以通过终端与它实时交互，比如，将作业任务发送到工作队列中，设置任务、查询状态和检索结果。JCL 是一款脚本式的编程语言，它的作用包括指定计算批处理作业所采用的选项和优先级、挂载输入文件、确定每个输出文件的处理方式，以及一系列用来管理程序和数据文件的其他相关功能。通过编写 JCL 脚本，我们可以指定很多操作，如编译源程序、链接库程序、在特定的数据集上运行、支持对多个输出进行打印、记录到磁盘和归档到磁带等操作。

JCL 确实是一门难以学习和应用的编程语言。在生产应用时，用户一般会盲目地复制一组由他人编写的、可以成功控制计算过程的 JCL 命令。他们只会修改一些容易理解的脚本参数，通常只有最大胆的用户才会在 JCL 脚本中修改参数以外的其他内容。即使在今天，用 Fortran 和 COBOL 编写的程序，也要与相应的 JCL 一起被归档存到备份文件。由于这些编程语言和处理机制过于落后，因此，它们的备份文件就像是"落满灰尘的唱机盘面（dusty-deck）"一样。

14.2.2　JCL 的问题

在所有的缺陷中，最为致命的一点是设计者并没有意识到 JCL 在本质上是一门编程语言。

一门为所有编程语言做调度（scheduling）的语言。JCL 在其概念上有着十分严重的缺陷。

OS/360 为多种编程语言提供了编译器，包括 Fortran、COBOL，以及其他至少 6 种语言。每名用户至少需要了解 2 种编程语言：JCL 和他选择使用的开发语言。大多数用户并不能同时对 2 种编程语言都有足够的了解，因此，才会借用尘封已久的 JCL 程序。

人们所期待的并不是像 JCL 这样一款控制分时调度（schedule-time）的编程语言，人们想要的其实是分时调度的能力。正如用户使用 PL/I 或 S/360 宏汇编器（marco assembler）时可以指定编译时间（compile-time）的选项参数，这样一来，每位程序员都可以只使用一种语言来工作，必要时可以为编译时间（compile time）、定时调度（schedule time）或运行时间（run time）来指定一些运行参数。

语法接近 S/360 汇编语言，而非高级语言。原本在 OS/360 系统中包含一门用于定时调度的语言就是一个错误的决定，设计者又一错再错地选择了一门不合时宜的编程语言作为 JCL 的语法样本。早在 1966 年，也就是完整版 OS/360 系统运行一年之后，汇编语言编写的任务只占全部任务的约 1%，此时，在编程范式上已经发生了重大的转变，而设计人员并没有意识到这个问题。

14.2.3　但是在语法上与 S/360 汇编语言又不完全一样

由于 JCL 的设计出现了太多偏差，以至于即便用户掌握了 S/360 汇编语言，也不意味着他可以完全理解 JCL 的语法。

对卡片列（card column）的依赖。由于早期型号 IBM 704（1956年）采用了 36 位字长，Fortran 语言允许每条语句最多包含连续行在内的 72 个字符。第 72 个字符以后的字符将被忽略（卡片列的第 73~80 列最初用于给程序卡片编序号，以便程序卡片弃用后也可以恢复数据）。

此时，OS/360 的后续操作系统被明确为通过终端访问，而 JCL 仍然采用基于打孔卡片（punched-card-based）的程序格式（那时的终端甚至没有显示字符位置的功能，因此，用户很难判断第 73 个字符的位置在哪里）。这时，编程范式正在发生转变，甚至这场转变是由自己公司研发的操作系统所推动的，但是 JCL 的设计者却没有意识到这个问题。

动词太少。JCL 的设计者夸耀这门语言只有 6 个动词：JOB、EXEC、DD 等。我只能说它的确如此。但语言需要执行的功能数量远

远超过 6 个。[2] 设计者为 JCL 强加了"优雅的"简洁性，然而这些简洁性是难以胜任复杂的设计任务的。当复杂度问题迫在眉睫时，就会出现大量的临时解决方案。

靠声明参数实现动词功能。动词的功能是不可或缺的。因此，在 JCL 中提供了一个数据声明（data declaeation，DD）的语句，其中包括一个（过于丰富的）关键字参数集合。集合中的大量关键字参数实际上伪装成了命令性动词的形式，如 DISP，它用于指示作业过程结束后要如何处理数据集。

几乎没有分支功能。大多数编程语言的核心概念之一是条件分支。然而，JCL 却没有这样的概念，其分支是一个事后加入的功能，而且是通过外部参数来实现的，在操作行为步骤上还被加以限制。

没有迭代。最初在 JCL 中没有直接实现迭代功能，必须通过笨拙的分支来构建迭代逻辑。设计者压根没有考虑定时调度脚本中的迭代行为。

没有清晰的子程序调用。与迭代功能一样，设计者同样没有意识到在一个定时调度脚本中调用一个子程序的必要性。这样的设计很难理解，因为大量的 JCL 程序被广泛用作启动子程序，这导致程序员需要在 JCL 程序中重复编写完全一样的命令，唯一不同的只是少量参数。

14.3　JCL 为何被设计成这样

专业的设计团队为 JCL 的设计工作带来了过多的个人经验。JCL 的设计原本应该涉及更广泛的领域，然而设计者自以为是的经验阻碍了他们从头去构思这门语言。仅就这个案例而言，遵循范例反而造成了一场灾难。

OS/360 JCL 的主要设计团队刚刚完成了 IBM 1410/7010 操作系统（1963 年）的研发，该项目在当时获得了巨大的成功。从功能上看，IBM 1410/7010 操作系统比 OS/360 系统要简单两个数量级。严格来说，它是一个批处理操作系统，专为老式的文件保管应用程序而设计，不包括远程处理的功能。在 IBM 1410/7010 中，像分配文件名或分配 I/O 设备这样的调度功能，是通过在每个任务的打孔卡片前放置几张简易的控制卡片来实现的，这种技术可以追溯到基于磁带的操作系统时代。

OS/360 JCL 的设计者认为他们的工作只要重复之前在 IBM 1410/7010 项目中的经验就够了，即设计"一些用于调度的控制卡片"。这是一个致命的错误。在对设计目标的描述中，每一个组成部分在概念上都有偏差，错误的描述导致了整个设计过程中愈发荒谬的设计思想。

在 IBM 1410/7010 操作系统中，不得不说控制卡片的类型是很精简的，而"精简"这个概念在这里被偷换成 OS/360 JCL 所追求的简洁性。这也导致 JCL 的动词类型过少。照搬精简的卡片类型这种选择是一个错误的决定，并且设计者默认每个作业任务都只由几种分类的数张卡片来控制的这个想法也是错误的。事实上，JCL 脚本通常包括多达几十条语句。

"打孔卡片（cards）"的概念又一次误导了设计者。JCL 整体建立在打孔卡片的基础概念之上，而恰巧在那个时候，这项技术正逐步退出历史舞台。

IBM 1410/7010 的控制卡片中的任何一张都是独立的、与其他卡片无关，是被单独解释和运行的，并且事实上，在早期的操作系统中的确都是这样设计的。这解释了为什么 JCL 这门简陋而受限的编程语言缺乏分支、迭代和子程序的功能。

将卡片构思为功能独立且完整的命令，我认为这恰好解释了为什么我们没有意识到 JCL 应该是一种依赖分时调度来解释执行的编程语言。缺乏远见是我们的本质问题。

随之而来的问题是，JCL 从未被真正设计过，它只是逐步进化而来的。如果我们能意识到 JCL 是一种系统语言，或许我们可以利用语言设计专家的专业知识和经验，将它作为一种编程语言来设计。

然而，设计者并没有把它当作一门编程语言。最初，设计者将它看作"几张控制卡片的罗列"，它只是设计者在设计任务调度器时随手设计的一个副产品。随着在 OS/360 系统设计过程中文件系统管理、远程处理网络管理等任务的增加，每个新的定时调度（schedule-time）功能或规范都需要附加到 JCL 中。由于该语言在灵活性，通用性和整体结构上都很差劲，新的规范最终发展成 DD 语句中新加入的关键字参数。因此，原本应该作为数据声明中形容词的内容变成了具有各种行为后果的命令动词。

14.4　经验教训总结

（1）我们要仔细地研究失败的案例，甚至要比研究成功的案例更加细致。

（2）在取得成功后要警惕自己。成功会增强对设计技巧、设计本身及自己的信心，但这些信心可能导致我们过于自负。

（3）针对设计对象及其应用场景，设计者要站在更高的层级上来制定假设。例如，当下是否存在范式的转变，假设是否在未来十年仍然奏效，是否正在设计正确的东西。

14.5　注释和相关资料

[1] 佩特罗斯基（Petroski）在 *Success through Failure*（2008 年）一书中引用了原始的研究，这些研究来自于西布利（Sibly）的 *Structural Accidents and Their Causes*（1977 年）。

[2] 在 JCL 的发展过程中加入了一些额外的动词。当前的 JCL 标准（2008 年 11 月）可以在 http：//www.isc. ucsb.edu/tsg/jcl.html 上找到。原始标准收录于 IBM 公司在 1965 年发表的 *IBM Operation System/360, Job Control Language*（1965 年）中。

和大师的跨时空对话

莱特兄弟的首次试飞，纳格斯黑德，北卡罗来纳州

第15章
设计的分离

16世纪前后，在大多数欧洲人使用的语言中出现了术语"设计（design）"或与其等效的词汇……最为重要的是，这个术语指出了设计应与实际操作分离开来。

——迈克尔·库利（Michael Cooley，1988年）

15.1　从应用与实践中分离的设计

在设计领域，20 世纪所取得的最为瞩目的发展之一便是将设计者从使用者与实施者中，逐渐地分离出来。

请看看从 19 世纪到 20 世纪初期的各位发明家们。爱迪生在他的实验室里将他全部发明制造成实物。亨利·福特亲自制造了他专属的汽车。威尔伯·莱特（Wilbur Wright）和奥维尔·莱特（Orville Wright）亲手建造了他们的飞机。

而仅仅一个世纪之后，哪位计算机工程师能够自己制造芯片呢？更不用说从沙子和铜开始了。哪位飞机设计师能够精通制造飞机的复杂生产流程，甚至能够编写复杂的动态稳定（dynamically stabilize）软件呢？又有哪位建筑师能够自己进行结构工程（structural engineering）和地震加固（earthquake strengthening）的工作呢？

上文说的是设计者与实施者之间的分离现状。类似的，在许多领域中设计者与使用者也是分离的。例如，在建筑学中，医院、火葬场、核燃料加工厂、生物物理实验室等设施的设计者很少有亲身使用它们的经历。设计者必须要通过用户代表才能获取预期的用户行为，更为糟糕的情况是有时只能通过用户代理，而他们与真实的使用者还有一定差距。再如，很少有船舶的设计者曾指挥过一艘舰艇，更别提在战斗中驾驶的经历了。

上述示例与仅仅一个世纪之前的状况形成了鲜明的对比。在 20 世纪，设计现代化汽车的高级工程师曾经是在树荫下打发时光、拆解旧车的少年。现在的高级通信专家大多拥有无线电执照，而他们可能在学校里只制作过一台管式收音机。现在英国的高级机械工程师中有许多是 1—3—1"三明治"计划的产物：他们在公司先参加一年实习培训，再由公司支付学费去大学学习三年，另外再加上一年的实习培训，之后就开始设计工作了。许多美国的工程师也响应过合作教育项目（co-op programs），在校园学习的同时也得到了在工厂实习的经历。

幸运的是，在当下这种分离的大趋势下也有例外。比如，软件工程还是一个年轻的行业，系统架构师曾经也是程序员。个人消费产品（如 iPod、iPhone 和汽车）的设计师是产品的最初使用者，他们专属的应用视野对设计工作有启示性的作用。

UNIX 的设计者，尤其是 Linux 的开源设计者，他们从自身的需求出发，为自己构建工具，并与同行分享。我认为，这可以解释为什么它们会在应用上获得成功，同时还收获了大量热情的支持者。

15.2　为什么要分离

第一个原因是显而易见的。科技在 20 世纪取得了惊人的发展，这使得从业者必须经历较长时间的专业学习。例如，如果目前想要追赶防震工程或复合材料制造发展的最新趋势，那么必须要靠一份全职工作才能做到。

第二个原因则不太明显，但是它或许同样重要。我们设计的事物变得愈发复杂，以至于仅仅设计它们就需要较长时间的专业学习和设计者的全部精力。现在几乎没有简单的技术了。想想看似简单的奶油夹心蛋糕，它的制造过程也足够复杂，在考虑美味的同时还要兼顾保质期，并且要保证馅料和糕体不会黏连。[1]

15.3　分离的负面影响

那么，分离会带来什么样的负面影响呢？它会导致大量的沟通问题。建筑师建造了优雅的建筑，但用户体验却很差。工程师设计的控制面板让核反应堆的操作员感到困惑。采用过度的规范会导致实现成本比原本要高出许多，而且增加的功能或提升的性能又很少。使用者与设计者之间，以及设计者与实施者之间的联系大幅度减少。群体之间的沟通总是比不上一个人决策的效率。由于沟通不畅所导致的灾难性的、高昂的或尴尬的案例不胜枚举。

15.4　改进措施

首先，设计者必须要意识到从 20 世纪开始的设计分离是无法避免的现实，并且需要付出额外思考和更多努力来减轻其带来的负面影响。

15.4.1　应用场景（Use-Scenario）体验

对设计者来说，即便只是稍微体验一下真实的应用场景也好过完全没有。如果不允许在生产环境体验的话，那么进行一次有效的模拟体验也是可以的。例如，我们可以采用全尺寸的模型来预演在厨房或驾驶员座舱中的应用场景。同样的，现在的虚拟环境技术也可以实现这一点。

当我被指派设计 IBM Stretch 计算机的操作员控制台（console）时，对操作员的实际工作我只有道听途说来的一些信息，更别提操作员的各项具体操作，以及各种操作的相对频率和重要程度了。

Stretch 团队在夏季会停工两周，此时，团队中的大部分成员都会选择去度假。而我则利用这个机会申请去计算中心做了两周的实习操作员，因为这里运行着 709 台提供给波基普西（Poughkeepsie）实验室的计算机。

这次经历让我受益匪浅。虽然我在那里主要负责装载磁带，但我深刻地体会到了科学计算中心的工作节奏，并仔细地观察了首席操作员的工作细节。[2]

这种作为"使用者"的经历激发我们设计出了第一个由程序控制的操作员控制台（本质上是一个直联的终端），它可以代替直接读写硬件。这个功能可以使多位操作员同时操作多个控制台，并且可以灵活分配工作任务，以及进行在线交互式的程序调试。

我设计的控制台具有超越时代的想象力，但是我必须承认在所有的 Stretch 机器中它都没有按照我的预想被人应用。在线交互式调试功能直到相当晚的时候才得以实现，一部分原因是特德·考德（Ted Codd）开发的多道程序设计（multiprogramming）操作系统对 Stretch 来说只是一种可选项，而没有成为 Stretch 的标配软件。[3]

我在参与 OS/360 系统设计时，之前的实习经历发挥了更大的作用。此时，在线交互式调试所需的所有条件都已经准备就绪，之前的探索也促使我设计出了更简洁的终端，并实现了对软件的全面支持。

我在杜克大学度过了一个学期的时间，在戴夫（Dave）和简·理查德森（Jane Richardson）的生物化学实验室里我得到了类似的体验。每天的朝夕相处帮助我理解了他们在研究蛋白质结构和功能方面对分子图形工具的需求。

菲利普·克鲁克顿（Philippe Kruchten）在担任加拿大空中交通管制系统的首席架构师时，将这类有关应用体验的活动进行了系统性的规划。

所有软件团队的成员都接受过关于空中交通管制的实践培训，参加了空中交通管制的课程，并在真正的区域管制中心与管控人员并肩工作，以理解管控人员的核心工作内容。同样的，空中交通管制专家也参加了面向对象的软件开发设计、Ada 编程等课程，以掌握常用的软件行业术语，使双方成员能够高效地协作并充分地发挥彼此的才能。[4]

15.4.2　通过增量开发和迭代交付与用户进行紧密的互动

IBM 的哈兰·迈尔斯（Harlan Mills）所设计的增量开发和迭代交付系统是让设计者从项目初始就能与用户保持紧密联系的最佳方式。[5] 首先构建一个能够工作的最小功能版本，然后将其交给用户使用，如果做不到使用的程度，至少也要让用户进行测试。即使是为大众市场构建的产品也可以在一部分使用者中进行试用。

在为科研人员构建交互式图形系统工具的时候，我经常对原型系统获得的早期用户反馈感到惊讶。这是因为我对用户如何使用新工具所做的假设几乎都是错误的。

我的团队用了大约十年的时间实现了我们所期待的"蛋白质空间结构（room-filling protein）"的虚拟影像。我的想法是，化学家通过了解物理空间中蛋白质 C 端和 N 端所在的位置，可以更容易地在复杂的分子中进行探索。经过多次努力，我们终于获得了一个符合需求的高分辨率图像，并将其投影到头戴式显示器中。化学家可以便捷地在蛋白质结构中四处游走，以研究感兴趣的区域。

我们和用户约定了两周一次的产品试用体验，用户的第一次试用过程非常顺利，她只是四处走动了一下。第二次的试用也是同样的情况。然而在第三次试用时，她说："我可以要一把椅子吗？"十年的工作被一句话否决了！这意味着，对科研人员来说，导航辅助功能并不值得活动自己的身体。

我们在放射治疗规划系统中也有类似的经历。放射科医生的工作是找到多束射线的方向，以照射肿瘤的同时避开敏感的器官，如眼睛。按照该系统的功能，我们将患者身体的半透明虚拟影像悬放在虚拟空间中，这样医生可以四处走动，并从各个角度进行观察。然而我们最终发现，医生们更喜欢坐下来，并通过旋转虚拟影像来观察患者的各个角度。

15.4.3　并行工程（concurrunt engineering）

设计者需要更加积极并深入地了解真实的实践经验和实施过程。哪怕只是一次独立的、不具代表性的实践经验，也可以极大地丰富设计者对整体实施过程的看法。通常来说，设计者的看法是过于理想化的，并且比较初级的。因此，我强烈推荐设计者参与实施过程。

如果设计者只能依赖自身参与过的实践经验的话，那么如此有限的经验样本可能会对设计产生过度的影响，这会存在风险，因为它在本质上是不具备代表性的。我几乎可以确定，采用并行工程是平衡设计能力与实践经验的最佳方法。在这个方法中，真正的实施者会密切地参与设计过程，他们丰富的实践经验会为设计者有限的实施样例带来平衡（在软件领域，这种实践又称敏捷方法）。

将实施者引入设计过程是有条件的。熟练掌握标准工程图纸的船厂工人可能不擅长借助标准设计图和剖视图来联想最终的结构，因此，他们无法发现错误或预见实施过程可能出现的问题。通过在设计工具中添加更丰富的视觉表现元素，或者借助虚拟环境技术可以填补标准设计图和剖视图在表现力上的不足，这些可以作为改善并行设计的工具。

15.4.4　对设计者的培养

设计类的课程体系一定要包括理解用户需求和期望的技巧与实践。[6]

在 1985 年，古尔德（Gould）和李维斯（Lewis）发表了一篇历久弥新的经典论文，其中阐述了三个设计原则，这些原则将理解用户和用户的工作放在了首位，并强调"从一开始就要直接与用户接触（direct contact from the outset）"。他们发现许多设计者觉得自己正在如此行事，但实际上他们只是在设计后期才开始听取或阅读相关信息、审查用户档案、参与和用户进行"演示（presenting）""评审（reviewing）"和"验证（verifying）"的互动。[7]

在机械车间或工作现场实际构建软件的实践经验，对于设计者的培养来说同样是至关重要的。

学生需要与用户直接接触，也需要真实的实践经验，这也给更多设计类的项目课程和实践提出了更高的要求，哪怕最终代价是牺牲课堂学习时间，这么做仍然是有意义的。虽然分析技巧和建模方法（formal synthesis methods）是设计的必要工具，但先进的方法是可以在需要时自学的。相反，对设计者来说，天生的直觉是更难获得的能力。当下的设计课程必须意识到设计从应用和实践中分离的现状，并要努力让年轻设计者进入涵盖实践和应用的真实世界。

15.5　注释和相关资料

[1] 艾特林格（Ettlinger）的 *Twinkie, Deconstructed*（2007 年）。

[2] 还有一个与听声音有关的故事。我分享一下来自格雷迪·布奇（Grady Booch）的怀旧情怀："我怀念旧电脑发出的声音。我可以通过电脑发出的声音来了解我的程序正在做什么。"

[3] 考德的论文 *Multiprogramming STRETCH*（1959 年）。

[4] 克鲁腾的论文 *The Software Architect and the Software Architecture Team*（1959 年）。他进一步报告说："有些人觉得这是浪费时间，但后来他们才惊讶地发现这对他们的工作有多大帮助。"

[5] 迈尔斯的论文 *Top-Down Programming in Large Systems*（1999年）。

[6] 在 22 个软件工程实验课程中，我发现征集外部用户是有必要并且可行的，学生团队需要与外部用户合作，并尽力满足用户的需求。用户则必须保证每周与团队进行会议的时长，作为回报，他们将有可能得到可用的原型软件。我要求选用项目成功后有实用价值的用户需求，但是不强求需求的必要性。对学生团队来说一定要允许项目失败。

[7] 古尔德的论文 *Designing for Usability*（1985 年）："这些原则包括尽早并持续地关注用户、根据经验估算使用情况、采用迭代设计。"

和大师的跨时空对话

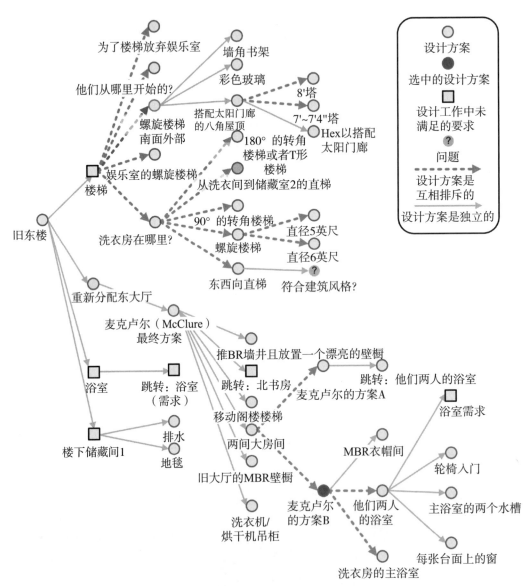

布鲁克斯的侧楼设计图中的一部分，使用 Compendium 软件设计

谢利夫·拉扎克

第 16 章
记录设计发展的轨迹及理由

与谢利夫·拉扎克（Sharif Razaque）的合作

在数字计算机面前，有很多方式可以让人类出丑，因此，再多一个也几乎没有任何区别。

——莫里斯·威尔克斯（Maurice Wilkes），
The EDSAC（1959 年）

小心处理你不理解的问题。

和大师的跨时空对话

16.1　引言

为了让自己从每次的设计经历中获得最大的学习收益，设计者需要记录设计的发展过程，不仅要记录设计的内容，还要记录设计的原因。此外，这样的理论文档对于系统维护者来说是非常宝贵的辅助工具，它可以避免许多由于不了解所引发的失误。记录设计的发展轨迹和理论依据看似简单，然而它会随着设计迭代变得越来越困难。[1]

有一些研究团队致力于开发计算机工具来帮助设计者记录设计过程。[2] 因此，谢利夫·拉扎克博士和我决定利用计算机来展现一个特定项目的设计轨迹。我们选取了我和妻子南希（Nancy）在房屋扩建时使用的原始设计材料，房屋扩建后的面积是 1700 平方英尺，我们共同记录了 235 页的日志随笔（本书第 22 章包括这个设计项目的简要概述。在本书的网站上可以找到这个项目的设计树的部分内容，网站上要比本书中摘抄的内容更多）。

本章分享的是我和拉扎克两个人的观察结果，这里包括真实的设计轨迹的特质，以及关于设计轨迹的记录。下文中第一人称的指代关系如下所示。

（1）"我们"表示我们共同完成的工作。

（2）"我"表示拉扎克独自完成的工作。

（3）"我"也表示拉扎克做出的评论和假设。

（4）当布鲁克斯同意这些评论和假设时，会用"我们（we）"。

16.2　线性化知识网

万尼瓦尔·布什（Vannevar Bush）提出了 Memex 系统的构想，该系统的设计获得了广泛认可，布什认为知识项之间的一切派生关系需要由一个通用的非平面图形来表现。[3]

但是这样的图形很难描绘，并且几乎无法理解。因此，在所有学科中，人们都会按照线性的方式来描述知识，然后再用一个或多个辅助图像在知识的线性表现上做补充描述，以便让知识项之间的关系更好理解。

这个过程如下所示。

（1）在图形中切断边，直到它成为一个树状结构。这个切断边的过程会对之前没有层次顺序的节点强加一个层次顺序，无论这个顺序是否必要。

（2）通常会用深度优先算法将树状结构映射到一条线上，不过我们也可以从自己熟知的优化算法中任选一种。

以书籍为例，它所涉及的主题之间有着错综复杂的关系。但书籍本身必须是线性的：一页接着一页、行挨着行、词挨着词。因此，作者将内容组织成为树状结构，并将它通过目录展示出来：章节（chapters）包括小节（sections）、小节包括子节（subsections）。页码则展示了从树状形式到线性形式的映射关系。

这个过程也同样适用于构建图书馆的体系。美国国会图书馆编号系统（杜威十进制分类法，Dewey decimal system）将所有相互关联的图书映射到一个树状结构上。通过深度优先算法遍历树状结构的所有节点，从而将这个树状结构映射到一条线上，形成书架的排序。但是，这个映射还需要通过多个索引进行增强，每个索引都保留了以找回映射前的关系的链接，如作者索引、标题索引、主题索引等。

需要强调的是主题索引，因为书架的排序映射已经是基于主要主题的了。通过主题索引，我们应该可以意识到任何作品除了其主要主题以外，还涉及许多其他的主题。

维基百科的文章是通过丰富的交叉链接来表现这种网状结构的，通过这种方法维基百科解决了快速检索的问题。维基百科的出现大大丰富了人类的知识库。

任何一个设计空间都具有类似的网络结构，因此，将设计展现出来是一项有挑战的工作。如果设计是难以有效展现的，那么设计过程就更是如此了。

我记得在 *Rational Model of Design* 的第 2 章中，西蒙（Simon）假设了一颗设计决策树，该树在每个选择节点上都显示出由该选择引起的下级设计决策。理想情况下，每个选择都应该与做出此决策的理由相关联。但是，由于决策之间相互关联的方式十分复杂，因此，决定每个决策的原因既有适用于它自身的简单因素，也有与其他决策共有的复杂因素。

16.3　我们对设计轨迹的捕捉

我们的目标是捕捉到一颗设计树，这棵树隐含在布鲁克斯的房屋侧楼的设计资料中。我们不仅要以此为第 22 章的案例研究中仅有的简略随笔提供补充资料，还要通过时间变化来表现设计轨迹。更重要的是，我们希望以此深入了解布鲁克斯夫妇的设计过程。

（1）日志中的记录与弗雷德[①]的回忆是否一致。

（2）设计过程中的困难是什么，以及出现在哪里。

（3）突破是何时及如何发生的。

（4）弗雷德和南希是否系统地探索了设计树。

（5）本章的分析结果是否支持本书其他部分的观点。

结果证明，相比设计树本身，我们在重构设计树的过程中学到的东西更有启示性。实际上，我们从设计树得到的有效见解少得令人失望。这次尝试是一次失败的经历。

16.4　我们对房屋设计的研究过程

起初，我们在寻找一款现存的软件来绘制设计树，最终我们选择了 Compendium 这款软件，[4] 这是一个主要用于记录设计过程，并让设计者将注意力聚焦于设计过程的工具。

我从日志的第一页开始，根据我预先准备好的记录方案，将笔记逐页记录为设计树中的节点和链接。我们很快遇到了困难，这不得不让我们开始怀疑自己是否正确地进行了记录。这促使我调整了记录方案，同时，也偏离了 Compendium 软件所倡导的使用方法。

我们的执行过程形成了一个模式：每次调整我们的记录方案后，我会回到第一页，重新调整我们的 Compendium 树以匹配新的方案。然后我们会继续前进到日志的下一页，不可避免地又遇到一个无法适配我们记录方案的记录条目。这会促使我们重新审视以下几个方面。

（1）我们（不断发展）的记录方案。

（2）我们使用 Compendium 软件重构设计树的方法。

（3）设计过程本身。

遇到记录方案的问题，调整方案并重新开始，这个过程一次又一次地重复发生。起初每天都有，然后逐渐变得越来越少。最终，我们找到了一个更好的记录方案，并接受了剩余的缺陷，这样做是为了能够在记录过程中有所收获。

16.4.1　设计树是什么

直到后来我才意识到，我们在寻找设计树的记录方案时遇到了问

---

① 译者注：拉扎克对布鲁克斯的称呼。

题，这个问题源于我们对设计树缺乏准确的定义。设计树在我的头脑中一直是不正规的、隐式的且模糊的事物。寻找可行的设计树记录方案也是寻找设计树定义的过程，这个定义需要具有严密、全面、准确的特性，并且在实际工作中有应用价值。

我本应该先在纸上构建一个手绘的设计树示例，并为其制定一个与软件工具无关的记录方案。正是因为我对设计树的定义不正规又不明确，因此，我甚至都没有想到这样的做法。

我们最初对设计树的模糊概念与本书中图 2-1 所示相符。这个概念类似在配置定制笔记本电脑时遇到的选项树。每个设计问题（即需要做出的决策）都是一个选项树中的节点。像"可见性（visibility）"和"警报（alarm）"这样同级别的设计问题是彼此正交的。此外，设计者必须逐一回答每个问题。布拉奥在 1997 年的著作中将这些设计问题称为属性分支（attribute branches）。

每个设计问题节点都有一个子节点，用于表示其备选的设计选项。在笔记本电脑的示例中，人们必须从几个显示器尺寸的选项中选择一个。这些选项是互斥的备选分支。设计者必须为每个独立的设计问题做出选择。

大多数选择会引发更多的设计问题（例如，在决定使用发光刻度表盘后，必须选择其照明机制）。这些包括设计问题的节点是前一个已决策节点的子节点。因此，这棵决策树中需要做出选择的对象既包括独立且互斥的单独设计选项，也包括有关联的一组设计选项。当选择对象是后者时，最终产品不是由单个节点的选择结果来描述的，而是由许多设计备选节点的组合来描述的。每个独立的设计问题都会选中一个子节点。

为了在设计树中体现决策的原因，每个选项应与其优点和缺点的节点相关联。每个设计问题节点还应有一个关联的节点，指明所做的选择及其原因。

这种将设计树与决策原因相结合的初级想法似乎很自然地契合了 Compendium 软件预定义的节点类型功能。我是这样分配各种图标用途的：每个设计问题都用一个"问题图标（question icon）"来表示；每个设计备选方案都有一个"想法图标（idea icon）"，并配有"优点图标（pro-icon）"和"缺点图标（con-icon）"作为子节点；已选择的选项会变成一个"协议图标（agreement icon）"，并附带一个注释来解释为什么这样选择。

最后，我们认为设计问题，即使是独立的问题，也应按照房屋空间的层次结构进行分类。例如，我们期望将所有客厅的问题都集中到一个"客厅"节点下面，以匹配日志条目的结构和标签。

布鲁克斯早期将设计工作分为三个可分离的问题，如图16-1所示。

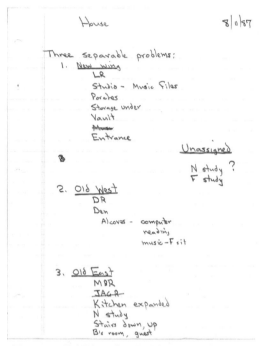

图 16-1　将侧楼设计工作分解为可分离的问题

16.5　对设计过程的见解

16.5.1　设计不仅应该满足需求，还应该发现需求

在逐页分析过日志之后，我们很快就发现了这样的问题：尽管已经定义了一个建筑方案，但需求仍在不断变化。例如，建筑师韦斯·麦克卢尔（Wes McClure）提议在南部和北部各增加一个阁楼。[5] 但是布鲁克斯夫妇最终拒绝了这个方案，因为①这样设计之后，房屋将缺少一个自然的会议场地；②修建南部阁楼需要移除一棵珍贵的大黑橡树。但是当麦克卢尔提出阁楼的构想时，我们并没有意识到预留会议场地和保护橡树的需求。在分析设计提案后，阁楼的构想让布鲁克斯夫妇看到了这些需求。

我们在日志中一再地看到这种模式。设计工作不仅仅是为了满足需求，它还能引发需求。我们的经历与第3章中舒恩的理论相呼应。优秀的设计过程应该鼓励这种现象，而不是去抑制它。

16.5.2　设计不仅仅是从方案中进行选择，还要意识到潜在方案的存在

当设计者提出一个设计问题后，通常无法轻易列举出所有可能的选项。有些选项是显而易见的或已知的（也许借鉴自范例）。但有些选项是新颖的，并需要突破性的创新。在日志中，我们看到了布鲁克斯夫妇在两种可能的音乐室配置方案之间进行过一番挣扎，在经过多次分析并尝试对每种配置方案进行微调后，他们发现两种方案都无法接受。最终他们探索出了第三种配置方案，并且新方案很快就获得了他们两人的青睐。日志中写道："配置方案 C——真正的前进方向（A real way forward）！"

这种模式在日志中也一再重复出现。正如第 3 章所述，布鲁克斯在解决音乐室选址问题时，从邻居那里购买土地的做法并不是一个显而易见的解决方案。设计的一个重要组成部分就是意识到解决问题的方法往往还存在着其他选项。我们的经历再次与舒恩的理论相呼应。

16.5.3　决策树会随着设计的变化而变化——如何表示这个发展过程

三个可分离的问题与笔记本电脑配置树非常相似，只是最低层的节点不是叶子选项，而是子设计问题。但是这个树状结构表明到这里已经完成了一定程度的设计。为什么入口在新的侧楼？将入口配置在新的侧楼，而不是老的西侧楼，这本身就是一个设计决策。设计问题的树状结构中隐含着一些设计决策。

然而，当仔细研究日志时，我们不清楚在设计过程中为什么某些房间会被分配到一个侧楼而不是另一个。随即，布鲁克斯有了一个想法，他既将房屋视为施工项目之前的原始房屋（在这次建设工程之前），又将其视为最终建成的房屋。例如，现在他认为弗雷德的书房是新侧楼的子节点，因为这是实际建成的样子。但当他写下那张日志的第一页时，弗雷德的书房位于楼下，当时还未确定它会放在哪里。不过，在这些阶段之间曾经产生过许多不同的设计方案。

每个高层级的设计都有一个不同的、有组织的树状结构。随着设计的变化，相同的房间和部件会被归类到不同的高层级节点下。例如，原始房屋和 1987 年的设计都将主卧室放在东侧楼，而最终设计将其放在新的侧楼。我们应该采用哪种树状结构？如何展示设计伴随时间的变化轨迹呢？

我们的方法是将所有节点都挂在实际建造的房屋的组织结构上，用

来给设计树提供稳定的结构。最终的房屋设计被分为第一阶段（又分为新侧楼和旧西侧楼）和第二阶段（厨房和游戏室）。

某些设计方案的选项必然位于设计树的较高层级。例如，"对换房屋朝向"必须位于第一阶段或第二阶段（或新侧楼、旧侧楼和旧西侧楼）之上的某个层级。但是这个特定的节点会让读者感到困惑，因为它在设计过程中只存在了很短的时间。然而这样一个高层级的节点将始终可见，并且对人造成干扰。

我们考虑将这些存在时间很短的节点归为一个名为"早期探索"（early wanderings）的顶级节点，并注明许多项目在早期阶段会尝试一些激进的设计方案。不过被放弃的设计选项在每个设计阶段都会出现。早期放弃的设计方案与后来放弃的实际上非常相似，只是前者对树的影响范围要更广泛。随着设计的发展和趋于稳定，影响范围深远的因素会越来越少。

决策树的结构会随着时间的推移而发生变化。记录这种变化需要一种新型的动态工具，但是这种工具目前还不存在。它不仅要追踪决策树如何随着时间变化而长出叶子，还要追踪一颗子树如何从一个分支中剪切并嫁接到另一个分支。

16.6　决策树与设计树的对比

正如图 2-1 所示，描述最终的完整设计（即产品）不是靠决策树中的单个节点，而是靠叶子节点的集合。从这棵树中很难看出截至在设计过程中的随便某一天，此时最佳的完整设计是什么样。

所有可能的设计空间都是一棵完全不同的树，其中，每个节点都指定了一个产品的子树，在该节点下的所有决策都是十分相似的。从这些决策继续向下会进一步分化，逐渐变得能够区分。这样的树我们称为设计树。每个叶子节点都是一个不同的完整设计。

设计树的组合空间比相应的决策树要大得多。例如，具有 n 个独立二分类设计问题的决策树将产生一个具有 $2n$ 个节点的设计树。但对于任何实质性的设计来说，这棵树都会非常庞大，以至于我们似乎都无法构建它，而且这样做也不会得到任何有效见解。因此，设计树对真实的设计工作来说太过烦琐、难以应用。

但是设计树的概念本身是具有启发和解释作用的。例如，它与敏捷软件开发方法有相似之处，即每个夜间构建对应于设计树中的一个节点，每个节点代表迄今为止的最佳完整设计。

16.7　模块化与高度集成设计的对比

在记录布鲁克斯房屋的决策树时，我们发现为一个决策做出的选择与其他决策息息相关。例如，音乐室可以位于新侧楼的北部或西部，这是一个高层级的决策，但它的位置会到影响书房、客厅和厨房的位置规划。

这就形成了一棵笨拙的决策树，因为某些方案必须是多个属性的组合。例如，我们并没有得到一个包括简单备选项的"音乐室位置规划"的决策，相反，我们有了如下的复合方案。

（1）音乐室在西侧；客厅在音乐室的北侧。

（2）音乐室在北侧；厨房在音乐室的南侧。

（3）音乐室在北侧；厨房在音乐室的北侧。

并且这些方案与其他设计方案也有关联。

在 *Notes on the Synthesis of Form*（1964 年）一书中，作者亚历山大（Alexander）解释了这种紧密的依赖关系（即缺乏模块性）是一个不利因素，因为它使得设计难以修改。因此，设计者或许不应该仅根据设计方案自身的优点进行选择，而要有意识地权衡设计品质与未来修改的便利性。这正是帕尔纳斯（Parnas）在他非常重要的文章 *Designing Software for Ease of Extension and Contraction* 中所主张的观点。[6]此外，设计者在权衡设计品质和设计过程自身的便利性的同时，可能还需要考虑设计速度的制约。

模块化设计更容易以决策树的形式表示。事实上，这可能就是我们所说的模块化设计的含义。

完全模块化也有一些缺点。经过优化的模块化设计往往包括具有多种功能的各种组件。以一体成型（unibody）的车身为例，这样的车身不仅具有美观和承载乘客的作用，它还代表了一种体系。一体成型的设计比梯形框架（ladder-frame）的车身更轻、更坚固。但是，反过来看，梯形框架比一体成型的车身具有更好的兼容性，例如，只需要简单的改装，皮卡就能转换为 SUV 车型。

16.8　Compendium 软件和一些备选工具

我们调查了几款软件产品，希望找到一款适合的工具来重构和分析我们的设计决策树。以下是我们的发现。

16.8.1　Task Architect

Task Architect[7] 这款软件的确对设计者是有帮助的，但不是按照我们所希望的方式。Task Architect 是一款便于工作分析的工具，它通常用于系统性地研究设计工作是如何进行的。它既可以用于分析体力作业，也可以用于分析脑力作业。像在汽车装配线上安装车头灯这样的工作属于前者，而像决策飞机是否要放弃降落这样的工作属于后者。

因此，对于布鲁克斯的房屋项目来说，Task Architect 可能更适合用来了解布鲁克斯房屋的使用情况（烹饪、举办会议、教授音乐等）。Task Architect 不是一款专门设计用来重构决策树的软件，使用它来重构决策树十分困难（不过我们的确尝试过这款软件）。

16.8.2　项目管理工具

像 Task Architect 一样的项目管理工具，如 Microsoft Project、OmniPlan 或 SmartDraw，它们可能对系统设计过程有用，但似乎不适合表示决策树。

计划评估和审查技术（program evaluation and review techniqne，PERT）是一种关键路径方法（critical-path），它是项目管理工具的基本模型。但 PERT 似乎只支持瀑布模型。由于在 PERT 中没有条件任务和节点，所以它默认假定设计者已经做出了主要的设计决策。[8]

16.8.3　IBIS 和它后续的产品

IBIS（基于问题的信息系统）是 20 世纪 80 年代设计的一款软件，用于协同决策并记录决策背后的原因。[9] 与 Compendium 软件类似，它用于在决策过程中保持设计交流的高效性，并帮助用户识别出逻辑薄弱的地方。

对于我们评估的每种工具，我都草拟了一个适合该工具的记录方案，以满足我们的需求。我们首先快速查看了 Compendium，然后是 Task Architect。当我们接触到 IBIS 时，我们发现它可以自然地支持许多我们确定需要的数据字段和节点类型。

IBIS 是一个命令行程序。康克林（Conklin）开发的 gIBIS 是 IBIS 的图形化版本。[10]gIBIS 比 Compendium 更适合我们的需求，但我们无法找到适配于我们计算机的 gIBIS 软件版本。事实上，Compendium 是 gIBIS 的后代。所以，我们又回到了 Compendium。

16.8.4　Compendium

Compendium 软件具有许多优点。它具有极为出色的灵活性，而且正在变得越来越灵活。它有一个充满活力的开发团队，并且他们非常乐于回应用户的请求和求助。Compendium 软件的请求和缺陷追踪（bug-tracking）数据库是在线公开的。它的用户社区也非常庞大，用户共享一个非常活跃的在线论坛。因此，Compendium 软件始终在不断发展以适应新的用途。

然而，回想起来，我们仍然不能推荐将这款工具用于设计本身或记录设计轨迹和设计原理。

对于设计本身，我们担心如果设计者在设计过程中使用结构化的注释或软件工具的话，它将会遏制设计者在思维上的自由性，并妨碍设计者进行概念性设计。同样的例子还有很多，例如，CAD 工具因为过于精准，对于快速探索创意想法来说并不合适，而手绘草图的优势在于它允许设计者先不考虑那些尚不明确的事物。康克林本人也指出，gIBIS 对于设计过程中某些创造性方面来说过于结构化和烦琐。[11]

对于我们重构决策树的工作来说，我认为 Compendium 软件并不是最合适的软件工具。我们最终的记录方案与 Compendium 软件的预期用法大不相同。我只得发挥创意来按照自己的想法重新使用 Compendium 软件的功能（例如，使用 Compendium 软件的参考节点来描述需求）来帮助我重构设计树。

此外，我们的设计树似乎超过了 Compendium 软件的用户界面能够容纳的空间（即使我们付出了巨大努力来缩小它们的体积），不过这个设计工作相对于大多数工业级别的软件项目来说已经是很小的了。此外，在如此庞大的树中寻找节点是很困难的，更别提打印或用图形方式导出它们。

我们最终的记录方案使用了如下方法。

（1）对于 Compendium 软件的结构，我们采用了变通的方法。

（2）采用我们自己的结构以确保设计树的一致性，放弃了 Compendium 软件提供的结构。

因此，我认为一个通用的绘图工具更适合用来捕捉设计树，它应该具有树形结构的自动布局、关系箭头的自动重定向和搜索相关注释等功能，Microsoft Visio 或 Smart Draw 可能是一个不错的选择。

16.9　DRed[12]——一款诱人的工具

说到使用计算机来辅助设计理念的文档化，我听说的最成功的案例发生在劳斯莱斯（Rolls-Royce，RR）公司，他们广泛使用了 DRed

软件。这款软件是由剑桥大学工程设计中心的罗伯·布雷斯韦尔（Rob Bracewell）开发的，并得到了 RR 公司、英国航空航天系统（BAE Systems）公司和英国工程与物理科学研究委员会的资助。[13]

研发 DRed 的目的是为了捕捉做出决策时的设计理念。它的概念结构与 gIBIS 非常相似。在使用体验上，它又与 Compendium 软件相差无几。但是由于 DRed 主要用于理念的捕捉，它的发展重心也放在了该功能上，这与 Compendium 软件促进设计交流的主要用途是不同的。[14]

因为 RR 公司有一个强大的理念捕捉（rationale-capture）的企业文化，因此，这对 DRed 在公司中的应用给予了极大助力（该项目的另一个赞助商英国航空航天系统公司没有这样的文化，因此，DRed 在那里没有被广泛采用）。RR 公司一直要求工程师编写设计理念的随笔报告。公司的管理规定的一大进步就是允许项目团队使用 DRed 文档代替以前所需的随笔报告。毕竟编写 DRed 文档要比写书面报告容易得多。

正如马尔科·奥利斯吉奥（Marco Aurisicchio）所述，RR 公司对 DRed 的应用已经非常广泛。奥利斯吉奥是剑桥大学与 RR 公司合作关系的协调人，他非常了解 RR 公司如何使用 DRed。他在公司中大量地教授应用 DRed 的课程。迈克尔·摩斯（Michael Moss）是 RR 公司的 DRed 协调专员，RR 的工程师可以直接向他寻求技术支持。他还会将过滤过的反馈优先传达给剑桥大学的布雷斯韦尔团队。在布鲁克斯看来，这两位专职协调人在用户和开发者之间发挥了重要的作用，这是 DRed 成功的关键因素之一。

对于 DRed 的使用方式因团队而异，但在设计交流期间，大家通常都会先在白板上创建 DRed 的内容，然后由一位负责人将白板草图转化为正式的 DRed 文档。设计者在个人设计工作中也可以创建 DRed 文档。它可以用于概念设计或详细设计。设计者、评审人员和下游的制造工程师都可以独立使用 DRed，而无需协调人员的参与。

在 RR 公司里，至少有大约 30% 的工程师接受过如何使用 DRed 的短期培训，他们是来自全球多个部门和 RR 实验室的约 600 名工程师。新晋工程师要在为期 6 周的项目课程中学习 RR 公司的工程实践，课程以四人小组的形式进行。课题往往都是一些团队希望解决，但暂时没有足够的人手来实施的真实问题。不过这并不是一个重要的项目，因此，也允许培训成员在项目中失败。[15]

剑桥团队曾见过的最大的 DRed 树包括了 190 张图表，平均每个图表有 15 个节点。对于这样的项目，还有一个概览图表，其中，有一个节点关联到每张详细图表。

当然，RR 公司的设计在不断发展。同时，RR 公司的 DRed 图表和其他文件也随着设计的变化而变化。在各种各样的评审中这些 DRed 图表对于演示者和审阅者都是非常实用的。DRed 文档本身并不受正式的修订控制。员工们都认为在 RR 公司中正式的修订控制流程是非常烦琐的，以至于大家都觉得"如果 DRed 受正式修订流程控制的话，我们将不会使用 DRed。"

开发人员从未想到 DRed 还有一个可以被广泛应用的方式。RR 公司的产品工程团队在响应来自全球各地现场的故障报告时，将 DRed 作为引导和记录故障诊断的工具。"这是关于引擎何时、何地及如何停止工作的数据，以及当时捕捉的所有读数。现在，是什么导致了这个问题？"

很遗憾，DRed 目前并不是公开使用的产品。RR 公司和英国航空航天系统公司拥有其知识产权，并且他们目前选择将其保留为专有的技术资产。

16.10　注释和相关资料

[1] 麦克林（MacLean）的 *Designing Rationale*（1989 年）和泰里（Tyree）的 *Architecture Decisions*（2005 年）都主张捕捉设计理念。莫兰（Moran）的 *Design Rationale*（1996 年）是一本汇集了已发表的、主题为设计理念的论文合辑，其中，收录的论文十分完整。麦迪逊（Madison）的 *Notes on the Debates in the Federal Convention of 1787*（1787 年）是一个完整的关于理念捕捉的绝佳范例。麦迪逊的文章也可以在网站上找到，网址是 http://www.constitution.org/dfc/dfc_0000.htm。

[2] 诺布尔（Noble）的 *Issued-Based Information Systems for Design*（1988 年）；康克林的 *gIBIS*（1988 年）；李（Lee）的 *The 1992 Workshop on Design Rationale Capture and Use*（1993 年）；李的 *Design Rationale Systems*（1997 年）；布雷斯韦尔（Bracewell）的 *A Tool for Capturing Design Rationale*（2003 年）；伯奇（Burge）的 *Software Engineering Using Rationale*（2008 年）。

[3] 布什的论文 *That We May Think*（1945 年），这篇伟大的论文提出了一个具有广义链接和个性化链接路径的 Memex 系统，类似于今天的万维网。其中，所提出的技术虽然很原始，但其概念是有远见和预见性的。

[4] 沈（Shum）的论文 *Hypermedia Support for Argumentation-Based Rationale*（2006 年） http://compendium.open.ac.uk/institute/， 于 2009

年 7 月 25 日访问。

[5] 请查阅第 22 章中的平面图。

[6] 帕尔纳斯的 *Designing software for ease of extension and contraction* 使用设计树作为其基本框架。

[7] http://www.taskarchitect.com/index.htm，于 2009 年 7 月 25 日访问。

[8] 这句话并不完全正确，PERT 可以帮助管理者根据每个设计方案日程可能会受到的影响来选择设计方案。

[9] 诺布尔（Noble）的论文 *Issue-based information systems for design*。

[10] 康克林的 *gIBIS*。

[11] 康克林的 *gIBIS*，第 324~325 页。

[12] 本节来自于布雷斯韦尔和奥利斯吉奥（Aurisicchio）于 2008 年 6 月 19 日接受布鲁克斯的联合采访时的内容。布鲁克斯看到了一次完整的系统功能演示。

[13] 布雷斯韦尔的 *A tool for capturing design rationale*。

[14] 奥利斯吉奥（Aurisicchio）的 *Evaluation of How DRed Design Rationale is Interpreted*（2007 年）。

[15] 北卡罗来纳大学教堂山分校的软件工程项目课程所应用的标准，这份标准与从真实用户的项目中选取的标准是完全相同的。

第四部分

一个计算机科学家梦寐以求的房屋设计系统

第 17 章
计算机科学家理想的房屋设计系统——将思想输入计算机

金字塔、大教堂和火箭的存在并不是因为人类掌握了几何学、结构理论或热力学的知识，而是因为它们首先是确实的愿景，存在于构思它们的人的脑海之中。

——尤金·弗格森（Eugene Ferguson）
Engineering and the Mind's Eye（1992 年）

17.1　挑战

如果有人能够想象出一个理想的计算机系统，用于房屋和其他类型的建筑设计，那么它会是什么样子呢？

17.2　愿景

一位专业的建筑师显然比我更有能力想象出一个完整的用于"建筑设计"的系统。不过，我曾经也业余做过一些房屋设计，对于建筑设计来说，它比软件架构要更具体、更容易被普通受众接受，并且因为我在人机交互接口方向工作了 50 多年，因此，我大胆设计了一个具有人机交互接口的理想房屋设计系统，人机交互的对象是设计者和计算机。

由我提案的人机交互接口设计来自于我和我的学生在北卡罗来纳大学教堂山分校推动 GRIP 分子图形系统发展的经历。这个实时交互式图形系统的发展已经经历了多年，在此期间，我们与杰出的蛋白质化学家共同研发工具，来解决一些有挑战性的任务。[1]

尽管我认为这个理想系统对于结构工程，机械或电气系统，甚至室内装饰设计来说都很实用，但本文仅讨论房屋功能的设计过程，而不涉及结构工程或系统工程的具体设计过程。

曾经也有其他的用于设计的理想系统。乌尔曼（Ullman）在 1962 年的一篇论文中介绍过一种这样的用于机械设计的系统。[2] 然而，我们的使用范围却大不相同。乌尔曼寻求的是一套程序来尽可能多的管理专业知识，这的确是一个有价值的目标。不过，我主要关心的是设计者的思想与自动系统之间的交互，因为我认为设计者的思想才是至关重要的。

17.2.1　渐进逼真

优秀的设计过程应该是自上而下的。当人们开始撰写一篇散文时，往往会先列出一个提纲，通过提纲来优先确定文章的核心思想，然后再明确一些次要的点；当人们开始编写程序时，会优先考虑数据结构和算法；当人们开始设计房屋时，则要先根据使用场景（use case）来确定功能空间，然后再确定它们之间的关系。在建筑领域，人们会尽早定位出整体的美学风格。

对于卓越的设计者而言，即便他们有着最为叛逆的性格，却也很少从零开始一份设计工作，相反他们会将自己的设计建立在前人丰富遗产的基础上。[3] 他们从各处借鉴想法，然后再加入一些自己的创新，最终将它们融会贯通，打造出一个具有概念完整性，又具有独特风格的设计。

开始一份设计的常规做法是借助前人的思想并从头做起。设计者先粗略地把几个单元草拟出来，然后逐步改进、调整尺寸，并添加更多的细节。

特纳·怀特（Turner Whitted）在 1986 年提出了另一种建立物理对象模型的方法（最初是在计算机图形学的背景下提出的）。这种方法或许比前一种更好，它是从一个被完全细化的模型开始的，不过这个模型并非是最终版本，仅仅是和需求有些相似。接下来，逐步调整它的特性，使新作品（new creation）逐渐逼近设计者内心的愿景，换句话说，是让新作品逐渐逼近现实事物的真实特性。

怀特将他的方法称为渐进逼真（progressive truthfulness）。[4] 从真正意义上讲，渐进逼真正是自然科学在过去几个世纪中预设的发展脚本，因为它们的模型模仿的是自然界的造物过程。[5]

在人们设计产品的过程中，设计进程本身会极大地引发设计者内心的转变。渐进逼真极大地有助于这一点。设计每前进一步，设计者都能得到一个原型来进行研究。这最初的原型本就是可用的，换句话说，原型的结构上没有矛盾之处。原型始终是完全细化的，因此，它在视觉或听觉的感知上都不会对人产生误导。

因此，我们可以想象这样一个房屋设计过程：

（1）"给我一栋具有三间卧室的乔治亚风格的房屋。"

（2）"朝北。"

（3）"左右对称。"

（4）"把客厅宽度设为 14 英尺^{①}。"

（5）"把厨房深度缩小 1 英尺。"

（6）"把外墙从砖墙面改成抹灰面。"

（7）"把屋顶从木瓦改为波形瓦（pantiles）。"

我认为怀特的愿景是令人信服的，因此，我假设在理想系统中采用这种方法。这个决定可能会改变设计者的设计方式。新的工具可以引导我们更好地思考。

———————

① 译者注：1 英尺 =30.48cm。

17.2.2　模型库

因此，理想系统是从一个具有大量优秀样本的设计模型库开始的，这里的设计样本都是完全细化的。从风格一致的范例开始，可以确保设计者不会在一致性上犯错。模型库会随着系统的应用而丰富。在进行模型改造的时候，需要借助计算机视觉技术来捕捉三维物体，并将其简化为结构化的模型。

在上文我们设想的一个房屋设计过程中，设计者仿佛对范例库非常了解：因为他根据名称能快速找到一个范例。

可是无论设计者有多么丰富的经验，随着模型库的扩允，这种轻松掌控的熟悉感将会逐渐丧失。就像探索广阔地形一样，在某些地方人们会非常熟悉，在其他地方也尚可，但还有些地方则需要像一位探索者一样努力探索。对于新手来说，身处任何地方都必须探索才行。因此，能够以层级或其他的分类方式来扫描模型库的功能是至关重要的。

结构化模型库对分类工作是非常有帮助的，不过还好，现在有大量与之相关的术语和概念结构存在。[6]

17.2.3　渐进逼真的危害

尽管我假设渐进逼真是建立富有成效，且易于使用的设计系统所必须采用的方法，但它也存在其固有的风险。

有人会认为，广泛地接触范例会潜移默化地禁锢住设计者的创造力。比如，布鲁内莱斯基（Brunelleschi）、勒•柯布西耶（Le Corhusier）、盖里（Gehry）、高迪这样的设计者，在他们被灌输了大量范例之后，还会在头脑中涌现出大师级别的设计吗？

我并不赞同这样的想法。他们是大师而非业余的设计爱好者，他们在接受培训的时候都要研究先例。就像巴赫一样，他们是在精通的基础上创新，而不是在一无所知的基础上。像格兰德玛•摩西（Grandma Moses）这样的艺术家，在世界上并不常见。

更确切地是，这些描述了"是用来做什么的？"范例只占设计的一小部分，而一个优良的工具是无需顾忌片段衔接问题的。

其实渐进逼真的真正风险潜藏在模型库中。模型库可能会包括糟糕的模型，也可能缺乏足够多的模型，模型种类可能比较单一，这些缺点将最大限度地限制创新设计的产生。这样的风险在行业初期尤其严重。

17.3　将思想传输到计算机的愿景

不管设计是从一个范例开始、还是从零开始，设计者要怎样才能将思想转化为计算机模型呢？

如果想把在自己的头脑中构思出来的空中楼阁呈现出来，设计者可以选择使用语音、双手或头脑，必要的话他的双脚也将派上用场。Alias Systems 公司的巴克斯顿（Buxton）和他的一群同事，以及他在多伦多大学的学生们共同开创了双手交互接口（two-handed interfaces）。[7] 在这个项目中，两只手中的主导用手是用来进行精准操作的；而非主导用手则用来构建环境（为简单起见，以下将"主导用手"称为"右手"，将"非主导用手"称为"左手"），两只手配合在一起构建意想不到的庞大空间。

17.3.1　名词 - 动词的节奏

设计语言类似通用语言中的祈使句，每段命令都具有一个动词和一个名词，名词也称"对象"（object）。我们可以采用形容词、短语或从句（在英语中表现为 which 从句）来对名词进行修辞。而动词可能具有一个副词短语作为补充说明（见图 17-1）。语言学上的奇妙之处在于，许多动词都会给名词对象分配一个形容词，例如，"把这扇门做成 32 英寸[①]宽。（Make this door 32 inches wide.）" "把西墙涂成绿色。（Color the west wall green.）"

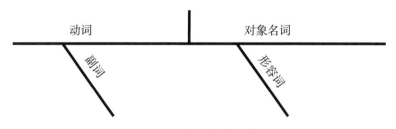

图 17-1　祈使句的结构

在空间设计语言中，人们通常想要通过用手指向一个任务的方式来指定名词。对于动词而言，语音是比较自然的；不过，视窗—图标—菜单—点选（Windows-Icons-Menus-Pointing，简称 WIMP）界面所采用的菜单（Menu）则显得不太自然。当然，菜单也有一个巨大的优势，那就是它可以把各种选项显示出来。然而，在用户已经完整地体验过系统后，对于一项非常熟悉的任务来说，这种菜单输入的方式并不是必须的。

---

① 译者注：1 英寸 =2.54cm。

和大师的跨时空对话

WIMP 界面的用户是按照一个节奏来开展工作的：指向或输入一个标准名词；然后指向一个菜单中的命令选项（动词）。按照这个理论，用户在编辑文档时，会先选择一块文本对象，指向"剪切"；或者会选择另一个对象，指向"复制"；然后再选择一个字符间的位置，指向"粘贴"。

17.4　指定动词

单手操作在实际应用中并不方便，有时会适得其反。当指针从名词的位置移动到动词菜单时，对计算机来说，它便丢失了指向名词的位置。通常，下一个名词靠近前一个名词，这又需要指针回到大致原来的位置。为了避免这种位置上的丢失，开发者研发了一些特殊的方法来指定高频使用的动词。例如，双击代表了"打开"操作；键盘输入（keying）代表"插入"操作。

最常用的动词和键盘上的功能键对应，可以用左手操作。这个操作方法真是一项了不起的发明。对初学者来说标准方法经常被选用，例如，从菜单中选择动词。而专家往往采用更快捷的方法，例如，将指针定位在名词输入框中，合理开发双手的优势。最好的一点是，初学者也可以按照他自己的使用频率，通过一次获取一个动词的方法来达到专家水平。

17.4.1　语音命令

语音是下达命令的自然方式。因此，我们的理想系统将拥有一个有限词汇的语音识别器，它还尽可能的容忍语音上的差异、包括丰富的同义词表和支持用户自由定义的词典；同时，还需要保留菜单选项和键盘输入的功能。这是为了照顾说话不方便的用户。

17.4.2　通用动词

建筑领域的 CAD 系统包含了一组完善的功能集合，这些功能来自于多年以来的用户体验。也许这个功能集合过于庞大了，不过每位用户都可以自定义个人的控制面板，这样就可以方便的从中选择想要的功能，以提升产品的可用性。

CAD 的功能集合中包括下面这些功能动词。

（1）旋转。

（2）复制。

（3）组合。

（4）捕捉。

（5）对齐。

（6）等间距。

（7）缩放。

（8）从库中选择对象。

（9）命名。

无论用户在设计工程中是否采用渐进逼真的方法，"从库中选择对象"都可能是最实用的功能。如果采用渐进逼真，那么"从库中选择对象"功能的使用频率和重要程度都会提升。

CAD 系统的库会按照同样的比例来保存对象；用户最常用的功能是"选择"和"缩放"，"缩放"操作会按照当前工作比例自动执行。

17.5　指定名词

我们有大量的方式方法来指定连续空间或时间上的对象和区域。

17.5.1　通过名称

通常在对话中我们通过明确的名称，或者借由代词来指定各种对象。我们希望在理想系统中也可以这么做。即使语音识别的结果是百分之百可靠的，但这仍然比直接通过眼睛来看要困难很多。所谓"左边的那个"指的是什么？"前面的那个"呢？"红色的那个"呢？"最大的那个"呢？"它"呢？有时候即使指向是明确的，但是选择的范围却常常并不明确。要开发一个具有三岁儿童智慧，并能够自然交流的语音识别系统，就需要语法分析、语义分析，以及保存和使用上下文的诸多功能。

此外，同一个对象可能被冠以不同的名称，而同一个名称也会被分配给不同的对象。为海陆空三军联合编队的数据库制定标准定义就是一个大工程。仅对"现在是什么时间"的定义就颇具挑战。空军使用的是格林威治时间；陆军使用的是当地时间；而每艘海军舰艇使用的是其航空母舰战斗群所在地的当地时间。

因此，我们的理想系统必须允许个人用户或用户组来创建个性化的同义词词典，以补充和修改系统词典的不足。对我们系统构建者来说，掌握完全合理的模型库命名法是一个深坑；所以用户必须完全拥有，并支配这些工具。

17.5.2　通过二维指向（Pointing in 2-D）

WIMP 界面取得的巨大成功证明了"指向选择对象（pointing for selecting defined）"和"对象可见（visible objects）"的重要作用。的确，这种指定模式会具有非常高的使用频率。

但这还不够。当我们创建 GRIP 系统时，我认为作为我们首位用户的化学专家会通过指向来选择蛋白质中几百个氨基酸残基中的一个。但是我错了，他想要的是一个键盘，这样他就可以通过三位残基编号来指定残基。他已经研究那种特定的蛋白质很多年了，他熟悉那些残基的编号名称，就像他知道自己孩子的名字一样。二维指向需要使用者调整视角，直到目标残基在混乱的三维表示中清晰可见为止。此外，持有光笔的手臂总是伸着真的很累。

17.5.3　通过二维绘图

虽然建筑师设计的是三维实体，但他们的主要工作模式是二维绘图，既严谨又简洁。尽管是他们最要求想象空间的二维投影也会受限于现实三维对象的描绘。绘制简图对构思过程来说是至关重要的。[8]

不论三维建模工具升级到多么实用和方便的程度，我都不认为二维绘图在设计领域的首要地位会发生变化。分辨率最高的视网膜显示屏仍然是二维的；那些为手势操作提供完善体验的平面输入设备也是二维的。因此，我们的理想系统必须具有二维指向和绘制简图的功能，它就像一台支持手写笔的平板电脑，不仅能检测位置，还能感知压力。

对于已经明确定义的二维空间，如地图或工程平面图，人们通常需要指定区域的位置和大小；采用等级的划分方法，如州、村庄或房间，这样可以更方便地指定区域的大小。

准确的指定位置和区域的大小需要双手操作。考虑绘制一条精确指定长度的线。用户需要右手握笔，以指定位置，同时，左手操作数字键盘，以指定长度。

17.5.4　三维指向和三维绘图

关于二维绘图的所有论述在三维应用中都同样适用。三维指向会使人更加疲劳，因为操作者必须抬着手。在三维指向时，由手指、手腕和肘组成的活动方式与手、肘和肩的组合相比，在相对精度上差别不大，因此，采用前者即可。这样操作者只需要一个基本的操作空间，同时，两个肘部大部分时间还能保持静止。[9]

在三维空间指定任意的区域并对其进行旋转操作，比指定对象及其位置要更加困难。通常，人们在交谈时会通过两只手的手势活动来指定某种空间区域，例如，"云彩的形状就像这样"。这就是我们的理想系统应该具备的工作方式。我们已经进行了大量用于三维规格说明的小工具和功能特征的研究。[10] 其目的之一是实现通过手势和动作来描述三维空间。然而，有些工具只是提供了笨拙的替代方法，可能还不如手势和动作方便。

17.6　指定文本

在设计平面图上，大多数的文本块（text blocks）都是短字符串，主要表示名称和尺寸。语音识别是指定这类文本的首选工具，对于动词来说也同样有效。

指定的内容是由文本块组成的，这些文本块是从数据库中选出，并进行过参数化处理的标准结构文本。在创建大量新文本的时候，听写方式就不太合适了，因此，用户可以选择比听写编辑更快的操作方式。当用户想要输入或编辑文本时，只需要一个包括字符和数字的键盘即可。

在北卡罗来纳大学教堂山分校（UNC）的 GRIP 系统中，我们发现在工作台面下方加入一个滑动键盘是最方便的。在实际应用中，大部分时间键盘都闲置在那里；我希望在理想系统中也是如此。

17.7　指定副词

（1）"移动。""哪个方向？多远？到哪里？"

（2）"旋转。""哪个方向？多少角度？"

（3）"复制。""多少？哪个方向？间隔多大？"

（4）"选中门并缩放。""多宽？"

命令对话不仅包括动词和名词；大多数动词都配备了副词修饰语，它们通常是介词短语。[11]

17.7.1　大多数副词是被量化的

此外，这些副词必须要精准；相反，平板电脑上的指向操作通常缺乏准确性。这类精度大多可以间接地由助动词来指定，例如，与……对齐（snap to）、与……保持一致（align with）等。

还有大量内容是通过菜单中有限的选项来指定的，例如，命令选项框、材料清单、完成时间表。不论是用户认知还是生产效率，采用菜单选项的方式都是经济的。房屋设计和计算机内存访问的设计很相似，它们都具有非常强的局限性，这体现于任何给定的设计决策，都可能具有大量独立的备选方案，而大多数的选择结果都是在一个很小的子集中做出的。因此，菜单的定制功能必不可少。

最好允许用户通过数字键盘来指定量化精度。根据我们的经验，很多用户会希望这样做。人们肯定不会淘汰它，正如不会弃用字母数字键盘一样。

17.8　指定角度和视野

大多数创造性建筑工作都是在平面图和剖面图上完成的，但是人们会通过查看完整的三维设计，并从各种角度（包括漫游）来检查设计成果。指定当前的三维房屋设计视图是一个名词 + 形容词规范的重要特例。

在查阅视图时，用户会持续修改某些参数，而另外一些参数则很少被改动。这些参数的差别不是只有动态和静态那么简单。用户希望即使是不经常修改的参数也能动态且平滑地变化。

17.8.1　内部视图

在模拟房屋室内漫游时，水平位置坐标 x，y 和头部的偏转角度会不断地发生变化。这表示在二维建筑平面图上，通过移动视角来实现视线在同一水平面上转动。

人眼距离地面的视线高度是很少发生改变的。最常见的是，人们移动到不同楼层时的视野高度是相同的。偶尔人们也会适当地调整人眼距离地面的高度，以适应身高不同的设计者或模拟不同用户的视角。

通过滚动的方式切换视野更少发生。因为我们的头部并不经常摇摆。相比之下俯仰运动则会更常见，如向下看、向上看。但是它们远不如 x、y 坐标和偏转运动发生的那么频繁。

17.8.2　EyeBall

我们发现一种特殊的 I/O 设备适合在建筑内指定内部视野。这个看起来像眼球一样的设备是由一个有 6 个自由度（six degrees of freedom）的跟踪器和一个底部被切掉了半英寸的台球组成。它配备了两个按钮，可以很方便地用食指和中指按下（见图 17-2）。人们将其滑过工作台面，就可以在平面图上移动一个 V 形的游标。

图 17-2　北卡罗来纳大学教堂山分校的 EyeBall 视角指向设备

注：凯莉·加斯基尔（Kelli Gaskill），北卡罗来纳大学。

这个设备能够自然地持续指定全部 6 个视图参数，包括 3 个视点参数、2 个视线方向参数和 1 个视图滚动参数，同时，这个设备还在很大程度上支持位置 x、y 坐标和偏转方向。食指的按键是一个单键鼠标；另一个按钮是一个离合装置。人们通过抬起眼球设备来将视点移动到上层楼层；也可以按住离合按键，将其放回到桌面后再松开离合按键，以实现向下方楼层的移动。眼球距离地面的视线高度保持不变。这个设备的优势在于视点能够在 z 轴不断移动，就像人在玻璃电梯里一样。由于视觉效果是完全连续的，因此，人们不会动不动就在模型中迷路。

EyeBall 除了在平面图上滑动以指定内部视野以外，还有另一种使用模式。假设在用户工作站的一侧，有一个用作环境索引（context index）的三维模型，其中，有注明"你所在位置（you are here）"的指示灯显示当前视点在环境中的位置。那么，用户可以方便地指向这个环境索引模型，并说："把我放在那里，我要查看这个方向。"[12]

Eyeball 的视角高度由一个滑块来设定，通常不需要调整。通过设备的两个按钮将眼球默认设置在 5% 的女性和 95% 的男性所在的平均高度即可。

17.8.3　外部视野

1）"Toothpick"视图指示器

正如我在第 18 章中详细阐述的那样，任何设计工作站都需要从多个视野来查看正在设计的对象：正在操作的工件及环境视图。

对一栋房屋来说，它的环境视图可以是从外面观察的视图，也可以是整个房间或内墙的视图。为了指定一个观察对象任意角度的外部视图，我们发现一个设备最为实用，就是一个具有双轴活动位置的操纵杆，如图 17-3 所示。

图 17-3　UNC 的"Toothpick"视图指示器

注：由华盛顿大学圣路易斯分校查尔斯·莫尔纳（Charles Molnar）教授团队制作的复制品。

Toothpick 的操作非常简便，通常用左手操作，来指定从哪个方向来观察目标对象。Toothpick 默认位置代表用户所在的位置。为了提供全 4π- 立体角的视图选择，我们将 Toothpick 在默认位置的位移角度加倍，以扩展视图范围。这样一来，当它完全向左或向右移动时，用户的视点会围绕着物体移动，并最终实现从目标背后观察。令我感到吃惊的是，用户认为这种将位移角度加倍的操作方式既方便又自然。还有一些常用的默认按键用来辅助操作，例如，指定 4 个高度级别，以及多个四分之三视图（从对齐包围立方体的角落观察）的按键；还有 1 个不经常使用的滑块，用来指定观察距离。

2）深度感知

体量（massing）是建筑美学中的一个重要考虑因素，它指的是实心和空心容积的相对布局。要感知体量需要具备三维感知能力。最有力的深度信息来自于动力学深度效应（kinetic depth effect），即眼睛与场景之间的相对运动。这种信息甚至比立体视觉效果更有效，而两者结合在一起的效果会尤其显著。

那么，该如何明确所需的运动呢？显然，可以通过改变眼球的位置来任意地移动视点，但这需要付出一定的人力成本。人们还是希望只靠思考就能够感受体量。在北卡罗来纳大学教堂山分校区的 GRIP 分子图形系统中，我们发现将整个场景绕垂直轴摇摆对于感知体量而言大有帮助，因此，我们提供了一个摇摆模式，在没有其他操作时，场景就像一个钟摆一样运动。使用者可以通过控制功能指定摇摆的振幅和频率，但通常会使用默认值。

17.9　注释和相关资料

[1] 布鲁克斯（Brooks）的 *The Computer 'Scientist' as Toolsmith*（1977 年），布里顿（Britton）的 *The GRIP-75 Man Machine Interface*（1981 年）和布鲁克斯的 *Computer Graphics for Molecular Studies*（1985 年）。这三本书都描述过该系统。它的用户界面非常出色，因为它可以用配置键盘的 21 个自由度来修改模型及控制显示。这些操作方式已经全部被实际应用了。在当时没有一个设备的自由度可以超过 3 个；也没有设备超过使用负荷。通过这个系统，用户可以本能地知道在哪个位置，并对其值做出修改。

[2] 厄尔曼（Ullman）的 *The Foundations of the Modern Design Environment*（1962 年），克罗斯（Cross）的 *Research in Design Thinking*（1962 年第 2 次发表）。

[3] 亚历山大（Alexander）的 *Notes on the Synthesis of Form*（1964 年），*A Patttern Language*（1977 年）和 *The Timeless Way of Building*（1979 年）都与这段描述高度相关。

[4] 来自我与特纳·怀特在 1986 年的个人交流。

[5] 在计算机处理速度还很慢的年代，计算机图形学在场景照明中也使用了渐进细化（progressive refinement）的方法。在前 1/30s 内，用简单的环境光渲染图像；然后在后续的时间帧里，迭代地计算更复杂的

放射性照明效果。这样一来，在视觉上颇具戏剧效果，例如，在一个建筑物内部的视图中，随着照明从环境光转化为放射效果，阴影会逐渐收敛到房间的各个角落。

[6] 请参考网站 http：//www.houseplans.net/house-plans-with-photos/ 上的 40 种房屋风格（于 2009 年 7 月 30 日访问）。

[7] 巴克斯顿（Buxton）的 *A Study in Two-Handed Input*（1986 年）。

[8] 戈尔（Goel）的 *Sketches of Thought*（1991 年）。

[9] 阿瑟（Arthur）的 *Designing and Building the PIT*（1998 年）。

[10] 康纳（Conner）的 *Three-Dimensional Widgets*（1992 年）。

[11] 人们可以想象构建这样的一套系统，在未完全指定名词或动词的情况下它会连续询问。如果是这样，那么人们必须能够关闭它，因为对设计专家来说，接下来所发生的事情是不言而喻的，这种连续询问将对他们造成困扰。

[12] 斯托克利（Stoakley）的 *Virtual Reality on a WIM*（1995 年）。

房屋设计工作站的愿景

由安德烈·斯泰特（Andrei State）绘制

第 18 章

计算机科学家理想的房屋设计系统——计算机的信息展现

当我们计划开始建造时，我们首先要勘测地块，然后绘制模型；接下来，当我们看到房屋的外观后，我们需要评估建造的成本；如果我们发现成本超出了预算能力，除了重新绘制模型、减少一些人手，或者干脆放弃这次的建造计划，以外，我们又能做什么呢？

——威廉·莎士比亚（William Shakespeare，1598 年）

HENRR IV，Part 2

18.1　双向通道

思想与计算机的协作需要一条双向通道。眼睛是通向思想的信息通道。然而，这并不是唯一的通道。耳朵对于感知情境、监测警报、感受环境变化和语言交流等方面尤为重要。触觉（感受）和嗅觉系统似乎能够触及更深层次的意识。我们的语言里有很多比喻的修辞手法，它能触及人类的深层意识。我们对于必须"充分了解（get a handle）"的复杂的认知情境是有所"感觉（feelings）"的，因为我们能够"嗅出问题（smell a rat）"。

18.2　视觉展现——多线并行窗口

借助计算机工作的设计者通常只会使用一个活动窗口。然而，计算机科学家很早就发现，设计者至少需要两个活动窗口，并且当前的屏幕尺寸也远远不够大。[1] 那么，在一个实际用于房屋设计的理想系统中，我们会需要哪些视觉展示的设备呢？

18.2.1　绘图台和绘制视图

我坚信平面设计（2-D drawings）在实际的设计工作中始终是首要工具，因此，第一个视觉展示设备是一张电子绘图台（drafting table）。

（1）角度。

在标准的手绘作业中，垂直的显示器和可倾斜的操作台面（work surface）不得不结合在一起，但电子设备解放了这一束缚。将它们分开意味着手和臂将不再遮挡设计者的视野。研究表明，用户在一个平面上移动鼠标或触控笔，并在另一个显示屏上查看，这种操作是毫无难度的。

（2）操作台面的尺寸。

绘图台的尺寸因人而异，但常见的尺寸是 30×48 平方英寸。这些尺寸是由人们手臂的伸展范围所决定的。

（3）显示分辨率。

显示分辨率应该与人眼的分辨程度相当，大约是一弧分（one minute of arc），这相当两倍屏宽之外的一台 1920 分辨率的电脑屏幕的呈现效果。现在很多办公室都装配了这样的平面显示器。

（4）显示视距。

在距离绘图台 6~8 英尺的屏幕上投影，可以减轻设计者的视觉疲劳。

绘图台上的显示对象几乎全是平面图形。屏幕上展示的可能是设计图或其他的渲染结果等。现在常见的技术是将展示对象切分为多个图层，并允许设计者调控图层的透明度，这样可以在保持整体概念的同时，将注意力集中在某个图层上。

18.2.2　二维整体环境视图

在北卡罗来纳大学的所有系统中，我们观察了用户如何进行实际的设计工作，无论是在建筑领域、分子学，还是用于出版物的平面图表，我们都看到了一个普遍的操作流程。

（1）研究一个大块空间以获取整体信息。

（2）放大（zoom in）。

（3）创建或操纵一些局部内容。

（4）缩小（zoom out）。

（5）重复上述操作。

显然，分时机制（time-shared）导致了在一个窗口切换不同的视角，这个历史遗留问题让这种既反常又浪费的行为表现得更加明显。设计者希望通过移动视线能够同时观察到整体环境视图（context view）和详细视图（detailed view），而不需要手动切换。我们需要提供这样的功能。此外，将整体环境视图窗口作为缩略图嵌入到详细视图的角落是不够的，因为人们还需要看到环境视图的细节。随着当前显示设备价格的下降，任何正经做事的设计工作室都没有理由在显示设备上节省。设计者应该可以随时使用两个大屏幕同时显示这两个视图！

通常，整体环境视图是一个三维空间视图，一般要呈现出方案的整体。但对于"从库中选择对象"这样的操作，可能需要用一个视图展示库的信息（一个分层级的树状表示或特定节点中的内容），而另一个视图展示用来放置从库中选出的对象的设计图。

18.2.3　三维视图

因为人们是在三维房屋中生活和行动，而非在抽象的二维中。所以在理想系统中，设计者查阅房屋设计的方式将被默认为三维视图，并且它将始终呈现完整的细节。

虚拟环境投影技术（projection virtual-environment technology）似乎非常适合这个应用场景。人们并不需要像 CAVE 这样的完全沉浸式的环境体验（CAVE 是一个虚拟现实展现系统）；一个小型的垂直圆顶就足够了。即使只有一个标准的三维视图窗口，也可以满足需求。设计者通常会坐在绘图台前，而不用四处走动。他肯定需要使用一套方便的控制器。这种三维展现技术是一种辅助用的创作工具，而 CAVE 则是为观察而设计的，并非为了创作。

有几个技术问题确实需要解决。首先，在做设计的时候，设计者并不希望一直戴着立体眼镜。眼睛的工作本身已经足够辛苦了，不需要再增加这个负担了。因此，人们需要一个模式切换的功能—可能是一个脚踏开关，或者，是裸眼三维显示设备。

其次，房间通常具有平坦的墙壁，因此，可以在房间的四面墙壁上做屏幕投影也是可行的。当然，人们希望能有一个视图指示器（viewpointer）来控制显示模式，EyeBall 就是一个理想的选择，当设备发生偏转时，环绕着阅览者的屏幕视图也应该发生旋转，反之亦然。不过理想系统还需要一种吸附模式，将视图投影对齐到平坦的墙壁表面。

18.2.4　外部视图

从房屋外部观察是尤其实用的观察方式，外部视图具有广阔的视角。与内部视图一样，人们希望能够控制观察者的视角，包括时间、季节的差异带来的自然光线的变化。

对于外部视图和内部视图来说，视点的控制是不同的。在外部观察时，人们通常希望在整体环境中指定位置坐标（x、y），并且视角方向始终默认指向房屋的中心。这样，人们就可以轻松地在房屋周围活动了。

在夜晚，房屋内部的灯火通明，从外面看来是一副动人的景象。如果画家托马斯·金凯德（Thomas Kinkade）充分利用这种效果，那么房屋会显得更加迷人，给人一种温馨的感觉。

我们发现了第三种外部视图，即在夜景中，动态地消除近景的外墙，这种视图出乎意料地有用。以这种模式绕行建筑物可以全面地了解其内部结构（见图 18-1）。

图 18-1　一个房间的剖视图，来自 DeltaSphere 公司

18.2.5　作业手册视图

还需要另一个窗口同时展现设计者的作业手册。设计者来到设计工作站只需带着以下内容。

（1）正在进行的设计方案。

（2）行动计划。

工作结束后，设计者可以带走以下内容。

（1）更新过的设计方案和后续的行动计划。

（2）记录所有操作的日志；这些日志或版本控制系统可以实现自动回溯。

（3）注释，最好是口述的方式，以便可以解放双手来自由地进行设计，如尝试过什么，为什么尝试；拒绝过什么，为什么拒绝；还有保留了什么以及为什么保留。

对于任何复杂的设计，那些从操作日志中无法捕获到的问题的原因都是至关重要的信息。在设计工作中断时，它们非常有助于设计者重新理清思路。这些原因信息可以提醒我们，在我们探索某个特定的设计选项时，可能会忽略一些思考过程中的分支选项。这些原因对于新团队成员和设计者的项目接班人来说更是无价的。

理想情况下，行动计划和关联注释应该交错地放置在一个文档中，通过颜色或字体进行区分[①]。

在理想系统中，行动日志中有两个页角用以插入显示当前成本估算值和其他预算产品的数值，如平方英尺数。

18.2.6　规格视图

施工方不仅需要平面设计图，还需要书面的规格说明。理想情况下，这些规格说明应该与平面设计图同步交付，而不是在设计图完成之后补交。

因为设计采用了渐进逼真的方法，所以并不像看起来那么困难。规格说明是高度规范化的。如果范例库中的每个起始模型都有相应的规格说明，那么，设计者可以在设计进行过程中随时修改它们。有一款叫作 Sweets File 的网站产品可以大大简化这项任务，这款产品现在称为 Sweets Network。[2] 在该网站服务中，列出了成千上万种的产品，有图片、描述和详细规格说明。麦格劳希尔建筑公司（McGraw-Hill

---

① 译者注：这样可以更方便地将行动计划和关联注释关联到一起，提高文档的可读性和易用性。

Construction）来维护着这些文档和它的分类系统；产品供应商为这款产品提供内容；而建筑师和承包商则会订阅这项服务。每个人都受益于这个网站所提供的服务。

　　因此，理想系统需要第 4 个二维窗口，用于不断完善的书面规格说明。理想情况下，在规格说明视图中进行的更改可以自动反映到设计图的展示视图中。由于 Sweets Network 的许多产品描述已经包含了标准格式的 CAD 模型，所以这种从规格到绘图的关联在概念上并不难实现。然而，变化从平面设计图传播到规格视图却更有难度，这是一个正在研究的课题。[3]

18.3　音频展现

　　许多年前，我曾被一段视频所震惊，是赫尔辛基的一群建筑师展示了一个计划重建的项目，他们所采用的展现方式是计算机的图形模拟。视频中呈现出来的视觉效果不错，但并非特别突出。不过视频中包含了一段现场录制的游乐场的声音效果。尽管在视频中看不见任何一个人，但是背景的喧声让整个场景生动了起来。

　　提供音频展示确实是相对容易的事情，不过构建用以展示的声音模型是有挑战的工作。设计者希望在计算机图形场景的室内和室外的各个位置放入声源，例如，电视声、交通噪声、洗衣机的声音、孩子们的嬉戏和争吵声等。然后，在镜头穿过虚拟的房屋时，设计者们希望听到相应的音效，以寻找欢乐或吵闹的声音源头。

　　必需的声学模拟技术已经很成熟了。[4] 目前无法完成的实时效果可以进行近似的模拟，并逐步加以改善。随着处理器速度的提升，这些问题将逐渐得到解决。

　　挑战在于门和窗。哪些门窗是打开的、声音可以传播多远，各种状态的组合呈现出惊人的多样性。对设计者来说，规格说明和声音勘测在原理上似乎很容易，但在实践中却很烦琐。声音强度图（sound-intensity plot）是一个有显著优势的勘测辅助工具，以人耳的高度为参考，声音网格覆盖整个房屋设计图并与门窗互动，它可以根据门窗的打开和关闭状态进行响应。这个可视化的展示可以提示设计者正在倾听的位置。这再次证明 EyeBall 是一个实用的设备，用于在模型中指定倾听者头部的位置和方向。

18.4　触觉展示

触觉展示似乎比其他的感知方式更能触动我们的内心（和心灵）。[5]
然而，尽管经过我努力地尝试过，但我还没有想出如何在理想系统中合
理使用现有的触觉反馈技术。

18.5　泛化

用于房屋设计的理想系统，人们可以轻易地将它的特性推广到其他
的很多领域。例如，用于构建软件的理想系统，可能它并不需要所有的
三维功能，但它应该包括丰富的初始范例库（starting library）、设计视
图、环境视图，以及作业手册和测试用例视图，并且，它们的显示内容
需要适宜地关联在一起。

18.6　可行性

现在是否可以构建理想系统呢？毫无疑问，是可以的。因为我们所
需的技术都已经发展到了可用的程度。它现在是否能够成为一个在成本
上也合适的工具呢？即便用于相对较小规模的项目，比如，用于独立的
房屋设计。我相信可以，至少对于那些能够投入资金，并且可以让多名
设计者共享系统的大型企业来说是可行的。

如何构建这个系统呢？一定要逐步增量交付！试图一次性构建一个
考虑尚不周全的系统几乎注定会失败。但是通过逐步地增加功能，并由
真正的设计者持续进行试验，这么做是可以成功的。最困难的部分在于
如何收集出一个优秀的初始范例库。

我们可以想象一个学术研究项目，该项目首先开发出一个框架，以
及必要的标准输入格式和描述格式，然后从开源社区征集范例模型。这
是一个标准的开源模式，在这里可以很好地发挥声望激励机制的作用。[6]
我认为建筑师可能会认为将他们的房屋、房间或其他设计项目放入开源
范例库中不仅会带来声望，还会像登在杂志广告上一样获得收益。根据
使用者的选用情况，从庞大的中央库中自动筛选出合适的范例模型并不
是难事。对于从没有被查看的范例，我们可以将其从范例库中移除。

18.7　注释和相关资料

和大师的跨时空对话

[1] 布鲁克斯的 *The Mythical Man-Month*（1995 年），第 194 页。

[2] http://products.construction.com/。

[3] 即使在文本编辑这种更为简化的案例场景下，从系统层面提供双向关联也是非常复杂的机制，这一点可以从肯·布鲁克斯（Ken Brooks）的 Lilac 系统中看出，在 *A Two-View Document Editor with User-Eefinable Document Structure*（1988 年）和 *A Two-View Document Editor*（1991 年）中有相关的描述。其难点在于一个视图包括的信息比另一个视图多得多，因此，在较简单的视图中进行修改，需要推断并将信息注入到复杂视图中。

[4] 斯文松（Svensson）和克里斯蒂安森（Kristiansen）的 *Computational Modeling and Simulation of Acoustic Spaces*（2002 年）。

[5] 米汉（Meehan）的 *Phisiological Measures of Presence in Stressful Virtual Environments*（2002 年）。

[6] 雷蒙德（Raymond）的 *The Cathedral and the Bazaar*（2001 年）的第 4 章"魔法锅"（The Magic Cauldron）。

第五部分
优秀的设计师

托马斯·杰弗逊（Thomas Jefferson）

第 19 章
超凡的设计来自于卓越的设计者，而非来自于完善的设计流程

软件工程研究所（Software Engineering Institute，SEI）认为在本质上决定软件产品品质的因素是构建它的软件开发和维护流程，在这个前提下SEI 定义出了软件过程成熟度（software process maturity）的概念。

——马克·保尔克（Mark Paulk）

The Evolution of the SEI's Capability Maturity Model for Software（1995 年）

……尽管有些人可能将他们视为疯子，但我们却视其为天才，因为那些足够疯狂以为自己可以改变世界的人，往往就是那些最终真正改变世界的人。

——史蒂夫·乔布斯（Steve Jobs）

Apple Commercial（1997 年）

19.1　超凡的设计和完善的产品流程

本章开篇有两段开场白，它们的作者几乎持完全不同的意见。那么谁是正确的呢？

我之前列出过一个简短的、关于知名计算机产品的分类，划分的依据是该产品是否拥有热情的支持者。在图 19-1 中将这个列表做了扩展，加入了一些相对新颖的产品。我相信这个分类体现了这些产品设计的过人之处（这与商业上的成功完全没有关系，因为除了设计品质之外，商业的成功还会受到大量复合因素的影响）。

据我所了解，图 19-1 中引人注目的地方是，右侧的每一款产品都是通过正式的产品开发流程来生产的，这个流程涉及大量输入和审批环节；而左侧的每一款产品则是在正常的产品开发流程之外被创造的。

非正规开发流程	正规的开发流程
iPhone 手机	移动电话
苹果 2 型计算机	PC 计算机
麦金塔用户界面	微软 Windows
UNIX	z/OS （MVS）
Pascal	Algol
Fortran	Cobol
Python	Appletalk

图 19-1　计算机产品爱好者俱乐部

注：布鲁克斯（Brooks）的 *The Mythical Man-Month*（1995 年）的图 16-1。

在其他领域中也有许多相似的例子，原子弹、核潜艇、弹道导弹（the ballistic missile）、隐形飞机（the stealth airplane）、喷火式战斗机（the spitfire）、青霉素、间歇式雨刷器等。上述的这些发明都有一个共同之处，即它们都来自一个精简的团队，这个团队的生产流程往往与正规的产品流程（product processes）相悖，这种风格有可能是自然形成的，也有可能是有意为之。

19.2　产品流程的利与弊

即使上述的观察结果仅在通常情况下是成立的，而并非总是如此，[1]

但它也会引发一些值得深思的重要问题。

（1）为什么许多超凡的产品创造于产品流程之外？

（2）产品流程的目的是什么？为什么要有这些流程？

（3）依照产品流程，能否实现出超凡的设计？要怎么做呢？

（4）我们应该如何设计产品流程，以鼓励和促进超凡的设计，而不是扼杀它们？

19.2.1　产品流程会扼杀超凡的设计吗

我相信，标准的企业产品设计流程的确会阻碍创造出超凡的创新设计。如果考虑一下企业流程是如何发展的，以及为什么会这样发展，那么这一切就不难理解了。研发一款新产品往往是一个混乱的过程，而产品流程的存在就是为了在混沌中建立秩序。

流程的一个天然特质就是循规蹈矩，旨在将相似但略有差异的事物纳入一个有序的框架。因此，真正差异化的、高度创新的事物并不适合这个框架。以个人计算机为例，实际上它与 20 世纪 60 年代的用于一个机构的机房式大型机完全不同，同时，它也不同于 20 世纪 70 年代的用于部门科室的小型机。

产品流程的另一个天然特质是它的目标具有可预测性：在任何一位卓越的设计者花费大量时间攻克技术难关之前，管理者已经大致根据业务需求进行了产品定义，以期待在规定的时间和成本内完成交付。由此可见，可预测性和超凡的设计并不相容。

产品流程还有一个天然特质是它往往"应对的是过去的问题（fights the last war）"，它鼓励设计者采用过去有效的策略，而不鼓励那些失败的策略。因此，在应对一个全新的需求或运营模式的时候，这两种策略可能都不奏效。以 iPhone 为例，它与单纯的移动电话完全不是一回事，更不用说亚历山大·格雷厄姆·贝尔（Alexander Graham Bell）发明的座机电话，以及 AT&T 公司所垄断的电信行业了。

除此之外，产品流程的天然特质还包括它面向否决的本性，其目的是阻断糟糕的想法和查缺补漏。这个流程能够用来提前中断那些未达预期的产品，它们可能无法达到预期销量，也可能是它的交付成本高于预期，或者产品无法兑现承诺的功能和进度。企业的产品流程还有一处妙用，就是可以用来终止使经营者犹豫不决的产品线，当自家的某产品线的产品与其他产品发生致命竞争时，往往会导致消费者纠结于应该购买哪款产品。由于可能导致产品失败的原因多种多样，因此，产品流程通常会要求多数的专家达成共识，在这个过程中可以提前发现各自潜在的问题。

不过，这种共识机制会在多个方面扼杀超凡的设计。首先，每位监查专家的职责都是让设计避免犯错，而不是促使伟大的事物诞生。因此，每位专家都会倾向于找到不要继续进行下去的托辞，避免节外生枝。即使一款真正创新的产品没有被否决，共识机制通常也会通过强制的折衷方案来削弱其锋芒。然而，这些锋芒才是创新的切入口（cutting edges）！

其次，产品流程不仅要求团队成员就当下的规则达成一致，还需要成员们迁就过去所形成的规则。与所有规则体系一样，产品流程也是逐渐发展的，每一次失败的经历都会催生新规则或新的审批流程，以防止成员们重蹈覆辙。产品流程对于已经发生了蔓延的大量规则几乎没有任何控制作用，一旦规则产生，除非造成危害，否则是没有任何力量可以消除它们的。在人性的作用下，官僚机构变得越发错综复杂，流程更加烦琐，组织也变得没有那么灵活。[2]

在 20 世纪 60 年代初期，我负责管理 IBM 的 S/360 计算机产品线的硬件研发。当时，我们 S/360 的 Model 20 大型机正在位于德国博布林根（Böblingen）的 IBM 实验室中进行开发。这是一个拥有卓越人才和强大领导力的团队。然而，尽管这间实验室已经运转了多年，并为专业市场生产了成功的产品，但是他们始终未能成功地将产品纳入 IBM 的主要产品线并投入全球市场。对于"孤注一掷（bet your company）"的 S/360 项目来说，这有点危险，所以我决定去调查一下。

我很快就找到了问题的原因。这里的工程师们一直认真而严谨地遵循 IBM 的官方企业产品流程，这个流程被记录在一个超过 100 页的手册中。我很清楚地知道，在其他实验室取得成功的项目管理者通常会对流程的各种规则做出一定的"跳出处理（exceptions）"，而成功的秘诀就在于他能够聪明的选择打破常规的时机！[3] 因此，我派遣了一位对流程控制极具经验的项目管理者去管理这个项目。最终，那里的优秀人才充分发挥出了自身的潜力。同时，S/360 的 Model 20 项目也取得了惊人的成功。

最后，共识过程会通过耗费资源来扼杀掉创新设计。共识的建立需要，大量的会议，而会议需要，大量的时间。卓越的设计者屈指可数，时间对他们来说是极其宝贵的。

19.2.2　那么究竟为什么企业要采用设计流程

我并非不切实际地鼓吹彻底推翻所有企业设计流程，也并不赞同富含创新的混沌状态（chaos）。有很多原因可以证明，我在上文提到的许多流程是无法避免的。有时，项目必须获得企业的批准才能继续进行；有时，项目成员应该利用自身经验来发现明显的纰漏；有时，项目必须使产品进度和预算达成一致。这里的诀窍是，将"流程"尽量推迟到足够靠后的阶段，以便等到超凡设计的出现。当它出现时，我们可以再对这些小问题进行探讨，而不是在起步阶段就扼杀它们。

19.2.3　改进机型

因为大部分设计的初衷并非想要高度创新，所以产品流程始终会发挥重要的作用。不追求高度创新的理由有很多是具有正面意义的。我们考虑一下，当用户接触到成功的产品或真正创新的产品时，至少有 4 种可能出现的场景。

（1）在使用过程中发现缺陷，需要在改进机型中进行纠正。

（2）用户会将创新产品用于意想不到的用途，通常会以渐进的方式扩大产品概念。

（3）创新产品的实用性得到验证后，会引发在产品性能方面更高的需求，并且用户愿意为此支付更高的费用。

（4）与所有这些推动变革的因素同时存在的是，受欢迎的产品会导致用户不愿意接受"革命性"的下一代产品，而是希望继续获得他们熟悉并喜爱的产品。

因此，改进机型会受到更多的制约，创新空间将进一步缩小。与此同时，产品的成功会孕育出大量机遇和可能，供改进机型选择。然而，没有任何一个组织可以做到面面俱到。因此，设计者必须从众多的可能性中精挑细选。设计者还需要对它们的开发过程进行监控，以确保产品能够按照既定目标前进，并达到客户的期望。

产品流程按照下面的步骤循环进行，这些步骤包括如下方面。

（1）产品定义。

（2）市场预测。

（3）成本估算。

（4）定价估算。

以此有效地实现了改进机型的选型和监控。

不过，准确的市场预测依赖于对类似产品具有一定的一些销售经验；准确的成本估算依赖于对类似产品具有一定的一些开发和制造经验。

因此，人们会针对改进机型的开发过程来定制合适的产品流程。而对于创新来说，设计者必须跨越产品流程的框架。

19.2.4　提升设计实践的水平

产品设计和发布的过程并不能将优秀的设计者变成卓越的设计者。在没有卓越的设计者的情况下，是无法催生出超凡设计的。但是，这些流程所施加的规则可以提升设计曲线的下限，并改善整体设计的平均水准。这些成果是绝对不容忽视的。

软件工程社区也非常关注其自身的开发流程。因为提升设计实践的水平是非常必要的，因此，我很少听说，在某个设计领域的社区中，平均实践水平落后于最佳实践水平，而最差的实践水平又远远落后于平均实践水平。

瓦茨·汉弗莱（Watts Humphrey）和软件工程研究所，在开发能力成熟度模型（CMM）及在积极推广其应用方面所做的工作是非常有价值。[4] CMM 对一个优秀的设计流程的各个组成部分进行了规范，这通常被认为是非常实用的。当一个设计团队进行 CMM 审核，并且得分较低时，不仅需要审视其自身的实践流程，还需要关注来自更成功的团队的最佳实践。在提升整个团队的实践水平方面，流程改进很有价值。而 CMM 在这方面做得非常好。

流程改进没有什么神奇之处。再多的改进也不能提高整个团队实践的最高水平。超凡的设计不是由完善的流程所创造的，而是由有才华的人通过努力工作实现的。在这里引述苹果公司的格言："我们在能力成熟度模型上处于初级水平（level 1），并且永远如此。"[5] 然而，苹果公司取得的成绩不言而喻。

19.2.5　创新设计难道不需要流程吗

曾有人这样问我："OS/360 项目会涉及协调多个跨国实验室和应对国际市场的需求，其中必定使用了大量的产品流程。你是如何利用这些流程而不被束缚的呢？"

由于我们得到了管理者们的强力支持，因此，我们的核心设计团队可以与 IBM 的常规监督流程相互隔离开，值得一提的是，这些勇于创新的管理者来自于不同的职级。我们拥有特殊权力，可以从公司的其他团队招募人才。另外，我们还有充足的资金。

将设计转为产品需要遵循标准的流程。从上级传来的信息是，这个冒险的项目被认为是开创性的，并且需要对常规流程进行一些调整。研发团队每周都要与流程团队进行一番较量，努力争取在预测、估算、定价等方面不停追求更多的创新，而流程团队则对我们的创新提出了合理的质疑。然而，流程团队成员的技能非常高超，他们的能力也对我们的成功至关重要。

19.3　冲突：流程会扼杀创新，流程又无法避免，我们要做什么

19.3.1　超凡设计来自于卓越的设计者，找到他们

作为一个五音不全的书呆子，我认为，天赋这件事在任何领域分布都不是均匀的，不论在音乐、棒球、舞蹈或是设计方向，尽管分布不均匀，但是具有天赋的人的分布范围还是非常广泛的。

即使在一个所受教育和经验水平接近的团队中，各自的才能也存在着巨大的差异。我曾接触过一些团队成员和学生，他们都是很有才能的设计者，他们在我的记忆中印象深刻。在艺术史上也有许多熠熠生辉的示例。

此外，没有两个人具有完全相同的才能（我认为上帝这样做是为了让我们每个人都能为其他人提供独特的东西，用独特的方式来服务彼此）。因此，有智慧的领导者会将责任分配给具有相应才能的成员，而不是将责任分配给认为自己能够承担责任却不具备相应才能的成员。

我们的人权和基本的民主思想是"法律面前人人平等"，而更为困难的目标是让所有人拥有平等的机会。但是，追求这些目标不应该让我们对人与人的天赋差异视而不见，因为人类与生俱来的才能极不平等，它让每个人的成长、历练和表达能力都各不相同。

因此，我们的组织和流程必须冷静地认识到，如果赋予那些创造了卓越设计的人以自由和权力，那么他们创造出更多超凡的作品的可能性更大。[6]

19.3.2　卓越的设计者需要勇敢的，渴求创新的领导者

首先，组织的最高领导者必须对具有超凡设计的创新产品充满热情。显然，乔布斯最初领导的苹果公司就是如此，而他的几位继任者则稍逊一筹，不过，在他再次掌权后，苹果公司又恢复了往日的景象。这对于 IBM 的前两代领导者，托马斯·J·沃森（CEO 1914—1956 年）和小托马斯·J·沃森（CEO 1956—1971 年）来说也是同样的。其他的例子也不胜枚举。

19.3.3　如何构建激励超凡设计的流程

我曾经遭受过烦琐流程的困扰，并且有过一些绕过或违反这些流程的经历，但我缺少修剪和重构它们的经验。每个组织都需要不时地对流程进行修剪和重构。我期待将这项工作委托给一位顶级专家，授权他在特定的时间对特定的工作流程进行清理。

如果要设计一个新型产品流程或重组现有流程，应该用什么样的手段来克服天然的抑制倾向呢？要怎样制定一个能够允许、促进，甚至激励超凡设计的过程呢？

首先，产品流程必须明确地识别出至关重要的事项，并对它们进行制约，这里仅限于至关重要的事项。从本质上说，它是一种保护机制。它必须妥善地保护好珍贵的财富，但同样重要的是，要避免为无关痛痒的事物过度建立保护机制。要做到这一点，需要谨慎和克制，因为保护者的本能是倾向于过度保护。在 *Case Study*：*A Joint Computer Center Organization* 第 27 章中，通过一个具体案例为读者说明了重要事项的依次识别是如何实现的。

其次，产品流程必须提供便捷且灵活的跳出机制（exception mechanisms），它可以由任何一位项目管理者来提出申诉，并仅需通过一位满足要求级别的领导批准即可执行。换句话说，这个跳出机制一定要明确如何提供判断和依据，并随时可以应用："所有的规则都可以被打破。"

19.3.4　走向概念一致性：将设计委托给后继设计者

由于概念一致性是超凡设计中最重要的属性，而这是由一个人或少数的几个人的共同努力所形成的，所以明智的管理者会大胆地将每个设计工作委托给具有相应才能的首席设计师。[7]

委托有许多种含义。第一，管理者本人不应对设计进行置疑。这是实际存在的诱惑，因为管理者很可能也是一名设计者，但他的设计才华可能不及他所管理的最优秀的设计师（设计和管理是差异很大的工作），并且他的注意力注定要被分散到其他工作上。

第二，必须让所有人都清楚地知道，尽管首席设计师可能只管理几名助手，但他对设计拥有绝对的权威，并且，其在组织中享有与项目管理者平等的地位。

第三，必须保护首席设计师免受来自项目外部的审查，避免占用他的工作时间。

第四，必须为他提供所需的工具和帮助，因为他所做的工作至关重要。

19.4　注释和相关资料

[1] 在 *Air Force Studies Board*（2008 年）一书的"准第一里程碑和早期系统工程"章节中，作者指出这在许多最为成功和创新的武器开发项目中都是成立的。

[2] 这种普遍现象也同样在影响软件，雷曼（Lehman）和贝莱蒂（Belady）有一篇经典的论文，名为 *Programming System Dynamics*（1971 年），他们在研究中明确地表明在 IBM 的 Operating System/360 项目中熵会随着时间而增长。他们两人在另一篇重要的论文 *A Model of Large Program Development*（1997 年）中有对此更为细致的探讨。

[3] 在德马科（DeMarco）的 *Adrenaline Junkies and Template Zombies*（2008 年）中可以参阅第 86 节的短文"模板僵尸"。我不认为 IBM 的这间实验室受到了僵尸模板的影响，并沉溺于形式主义（form-versus-substance disease），我相信他们只是在认真地遵循远程发送过来的书面规定。

[4] 这一点已经得到了 2005 年美国国家技术奖的认可。

[5] 2008 年，大西洋系统公会的詹姆士·罗伯逊（James Robertson）引述自苹果公司（来自于我们两人的个人交流）。

[6] 克罗斯（Cross）的论文 *Winning by Design*（1996 年）是一份令人愉悦的案例研究，它的研究对象是获奖赛车设计师戈登·默里（Gordon Murray）的方法论。这份报告提及了一个首席设计师团队，他们避免了大部分的流程，同时，他们还从制约中受益。

[7] 英国副首相要求皇家工程学院报告如何使铁路旅行更安全。皇家工程学院将工作委派给了一个委员会，该委员会只有一位成员：主席戴维·戴维斯（David Davies）爵士。该报告是以创纪录的速度完成的，并且简洁直接，富含具体建议（*Automatic Train Protection for the Railway Network in Britain*，2000 年，戴维斯）。

约翰·科克（John Cocke，1925—2002 年），计算机天才

第 20 章
卓越的设计者从哪里来

虽说天才在缺少培育的情况下，也能独自存活并茁壮成长，但是，对于给予的关怀也是不应该被忽视的。

——玛格丽特·富勒（Margaret Fuller，1820—1850 年）

日记内容

每一个超凡脱俗的人都接受过两次教育：最初的教育来自老师；之后的教育来自他自身。后者更为重要，且方式因人而异。

——爱德华·吉本（Edward Gibbon）

Memoirs of My Life and Writings（1789 年）

我刚刚论述过，超凡的设计来自于卓越的设计者，而不是完善的设计流程。尽管技术设计在当下都是出自团队协作，但我们仍然可以找到那些被团队环绕着的卓越设计者，如约翰·罗布林（John Roebling）设计了悬索式的布鲁克林大桥、乔治·戈萨尔斯（George Goethals）是巴拿马运河的设计者、R. J. 米切尔（R.J.Mitchell）是喷火式战斗机的设计者、西摩·克雷（Seymour Cray）设计了 CDC 6600、克雷 1 型超级计算机、肯·汤普森（Ken Thompson）和丹尼斯·里奇（Dennis Ritchie）联合编写了 UNIX 等。

在高产业技术化的领域中，生产商需要面对的一个特有问题是独立设计（solo design）和团队设计两者之间的内在冲突。独立设计模式在艺术、文学和工程领域中创造出了超凡的作品，但同时，由于生产工艺越发复杂，经济变化的节奏越发迅速，在这样的背景下，导致了团队设计成为了当下唯一可行的模式。

（1）如何才能培养出卓越的设计者？

（2）如何才能开发出可以支持和提升卓越设计者的设计流程，而不是束缚他们并同质化他们的作品？

（3）如何才能让团队给予卓越设计者最好的支持？

20.1   我们必须向他们教授设计

我们给予设计者的正规教育通常是全盘错误的。舒恩（Schön）[1]对此的解释是这样的："如果遵循技术层面的合理性（technical rationality），那么对所有职业的教授都应该像工程师一样：首先要讲授的是与之相关的基础知识和应用科学，然后才是应用技能。"

舒恩对这种技术层面的合理性持强烈的反对意见。他认为，所有的专业技能都要靠批判性实践（critiqued practice）来掌握。他认为这对医学、法律、政府、建筑、艺术、音乐、社会工作，甚至工程学都是适用的。医学教育认识到了这一点，医学生从第三学年开始会花费更多的时间在临床实习上，包括参加大型病例研讨并承担医治患者的责任。建筑教育也从未忽视这个道理，因此，在所有学年中，参与设计工作室的实习将占据主导地位。

在美国，大多数工程设计师在接受正规教育时，他们大部分时间花在了课堂上，或者在实验室里进行规定的实验，而不是做被批评的设计。软件工程师更是如此。

舒恩的观点在我看来是正确的。在这样的教育中，我们浪费了教育过程中最宝贵的资源：学生的时间。尽管需要高水平的师资投入，但越来越多的工程学院还是将批判性的设计实践重新引入到课程中。

有人认为，不论是在硬件还是软件领域，设计者都必须了解实践背后的基础科学，并且他们必须预先掌握这些知识。最好的现代化工程教育机构对此进行了反驳，它们从大学一年级开始就让学生参与实践，这与基础科学的教育是同时进行的。但是，只有很少的计算机科学专业会采用这种做法。

类似的，顶尖的工程学课程通常会包括"协作（co-op）"或"实习（sandwich）"的教学规划，按照这样的规划，学生在整个学术教育阶段会穿插进行实际的工作实践（或企业培训）。但是，在计算机科学的课程体系中，这样的做法还非常罕见。

对于许多专业学院来说，其正规教育的薄弱之处在于，它只提供课堂讲授和课后阅读，而不包括批判性实践。对设计风格有效的教学方法是，要求学生仿照克雷（Cray）的风格，在制约条件下完成一款计算机架构的设计，或者按照巴赫的风格编写一首赋格曲（fugue），又或者按照雷恩（Wren）的风格设计一座建筑。然后，一位知识渊博且有鉴赏力的导师将指出学生在设计风格上不一致的地方，并对设计在制约条件下完成的整体品质进行批判。

这样的批判需要导师在工程学和计算机科学方面具备一定的自信，甚至具有一定的魄力。或许对科学的极度重视使我们不太愿意参与形式自由的主观批判，并且在这方面我们也缺乏相关经验。尽管如此，批判性实践对于设计的教授来说仍然至关重要。

学生也可以在这种批判性实践中相互指导。对于设计者来说，在学习其他的设计风格时，最有效的方式是将这种风格教授给其他人。

20.2　我们必须雇佣具有设计才华的人

通常情况下，在招募设计者的时候，管理者会下意识地按照管理者自身的工作标准来评估候选人："他是否能胜任我目前的工作？"这对具有流利口才、领导能力强，并在会议上表现出色的候选人更有利。相反，性格内向、说话慢吞吞的候选人往往会被忽视，尤其是那些不拘一格的人。然而，在这类候选人中也可能存在着出色的设计者（我不是在断言出色的设计者更有可能出现在这类人群中，我真的不确定）。作为管理者，如果忽视了这些有才华的人，那么这对我们自己、对他们及对社会都是巨大的损失。

我们如何更好地选拔人才呢？首先，要提醒自己我们在寻找什么。其次，要关注设计者的设计作品，而不仅仅是关于作品的口头陈述。例如，微软会要求候选人编写程序；然而，在软件工程类的企业中，这种做法并不普遍。

20.3　我们必须有意地培养团队

大多数具有巨大价值的工业企业或军事机构都有着复杂而成熟的流程，它可以将员工从工人培养成项目管理者，再培养成企业高管，最终成为高层领导者。在每一个职业阶段中，都会有一个针对新晋的中尉、少校、将军定制的培训计划。在早期，企业就能发现有前途的人才并进行跟踪。企业会为他指派导师，还会为人才提供精心策划的轮岗活动以让他们获得不同的经验。最有前途的人会被指派为高级专业人士的助理，最有前途的年轻律师会成为最高法院法官的助手。

上帝也以这种方式培养了许多领袖。摩西"偶然地"被训练成为一位领导者，他在法老的宫廷中长大，成为一名王子；大卫通过给扫罗国王（King Saul）当竖琴手，观察到了一个王国的运作方式，以及如何做出公正的评判；迦玛列（Gamaliel）是当时最伟大的拉比之一，使徒保罗通过在迦玛列身旁接受过良好的旧约教育，为他清晰地陈述和阐明对上帝的全新理解做下铺垫，[2] 他在与复活的耶稣基督相遇后发生了根本性的转变，后来他被送到沙漠，并在那里重新思考对上帝的理解。[3]

可惜我并没有看到大多数技术组织在思考如何构建类似的"实训（in-the-trenches）"方法，来培养非管理岗位的技术领袖，更不用说企业仰仗的卓越设计者了。

20.3.1　让双轨晋升制真正地发挥作用

与培养管理者截然不同的是，培养设计者的首要工作是，为他们规划一条合适的职业发展路线，这个路线的薪酬和企业地位能反映出他们对创新企业的真实价值。这通常称为"双轨晋升（dual ladder）"模式。我在其他地方已经谈到过这个问题，在这里我只是重复一点，为相应职级提供相应的薪水是很容易的（市场规律往往会促使这种情况发生），但是要让他们获得平等的企业声望就需要采取强有力的主动措施：提供同等的办公场所、同等的员工支持，当职务发生变化时，也要考虑待遇的调整。[4]

为什么需要特别关注双轨晋升模式呢？或许是因为管理者作为人亦不能免俗，会本能地倾向于认为自己的工作比设计更复杂、更重要，因此，他们需要小心地评估是什么让创意和创新得以产生。

20.3.2　规划正规的教育体验

在初出茅庐的阶段，设计者与管理者相同，他们都需要将持续的正规教育与实际的动手实践相互结合，而实践过程需要由一位设计专家来指导和批判。

为什么离开学校的设计者还需要正规的教育呢？这是因为当今世界在不断地变化。在高科技领域，技术教育的快速更新是不言而喻的，这几乎令人感到恐惧。自从我 1952 年进入计算机领域以来，我的职业生涯和精神生活就像是在汹涌的海浪中沐浴一样。一波未平，一波又起！这是令人非常振奋的，也是非常愉悦的，并且在持续地变化。因此，接受正规教育的首要因素是持续的提升认知（retooling）。

就本人而言，我发现短期的正规课程可以高效且经济的提升认知——我平均每年参加一次。为什么这么说呢？难道不能通过阅读期刊或参加会议来跟上行业的发展趋势吗？的确可以！但我是正规教育的信奉者：一位优秀讲师可以为一门学科提供客观的概述，这会让我的学习效率提升两倍甚至更多，并且可以迅速给出一个客观态度和观察视角，否则这需要阅读几十本期刊才能获得。作为讲师我有意愿向客户提供这种高效的学习方法，同时，我也愿意为自己购买这样的服务。

第二个原因是深化（deepening）和扩展（broadening）。研究前辈和同时代的优秀或糟糕的设计是最为有效的手段。出于这个目的，正规教育的主要优势是客观性——专业教师更善于研究竞争品的设计概念和设计风格。就像所有设计工作室的内部文化都强调自己的传统和观点一样，公司赞助的正规教育也是如此。这是初出茅庐的设计者及其导师寻求外部正规教育的最好的理由。

作为 IBM 公司的一名管理者，我最有成效的一次行动与产品开发并无关联。我曾将一位有前途的工程师以 IBM 全职员工的身份派到密歇根大学去攻读博士学位。当时，这对一个忙碌的计算机架构经理来说似乎只是一个偶然发生的个人决定，但对 IBM 公司来说却产生了意想不到的回报。特德·考德（Ted Codd）的博士学位为他的研究生涯打下了基础；他研究并发明了关系型数据库的概念，最终获得了图灵奖。[5]在过去 25 年的时间里，关系型数据库一直是 IBM 公司利润最高的计算机产品线的主要应用程序。

20.3.3　规划一套多样性的工作经历

就像现在最好的机构为新任的管理者所做的那样，我们也需要为新任的设计者做相同的事情。关键词是规划，我们应该为年轻人规划他的职业生涯路线，这份规划要体现出多样性、参与程度和不断迭代增加的挑战与责任。

通常，对于初出茅庐的设计者来说，在客户的企业中帮助他们完成自己设计的产品是早期阶段最有收获的工作。我曾经短期工作过的机构，包括一家商业数据处理企业，我在那里编写了美国 40 个州的职员工资程序、一家计算火箭轨迹的科学计算企业、一家密码分析研究室、一家在四方线路上辨别拨号方的电话交换实验室（telephone switching laboratory）、还有一家测量地面轻微抖动的工程物理实验室，我发自内心的觉得这些工作可以帮助我理解计算机用户的需求，是我非常宝贵的经历。正如在之前的章节中所描述的，我在一个玻璃房间里做过两周的见习计算机操作员，在那里负责挂载磁带，这段经历让我在设计操作员控制台的时候收获了一线操作经验。杜威（Dewey）认为，要通过实践来学习，我十分支持他的观点；对设计者来说，最富有成效的成长课程必须包括各种各样的体验。

20.3.4　规划机构外部的学术休假

处于职业生涯中期的设计者可以通过在机构外的休假来获得新的体验并开拓自己的视野，具体的实现方式包括借调到客户企业工作、去大学教书，也可以去联邦政府机构担任任务。防止创造性人才停滞不前是一项巨大的投资。

20.4　我们必须让团队管理更富创意

约翰·科克与拉尔夫·格莫瑞的故事。我不确定约翰·科克（John Cocke）是否是我认识的最聪明的人，但他一定是我认识的最有创意的人。我们在 1956 年 7 月同时加入了 IBM 的 Stretch 超级计算机项目，当时，我们都刚刚获得博士学位，当时我们共享了一个大型开放办公区，后来也共用过一间双人办公室。这种安排很好，因为约翰单身，他在夜间工作，而我通常白天去上班，我们互不打扰。约翰对计算机极富热情，他的研究涉及计算机的每个领域。我怀疑他每天用来思考计算机的时间比思考其他所有事情加起来的时间还要多。他深入的领域不仅是计算机，而是对所有与之相关的科学和技术都十分精通。[6] 他是一个罕见的双面体，既深思熟虑又性格外向，就像 *Ancient Mariner* 中所说的那样，"他会在每三个人中拦住一个（he stoppeth one in three）"来解释他最新的想法。我们都很喜欢约翰——亲切、极其慷慨、总是充满激情。哈伍德·科尔斯基（Harwood Kolsky）的回忆录生动地捕捉了约翰的性格特质、处事风格和风度气质。[7]

科克吸引了众多杰出的合作者，他们帮助科克捕捉了他无数的创意，并将其实现出来。其中，有三个都具备获得图灵奖的价值，分别是与科尔斯基（Kolsky）合作的指令流水线技术 [8]，与弗兰·艾伦（Fran Allen）和杰克·施瓦茨（Jack Schwartz）合作的全局编译优化技术，[9] 以及与乔治·雷丁（George Radin）合作的精简指令集计算机。[10]

像约翰·科克这样一位个性独特的天才，他无法管理一个团队，也很少发表任何意见，他主要和聪明的人沟通和交流想法，他是如何做出这么多重要贡献的呢？在这个故事中有两位天才，另一位是拉尔夫·戈莫里（Ralph Gomory），IBM 的研发总监和高级副总裁，专门负责科学和技术。戈莫里与科克一样，因其自己的贡献而获得了国家科学奖章。

戈莫里创建了一个机构、一种氛围和组织管理风格，他的目的是使在 IBM 做研究的每个人都能够以最适合其特殊能力的方式做出贡献。拉尔夫说："我对待约翰没有任何与众不同。"但他的说法忽略了一个关键点：他根据每一位伟大思想家的性格和需求来与之相处。他还自豪地说："约翰是 IBM 研究中心里薪资最高的人，因为他是最杰出的贡献者。"[11]

20.5　我们必须拼命去保护他们

20.5.1　保护他们免受打扰

一旦我们拥有了卓越的设计者，我们就希望他们去投身设计。设计的生产力依赖于心流（flow），这是一种不被打扰，且持续的高创造性和专注的心态。我们作为设计者都经历过并渴望心流带来的乐趣。德马尔科（DeMarco）和利斯特（Lister）在 *Peopleware* 一书中对心流的重要性，以及如何实现它进行了精彩的论述。[12]

现代的组织机构中存在许多阻碍和分散注意力的因素，它们会阻断心流：

（1）会议。

（2）电话。

（3）电子邮件。

（4）规则和制约。

（5）官僚主义及"服务"团队，他们制定规则只是为了简化他们自身的工作。

（6）客户。

（7）专业访客和记者。

许多创新机构都采用了诸如"宁静的清晨（quiet mornings）"之类的流程来提升设计者的心流。在苹果公司推出第一台个人计算机后，IBM 试图迎头赶上，首席执行官约翰·奥佩尔（John Opel）在博卡·拉顿（Boca Raton）设立了一个封闭的实验室来研发 IBM 的产品。其他的 IBM 员工，甚至包括那些被明确认定为与项目有工作关联的公司员工，都不被允许进入该实验室。

同样的，我在 1964 年 1—4 月间封闭了 S/360 项目，不允许项目以外的访客，包括 IBM 员工和客户进入。我们有太多需要靠心流支配的工作。[13]

我采访了空中客车公司英国分部（Airbus Industries UK）的技术总监杰弗里·贾普（Jeffrey Jupp），我们提到了飞机机翼的设计和制造是在英国完成的，而这些飞机的机身则是在法国设计和制造的。这次交流非常精彩，在交流过程的后半段，我问杰弗里，是否可以与他的首席设计师谈谈。他只是简单地回答了一个字，"不"。我理解并尊重这个回答。

20.5.2　保护他们远离管理者

一位平庸或缺乏相互信任的管理者可能会扼杀任何设计者的创造能力。很多时候，平庸的管理者无法意识到团队中的宝藏人物。有时他意识不到设计对于团队成功至关重要；有时他不理解自己在激发设计灵感方面所要承担的角色。

有时，认为自己的"下属（subordinate）"实际上是更优秀的设计者，这会让管理者感到不满或不愿承认；有时，如果优秀设计者的薪水比他高，管理者会有意见。其结果就是设计师缺乏鼓励、缺乏支持，甚至被卑鄙地贬低。

这时高层管理的工作就非常明确了：他们必须积极地改变一线管理者的认知，在理想情况下，提升他对自己的才能和特殊角色的认识，并在团队激励和领导力相关方面给予培训。

20.5.3　保护他们远离管理工作

我见过一些潜力巨大的设计者从设计岗位转向了管理岗位。这样一来，他们从未发挥出他们的潜力。不幸的是，我们的组织文化鼓励，甚至驱使了这种情况的发生。我们要逆流而上，需要有意愿，甚至是决心。

西摩·克雷（Seymour Cray），有史以来最伟大的超级计算机设计师，他为我们提供了一个鼓舞人心的示例。克雷是第一代真空管计算机的设计者，最早在美国明尼苏达州圣保罗地区工作，这里也曾是美国计算机产业的中心，他先是在工程研究协会工作，然后加入了控制数据公司（Control Data Corporation，CDC）。为了设计 CDC 6600，他将自己的团队（包括看门人在内的 35 个人）隔离起来，远离公司的其他事务，以便更专注于设计工作。[14]

当 CDC 6600 的巨大成功再次使他陷入公司管理事务时，他在公司的祝福下，离开了 CDC，并创立了克雷计算机公司（Cray Computer Corporation），他将公司的办公地点选在一处僻静的牧场里。他亲自监督了克雷 1 型计算机（Cray 1）研制的全过程，从电路到制冷系统，甚至到 Fortran 编译器的方方面面。

接下来，随着公司取得成功并再次让他陷入管理事务时，他又一次带领团队搬到了科罗拉多，成立了克雷研发中心（Cray Research Corporation）。令人感到遗憾的是，一名酒驾司机结束了克雷一生坚定的设计轨迹。[15]

20.6　作为一名设计者的自我成长

假设你是一名技术设计者，并且想要进一步提升自己。是否有来自本领域之外的建议能够帮助到你呢？我认为是有的。你必须首先制订自己的成长计划。[16] 这件事只有你独自负责。

20.6.1　持续地绘制设计草图

设计者通过实际的设计工作来学习设计。其中，一些草图需要被完全地细化，因为细节才是关键，许多宏伟的构想都因为隐藏了一处微小的问题而导致失败。*Leonardo's Notebooks* 是最好的实践范例。有抱负的年轻的软件设计者可以在自己的构思中记录所遇到和自创的模式，从而建立一份专属的笔记。

20.6.2　为你的设计搜集富有见地的评判

唐纳德·舒恩（Donald Schön）在他的著作 *Educating the Reflective Practitioner* 中详细阐述了，通过批判性实践的教学实际上是唯一成功的实践教学方法。他引述了不同学科——法律、医学、建筑、石艺、中世纪的工艺协会，这些学科都逐渐发展成了批判性的实践方法（这种发展很可能是相互独立完成的）。[17] 在现代社会中，博士完成论文的过程正是采用了这种实践研究的教学方法。

20.6.3　范例和先例的研究

在这种实践方式中，你将效仿许多伟大的设计者。罗伯特·亚当（Robert Adam）学习的是克里斯托弗·雷恩（Chrisopher Wren）。雷恩学习的是帕拉迪奥（Palladio）。帕拉迪奥恳求他父亲的支持，前往罗马测量并绘制伟大的罗马建筑遗迹。罗马人研究并融合了伊特鲁里亚人和希腊人的建筑风格。每位伟大的设计者都掌握了前辈们的丰富遗产，然后在此基础上加入了自己的创新概念。

想要正确地研究范例需要谦逊的态度。那些经历了数个世纪的批判后仍然得以保留声誉的先例都具有卓绝之处。在较新的领域中，能研究的时间跨度可能只有几十年。但是无论先例的选取范围是否宽广，学生的任务都是找到并掌握先例的卓越之处，即便先辈们的灵感或新境遇会将他引向完全不同的方向。

计算机架构师需要研究各种用于商业使用的机器。它们已经得到了市场的认可，值得真金白银的投入（那些仅以发表形式存在的架构没有经过如此严格的测试，因此，值得研究的程度要低得多。）

在研究先例的过程中，要假设先例的设计者是有能力的，这一点非常重要，正确的问题是："是什么引导了一位聪明的设计者去做那件事？"

而不是："为什么他会做出那样一件愚蠢的事情？"

通常情况下，答案隐藏在设计者的目标和约束条件中，找出它们通常会带来新的理解。而在婚姻的分歧中，对于"你为什么……"或"你为什么没有……"这样的问题，明智、常见也是真实的回答是"缺乏理智的判断"，但当我们探讨一个设计决策时，很少会假设设计者缺乏理智的判断。

如果可能的话，请听听当代设计者对他们设计作品的讨论。如果可能的话，请阅读设计者为作品写下的文章。

盖瑞·布拉奥（Gerry Blaauw）和我在研究其他人的计算机架构时，我们发现，将研究结果统一成通用格式（通用的结构、标准的草图比例、通用的文章描述元素、通用的形式化描述语言），并附上针对每个架构要点和特色的简短评论是非常有益的。[18]

20.6.4　一个自学项目——为一个 1 000 平方英尺的房屋做楼层规划

在来自北卡罗来纳州立大学设计学院的一门初级设计课程中，有一个针对设计者的自学练习，无论设计者从事哪个设计领域，这个课程都非常实用。

（1）课程计划。

为一个四口之家设计一个面积为 1 000 平方英尺的住宅，家庭成员包括父母两人和两个孩子，孩子分别是三岁的儿子和六岁的女儿。地址是美国弗吉尼亚州的北部郊区，紧邻街道，用地宽度 50 英尺，进深 70 英尺，周边植被茂密，方向坐北朝南。

（2）设计日志。

需要保留一个带日期的设计日志，记录下你的设计问题、决策和理由。以下是一些要考虑的问题。

• 发挥想象力制定一个更详细的建筑方案，并将其记录在你的日志中。

• 你从给定的方案中得出了哪些制约条件？

• 预算是多少？你是如何管理的？

• 你满足了哪些愿景？其中，哪些是显式的，哪些是隐式的。

• 你如何确定两种设计方案中哪个更好？

• 你使用了 CAD 工具吗？如果使用了，那么与草图相比，你认为在不同阶段使用哪种工具更好？

• 你的设计是如何进行的？分析一下你的日志并勾绘出你的设计轨迹。

• 评估：你的设计有哪些优点，有哪些不足之处。

20.7　注释和相关资料

[1] 舒恩的 *Educating the Reflective Practitioner*（1986 年）。

[2] *Acts* 的 22 章 3 节；维基百科关于"迦玛列（Gamaliel）"的条目（http：//en.wikipedia.org/wiki/Gamaliel），于 2008 年 4 月 25 日访问。

[3] 出自 *Galatians* 的第 1 章第 17~18 节；*Acts* 的第 22 章第 3 节。然而，与所有的这些相比，耶稣被禁止接受教育，他无法接受旧约圣经专家的指导，而只能靠背诵经文来进行学习，并在木工作坊里深思多年来探索的全新理解（*Luke* 的第 2 章 41~52 节）。

[4] 布鲁克斯的 *The Mythical Man-Month*（1995 年），出自第 118 ～ 120 页和第 242 页。

[5] 如果你想了解考德，可以搜索爱德加·弗兰克·考德（Edgar Frank Codd）。

[6] 在他患病的最后时刻，尽管只能坐在椅子上，科克还是向我展示了一些新的科学成果，以及他对如何将其应用于计算机的最新想法。

[7] http: //www.cs.clemson.edu/~mark/kolsky_cocke.html，于 2008 年 11 月 26 日访问。

[8] 科克和科尔斯基合著的 *The virtual Memory in the STRETCH Computer*（1959 年）。实际上，这本书是关于指令流水线的，而不是我们今天所熟知的虚拟内存。

[9] 科克和施瓦茨合著的 *Programming Languages and Their Compilers*（1970 年）；艾伦和科克合著的 *A Catalog of Optimizing Transformations*（1971 年）。

[10] 精简指令集计算机（RISC）的概念经常被人误解。基本思想不是减少指令数量，而是减少指令的复杂性，即更为基础的指令。在极端的 RISC 中，没有子序列指令（subsequenced instructions），甚至没有"移动 N 个比特位（shift N bits）"或"乘法（multiply）"等操作指令。RISC 的优点是，可以用最小的指令代价实现累加器—加法器—累加器循环的组合，并通过指令缓存和优化编译器，使一切处理变得更加迅速。除了约翰，我不知道有谁能够在计算机设计和编译器优化两个方面都如此精通，做到融会贯通。乔治·雷丁是重要的合作伙伴，虽然我认为雷丁最初的几篇论文，即 *The 801 Minicomputer*（1982 年）和 *IBM 801 Minicomputer*（1983 年）都应该以科克作为第一作者，即使我怀疑科克在里面没有写下任何一个字。

[11] 我与拉尔夫·戈莫瑞的个人交流，2008 年 11 月。

[12] 德马尔科的 *Peopleware*（1987 年）。

[13] 1964 年 2 月 4 日的信件节选，写给市场部负责人，以及我的上级领导和实验室管理者，可以在本书的网站上找到。

[14] 默里（Murray）的 *The Supermen*（1971 年）。

[15] http: //americanhistory.si.edu/collections/comphist/cray.htm，于

2009 年 8 月 12 日访问。

[16] 对规划学术生涯的最佳建议是由吉尔伯特·海伊特（Gilbert Highet）在他的 *Art of Teaching*（1950 年）中提出的，下文选自该书的第 21 页。

当一位年轻的德国学者开始他的职业生涯时，他通常会从基本的领域分类中挑选 3~4 个他真正感兴趣的，在这些领域中有大量的工作要做，并且任何一个重要的点都是与其他的点彼此相连的，而且他认为其中最关键的点都聚焦在他所研究领域的最中心。他会尽可能地在第一堂课或研讨会上选择这些主题课程。接下来，他会为这些课程编写一组讲义，然后精心维护和丰富每一组讲义的内容，直到完善成为一本书。如果他足够积极和敏锐，那么他将会以作者的身份将这三四本书出版，每本书都会推荐和阐明另外几本书籍。然后，他会继续……年复一年地、有战略性地扩展每个领域，直到他建立起对整个领域真正权威的认识。……以这种方式规划学习和教学的学者通常会发现……他们有足够的兴趣和几乎足够的学识来填满普通人三倍的职业生涯。

[17] 舒恩的 *Educating the Reflective Practitioner*（1986 年）。

[18] 布拉奥（Blaauw）和布鲁克斯合著的 *Computer Architecture*（1997 年），参考其中的第 9~16 章"计算机动物园（*A Computer Zoo*）"。在第 9 章中，我们对标准的文章格式做出了描述。

和大师的跨时空对话

第六部分

贯穿设计空间的
旅途：案例研究

　　回顾过去，大多数案例研究都具有一个显著的共同特征：无论最大胆的设计决策是由谁来做出的，它们都将在很大程度上影响结果质量。这些大胆的决策有时是源于远见卓识的能力，有时是源于孤注一掷的心态。它们始终是一场赌博，需要额外的投入以期能够获得更好的结果。

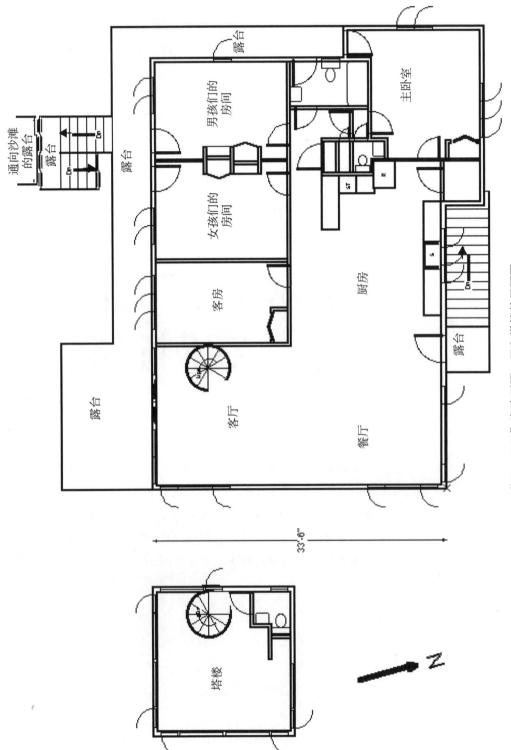

通向沙滩的露台

露台

男孩们的房间

主卧室

女孩们的房间

客房

厨房

客厅

餐厅

露台

露台

33'-6"

塔楼

N

"View/360" 海滨别墅一层和塔楼的平面图

第 21 章
案例研究：海滨别墅 "View/360"

世间最美的房屋（是你亲手修建的那间）。

——维托尔德·瑞布辛斯基（Witold Rybczynski），1989 年

21.1　亮点与特色

21.1.1　为什么选用这个案例？

它有一个简单易懂的叙事结构，记录了大量的决策是如何被做出的，以及影响这些决策的众多考虑因素。

21.1.2　大胆决策

在符合土地使用规定的同时，我们决定尽量将房屋安置在更靠近大海的位置。这间房屋相比附近的其他所有房屋要更靠近大海 40 英尺，所以我们需要承担更大的风险，因为它可能更容易遭到海浪的冲击。

21.1.3　预算资源

对于这所房屋的设计来说，预算资源是沿海滨一侧的房屋长度，也可以理解为美景与海风。

21.4.4　螺旋楼梯的机缘

因为螺旋楼梯占用地面空间不多，所以这个木制螺旋楼梯被放置在房屋内部，结果反而成为一件空间艺术品，带来了很好的视觉享受。

21.1.5　施工阶段的变更

在施工过程中进行的设计变更大幅度地提升了视觉美感，房屋体验及其他的产品价值。由施工过程中的变更所创造出的有利条件有很多，但是并非所有的都能被充分利用，这是一处失误。

21.1.6　承重桩的放置位置

我（业余建筑师）与阿瑟·考格斯维尔（专业建筑师）都没有认真考虑承重桩的放置位置和它们的布局关系，这导致了每个承重桩上的负荷大致相同。而承重桩在沙地中的沉降是不均匀的，本应该放置承重桩的位置却没有放置，最后出现了房屋下沉的问题。

21.2　背景介绍

21.2.1　地理位置

房屋的具体坐标是北卡罗来纳州卡斯韦尔（Caswell）海滩的海滩路 321 号；北纬 33°53.6'，西经 78°2.1'。该地点位于一个东西向的海岛之上，岛上有一条中央公路。公路两侧各有一排住宅用地，其中一排用地位于大西洋和公路之间，另一排用地被海洋和开普菲尔河（Cape Fear River）及其湿地环绕。我们的房屋位于海滨，朝向是南偏西 15°。

21.2.2　房屋所有者

弗雷德里克和南希·布鲁克斯一家。

21.2.3　设计者

弗雷德里克和南希·布鲁克斯提供建筑风格；美国建筑师协会院士阿瑟·考格斯维尔负责结构工程和塔楼屋顶造型的设计。

21.2.4　日程

1972 年，完成房屋外墙并入住；

1997 年，完成施工。

21.2.5　截至 1972 年 8 月的家庭成员

父母：弗雷德里克和南希；

孩子：肯尼斯（14 岁）；罗杰（10 岁）；芭芭拉（7 岁）；

祖母：奥克塔维亚（71 岁）；

好友的孩子：钱德勒（10 岁）。

21.3　目标

21.3.1　首要目标

我们的首要目标是为家人和朋友建造一个舒适的、供日常使用的度假小屋，且这座房屋并不打算出租。

21.3.2　其他目标

（1）充分利用海滨景致。

（2）建造一个轻松、实用、安静的内部环境。

（3）充分利用白天和夜晚的海风。

（4）提供最多 14 人就寝和 22 人就餐的场所。

（5）提供一间供祖母或来客使用的客卧，一间主卧室，为男孩们和女孩们各准备一个房间，共计是 4 间卧室。

（6）提供足够的淋浴间和卫生间。

（7）建造能够抵御飓风的房屋，飓风强度至少是风速 160 公里 /小时（100 英里 / 小时）。在这里每年会遭遇两次飓风预警，大约每隔10 年会发生一次飓风侵袭。

（8）厨房被设计为既适合单人使用，也能够满足 4~6 个人的协作。

（9）隔绝来自男孩子和他的朋友们的噪声。

（10）减少房屋维护方面的需求。

（11）为了让孩子们得到历练并增进家人感情，将房屋建造成一个家庭总动员式的项目。

21.4　有利条件

21.4.1　建筑选址

这块地面向海滨一侧的长度为 75 英尺。向东南方向望去可以清晰地看到巴尔海德岛（Bald Head Island）的开普菲尔地区及往返于开普菲尔河的船只。下文中的"前方"特指房屋朝向海洋的一侧，而不是朝向道路的一侧。那里的土壤是大颗粒的海滩砂；植被主要是低矮的灌木丛、海燕麦和猴藤蔓。

21.4.2　沙丘

因为在房屋的前方有一排天然形成的沙丘，所以这座房屋不费太大力气就可以推进到距离潮位线（highwater mark）65 英尺的位置。

21.4.3　视野

由于岛屿狭长的地理构造，这座房屋不仅前方有 180°的海滨景观，后方还有 135°的卡普菲尔河及其湿地景致。

21.4.4　海风

房屋所在位置的天然朝向是南偏西 15º。主要的海风是从南吹向西南方向的，在大部分温暖天气时都会有海风吹拂。

21.5　制约

21.5.1　预算

起初，我们缺少足够的资金来一次性地建造一个完整的、具有 4 间卧室的房屋。

21.5.2　施工时间

每年夏天，我们家庭可用于施工的时间都是有限的。

21.5.3　法规和用地要求

（1）房屋必须建在 16 英尺的承重桩上，其中 8 英尺必须埋入地下。

（2）要求至少保持与用地边线 10 英尺的距离。

（3）房屋必须是单户住宅。

（4）房屋用电和污水处理（septic tank）必须符合法规要求。

21.5.4　前滩沙丘

只允许最小程度地改造前滩沙丘，例如，可以在沙丘上建造一条木栈道。

21.5.5　后勤

该地块只提供电力和净水，没有燃气和排水系统。

21.5.6　用地协议

该地块自从 1938 年被规划为住宅用地以来，面向海洋一侧的土地边线已经向外扩展了大约 65 英尺。用地协议规定我们拥有的是使用权（quitclaim deed），而不是产权（warranty deed）。

21.5.7　外观

我们对房屋的外观没有任何限制，也不认为外观很重要。

21.6　设计决策

21.6.1　在闲适的时间段里建造房屋

（1）快速建造出一座可供临时居住的简装房屋，有一个可用的浴室、一套可用的污水处理系统，并且可以提供临时电力供应。

（2）将最初可用的所有现金投资在一个尽力使建筑面积最大、开窗数量最多的房屋上。

（3）家庭成员将负责所有室内工作，包括墙壁、门、橱柜、电线和大部分的水管工作。

21.6.2 充分利用 75 英尺的土地宽度

大多数海滨用地的宽度为 50 英尺，并且大多数海滨房屋都是狭长的。为了充分利用 55 英尺的房屋许可宽度，我们将房屋旋转，使其宽度大于进深。因此，需要定制一张平面图，而不是一个文本说明。

21.6.3 充分利用视野

（1）尽量将房屋设置在用地内靠前的地方，但要保持在被允许的范围内。

（2）在房屋的二楼靠前的位置建造一个塔楼以获得最开阔的视野，塔楼四面要安装玻璃。

推论：屋顶坡度受限。一楼屋脊的高度不能超过塔楼窗沿的高度。

（3）在所有房屋立面上安装大尺寸的窗户，窗户的数量尽可能多。

推论：为防止变形，房屋结构必须加固。

21.6.4 充分利用海风

（1）每间卧室都要朝向大海。

（2）计划使房屋保持通风，不安装中央空调。

推论：预计房屋内部会弥漫湿气和盐雾。

（1）在客厅前方安装两扇 6 英尺宽的滑动门。

（2）提供一个宽敞的海景露台，配备遮阳设施。

（3）使用推拉窗，使通风面积最大化，引导海风进入房间。

推论：安装窗户时将其朝西南或东北方向开启。

21.6.5 防潮

房屋既需要抵御正常被海风带入的湿气，也需要预防飓风带来的雨水渗漏。因此房屋要多采用木质墙板，少使用石膏墙板。地面铺设选择多个分离的小垫毯，不使用大块地毯。

21.6.6 优先为春、夏、秋三季的使用服务

房屋在冬季也偶尔有使用需求，所以要专门提供采暖系统。由于没

有中央供暖，因此房屋采用电加热器来取暖。这样虽然冬季每天的用电成本更高，但是一年下来，总成本要低得多。

21.6.7　使噪声影响最小化

（1）为女孩卧室、男孩卧室和主卧室各提供一个从房屋外部进出的门，以便早起的人可以在不打扰其他人睡觉的情况下去往海滩。

（2）将房屋分为卧室区和公共区域；使卧室、浴室和方便大家使用的走廊与公共区域分离开来。

21.6.8　隔离男孩们的噪声

将男孩卧室放置在卧室区的最远端。

21.6.9　设计一个轻松、实用、安静的内部环境

在所有的墙壁上使用墙板，而不是油漆或壁纸。在光线最强的客厅和塔楼使用深色墙板和地板；厨房和餐厅等公共房间也使用深色墙板；男孩卧室同样使用深色墙板。这些深色墙板能营造出深沉、安静、凉爽的感觉。在其他卧室使用浅色墙板，营造出愉快的氛围。在没有自然光线的走廊使用亮白色的墙板。

21.6.10　提供 16 人就寝的空间

男孩卧室可以睡 4 人，女孩卧室可以睡 4 人，主卧室可以睡 2 人，客卧可以睡 2 人，客厅可以睡 2 人，塔楼可以睡 2 人。这样一来，需要在客厅提供 2 张适合睡觉的沙发，在塔楼为 2 个人提供可收纳的变型床铺，在女孩和男孩的卧室各提供 2 张可折叠的上下铺和 2 张固定的单人床。

21.6.11　提供 22 人就餐的空间

在房屋中部放置 3 张餐桌——2 张可容纳 8 人，1 张可容纳 6 人。

21.6.12　不安装吊顶

考虑到经济和视觉效果，浴室和客厅以外的房间都将不安装吊顶。房椽（rafters）设计为 4 英尺间隔，采用双层的 2 英尺 ×12 英尺的木料，最多可以承受 1 英尺深积雪的重量。屋顶由榫槽式的 2 英尺 ×6 英尺的木料构成，上面覆盖绝缘垫，然后是层层堆叠的沥青布的屋顶材料，最上面是用于反射热量的白色石块。房屋内部的可见部分只做了清

漆处理。

推论：敞开的棚顶会让电线难以隐藏。

21.6.13　优化塔楼楼梯的占地面积

为了将塔楼前置，楼梯必须位于房屋靠前的位置，这里的空间非常宝贵。客厅是房屋前方唯一的公共区域，所以楼梯就设置在客厅那里。

如果客厅要最大程度地享受南面的景观，同时还要对北面的其他公共区域保持开放，那么楼梯必须靠近东墙或西墙布置；而东墙有用来观赏风景的窗户，负责采光和通风，所以楼梯就只能安排在西墙处。

与其使用长方形楼梯使整个客厅变得狭长，不如使用方形楼梯，这样可以更好地利用宝贵的空间。因此，我们选择使用螺旋楼梯。又因为通风会导致室内弥漫盐雾，而盐雾是钢材天生的克星，所以选用木质楼梯。鉴于楼梯是必需品，所以我们将它作为造型的一部分进行设计。

21.6.14　设计控制光线的屋檐

屋檐长度需要设计为 4 英尺，这样可以保证每年 9 月至次年 3 月，正午的阳光可以照进靠前的房间，相反，每年 3—9 月，阳光会被屋檐遮住而照不进来。

21.7　海滨沿线的合理分配

虽然海滨沿线是天然的有利条件，但是存在用地制约，房屋的最大宽度只能设置为 55 英尺，即 660 英寸。想要充分利用海风和海景资源，海滨沿线的空间如何组织就成为了一个关键的设计问题。

21.7.1　客厅

客厅对海滨景观和海风有着最高的要求。显然，这块用以享受海滨美景的区域会占据相当大的空间。经粗略地估算，客厅的宽度被设定为 16 英尺。客厅需要配有侧窗、前窗和入户门，所以我们将客厅安排在房屋的东南角，以便充分利用东南方向的景观，即开普菲尔河口和过往船只的景观。

21.7.2　西露台

我在房屋的西端设置了一个狭窄的露台，它在为主卧室提供直接通往海滩通道的同时还能让海风吹入主卧室，并且为我们从海滩直接去往内部淋浴间提供了便利。这样一来，我们就不必在湿漉漉的情况下穿过客厅并留下脚印了。

21.7.3　在卧室和餐厅—厨房之间的权衡

考虑到已经决定不安装空调，这样一来，睡眠时的海风就变得非常重要。因此我将孩子们的卧室安排到了靠前的位置，分享余下的海滨沿线的景观。这不仅仅是一种礼貌，更是考虑了我们孩子的性格特点。相反，从卧室可直接到达海滩反倒不是主要的原因。

21.7.4　女孩卧室和男孩卧室

孩子们的卧室是最优先考虑的，因为在每次海滩旅行中它们的利用率都很高（与客卧相反），并且需要考虑它们可能会作为孩子们阅读和休息场所的功能。

21.7.5　客卧

主卧室主要用于睡眠。客卧可能会被用作阅读场所，所以将它放在靠前的位置更合适。

21.7.6　男孩卧室的配置

为了隔绝男孩们的噪声，我将男孩卧室放置在房屋西南角。前窗下放置第一张床，在西墙侧放置一张折叠的上下铺并与第一张床部分重叠。如果将另外一张折叠上下铺放在靠近屋脊的北墙处的话，可以放高一点（这有些冒险的感觉）。因此衣橱只能放在东墙那里。房间的最小宽度等于门的宽度加上床的长度。

21.7.7　女孩卧室的配置

如果下层床铺不完全位于上层床铺的下面，那么下层床铺就不会感觉那么拥挤。因此我在窗户下放一张床，在紧邻的东墙处放一张折叠上下铺。另一张折叠上下铺也可以放在东墙处，并且让两张上下铺共用一个爬梯。在北墙处放另一张床，在西墙处放一个衣柜。房间的最小宽度同样等于门的宽度加上床的长度。

21.7.8　客卧的配置

这个房间只需要配置一张双人床，不需要配置通往海滩的门。房间的最小宽度等于床的宽度加上床周围的通道宽度。房间进深很大，所以将衣柜放在北墙处。

21.8   确定房屋尺寸

21.8.1   平方英尺

考虑到我为房屋配置了大量的窗户，所以我们可用的现金只能够支撑最大 2000 平方英尺的房屋面积。

21.8.2   屋顶结构和房间进深

架设于房屋两端的支撑梁在均匀负载的情况下，它的挠度与自身长度的关系极其密切：

$$d = \frac{kl^4}{w^2 t}$$

其中：w 是木料的宽度；t 是厚度；l 是有效长度。有效长度要扣除板材超出支撑点的悬臂长度。考虑到夏季和冬季的太阳照射角度，我选择了 4 英尺的檐口。构建屋顶结构时，将两块尺寸为 2 英尺 ×12 英尺的板材按照 4 英尺间隔放置，通过计算可以得出最大水平跨度距离为 16 英尺。这决定了位于房屋前方的卧室、客厅和塔楼的进深。

21.8.3   确定餐厅—厨房的尺寸

主卧室除有一扇直接通往厨房的门外，还有一扇门通往走廊，这让主卧室看起来会更舒适。那么，关键尺寸就是厨房的西墙，这里至少要放置一张厨房操作台面、一个炉灶、一个冰箱和一扇卧室门，因此西墙宽度就是它们宽度的总和。此外还要考虑在炉灶和冰箱之间增加一张操作台面的宽度。

我选择让厨房的进深和房屋后方的进深保持一致，这样的设计比较简单，也能为厨房提供一个宽敞的操作空间。同时还需要在屋顶梁上添加薄板以支撑 17 英尺的跨度。

21.9   错误的尝试

21.9.1   破浪屋顶

最初，我计划让屋顶的造型看上去有破浪的形状，如图21-1所示。

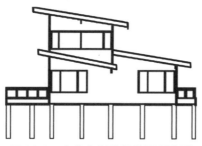

图 21-1　布鲁克斯设想的屋顶造型

考格斯维尔强烈反对这样的设计："我的建筑学教授告诉我们，'如果你们能设计一间防止雨水进入的房屋，孩子们，那么你们就做得很好了。'也许你可以在布伦维克（Brunswick）郡找到一家承包商，能够制造出那样的沟槽，不会漏水，但我对此表示怀疑。"我听从了他的建议，屋顶造型应该符合建筑学的基本原则。

21.9.2　由布鲁克斯设计的古板对称式塔楼屋顶造型

我为塔楼设计了一个非常古板的屋顶造型。考格斯维尔对其进行了大幅修改，如图 21-2 所示。

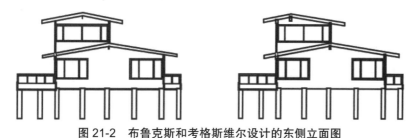

图 21-2　布鲁克斯和考格斯维尔设计的东侧立面图

21.10　在施工前的再次设计变更

21.10.1　设计了两个位于一楼的户外淋浴间

为了防止沙土、盐和湿漉漉的泳衣进入房屋，我们在一楼设计了两个户外淋浴间，在那里可以将泳衣换成日常衣物。我们为每个淋浴间提供了充足的更衣空间，以适应多人同时使用，这样也方便父母帮助孩子更换衣物。

21.10.2　将走廊上原计划的淋浴间改成了壁橱

这个空间变成了一个用来放置衣物的大型壁橱和一个用来放置杂物的全高壁橱，宽 12 英尺，下面有一个搁板可以存放折叠床，上方配有窗帘。

21.10.3　将用餐区从餐厅移到了厨房

模拟研究表明这样可以使就餐更加方便。考虑到这一点，餐厅被设计成了一个可以休息、工作、休闲和玩拼图游戏的区域。

21.10.4　将一楼封闭的储藏间的面积扩大一倍

我将它从 8 英尺 ×16 英尺改为 16 英尺 ×16 英尺。

21.10.5　将主卧室的纱门改为从另一侧开启

当浴室窗户开启时，主卧室的纱门就无法打开，这是在施工期间发现的设计失误。

21.11　外墙完成并初期入住后的设计变更

21.11.1　决定不在卧室区和公共区之间建造隔断

21.11.2　安装嵌入式斜角对角撑

狂风会引起房屋呈平行四边形的扭曲变形，所以我们在客厅的东西墙、客卧的北墙及男孩卧室的西墙上安装对角撑，这样做可以极大地提升防风效果。这项工程是在房屋外墙搭建起来之后、还没有贴上墙板之前完成的。

21.11.3　安装飓风角铁

外墙的承包商并未安装指定的垂直拉杆，因此我们用这些角铁来固定屋顶，保证屋顶在狂风中不被吹走。

21.11.4　在露台上增加了冲洗用的水龙头

21.11.5　为宽敞的前露台安装了遮阳篷

遮阳篷为露台提供了整体或局部的遮荫。最初我们使用了一个用于拖车的遮阳篷，按照它最初的设计，可以抵御高速公路上 70 英里 / 小时的风速。后来，我们用一个固定的屋顶取代了遮阳篷，屋顶延伸到露台一半的位置，使坐在露台上面的人可以选择享受或遮蔽阳光。

21.11.6　更换并扩大了塔楼的窗户

1984 年的飓风戴安娜把原来塔楼窗户的玻璃和框架都吹走了。我们将前面的多块小玻璃更换为两块大玻璃。它们在大小和质感上都提供了更好的视野，而且更加抗风。

21.11.7　在西侧走廊安装了一扇门

这使得北卫生间既可以与主卧室组成一间套房，也可以成为公共洗手间的一部分。

21.11.8　建造可拆卸的胶合护窗板

在冬天或飓风来临的时候，我们将这些护窗板钉在迎风面的两面外墙上，以便御寒和防风。

21.11.9　拆除附加的隔音板（和墙板）

在房屋框架完成之后，我们拆除了客厅和客房之间附加的隔音板（和墙板）。布鲁克斯的祖母于 1973 年去世，所以祖母的卧室成为客卧，从此不再需要特殊的隔音设备。

21.11.10　用长凳取代了前露台的东侧栏杆

这么做是为了更好地享受海风和落日。

21.11.11　安装房屋的地基基座（1997 年）

以使房屋的承重桩（settling pilings）更为稳固。

21.11.12　在男孩卧室的西墙下方安装支座（2000 年）

最初的计划是将承重桩放在西侧露台的边缘，而不是在西侧承重墙的下面，这是结构设计时的失误。

21.12　结果评估（37 年后）

21.12.1　愉悦感

1. 塔楼

塔楼实际上成为了一个美妙的书房。在塔楼上，远处海平线的景观能够让眼睛得到舒缓，近处可以观察到海滩上人们的活动。向东南方向望去，可以清晰地看到海洋航线上的船只；向东北方向望去，还可以清晰地看到船只横渡开普菲尔河的景象，并且这里光线十分充足。

The Mythical Man-Month 中的很大一部分内容就是在那里完成的。

2. 开放式设计

我起初就计划了在厨房和走廊之间省去隔断，这个设计让我们倍感愉悦。它扩大了视觉空间，并且在入住之后使我们，更加认同空间之于房屋的重要性。没有隔断的设计使得阳光和海风可以进入房屋的主要通道。在厨房忙碌的人可以透过女孩卧室开着的门看到大海，这极大地振奋了精神。刷漆的卧室门成为主要的装饰元素，白色的走廊墙壁也非常适宜挂上地图。

3. 螺旋楼梯

作为雕塑造型的橡木螺旋楼梯带来了很好的视觉享受。在白天，它映射在玻璃墙壁上的影子如同剪影一般。

4. 设计理念

阿瑟·考格斯维尔是我们的建筑顾问，因此我描述的所有设计理念都曾与他详细的共享过，他曾戏谑地称我们的"View/360"为"过于理性的海滨别墅"。我一直都不清楚他在拿我的海滨别墅和什么在对比。而我每次去到海滨别墅的时候，都会很享受那种理性的美感。

5. 外观

房屋从外部来看很有趣，但不是很漂亮——我倾向形式服从功能（图21-3）。考格斯维尔为塔楼设计的不对称的屋顶造型恰到好处；它似乎在向前跳跃。

图 21-3　从东南方向观察"View/360"房屋

21.12.2　实用性

1. 实现目标

房屋十分适宜居住。

2. 设计变更

原始设计完成之后发生的变更被证明是重大改进。

3. 省略墙体

在省去了最初规划在门厅和厨房之间的墙体之后，厨房从门厅获得了更多的空间，因此可以留出最大的空间给到厨房的操作台面。我们可以借助那个操作台面以自助餐的方式提供餐点，设计时并没有考虑到它会带来如此的便利。多名厨师的协作也可以更轻松。

4. 塔楼中的卫生间

在塔楼中设置卫生间使其成为一个独立的卧室套房，这是一个意想不到的收益。

5. 餐厅

在最初规划的餐厅位置提供一个独立的休息、交谈、工作、游戏的区域，它提升了居住的舒适性。实际上，这块最初被设计为厨房的附属区域现在变成了第二个客厅。尽管不能与外界隔绝，但有时它也充当了另一个书房。

6. 主卧室

主卧室令人意想不到的提供了第三书房，空间独立，并可以俯瞰外面的湿地景观。

7. 适应团体使用

虽然房屋并没有明确设计为群体居住，但以我们成功或失败的经验来看，它最多可以容纳 25 人。房屋可以安置 25 人就寝（包括使用折叠床和打地铺）和用餐，不过此时洗手间和互动空间都将变得捉襟见肘，但还是可以勉强应付的。

8. 家庭规模

现在的房屋可以（勉强）容纳我们的家庭聚会：我们的 3 个孩子，2 个女婿，9 个孙子和我们自己（与最初设计的家庭相比，这是一个相当大的变化）。

9. 厨房

厨房可以轻松容纳一个厨师团队，但是当只有一位厨师时，我们发现水槽与操作台面、炉灶、冰箱的距离有些远。

10. 露台

沿着房屋西侧建造露台是一个重大的设计失误。露台占用了 42 英寸的海滨沿线，这是重要的预算资源。结果做成露台，使用率很低。这处空间本来可以有更好的用途。

后来我们决定将主要的海滩淋浴间布置在一楼，这样从海滩到主卫浴室的室外通道就不是必需的了。而将放置衣服的壁橱替换为第二个室内淋浴室则进一步地降低了这种需求。我们应该在做淋浴间的决策前考虑好露台的事情。

11. 主卧室

因为要感受海风，所以主卧室的外门要经常打开，不过我们很少在这里通行。更常见的情况是我们会通过厨房和后门悄悄地去往海滩。主卧室通常可以通过其西窗和两扇内门获得充足的海风。它的海景虽然有些单薄，但并不重要，因为它的目的是作为一个睡眠空间，而不是用于活动。因此，如果取消露台，那么这扇门是可以被省略的。

12. 主卫浴室

主卫浴室的室外门大部分时间都是敞开的，海风可以贯穿整个房屋。如果没有露台，一扇下半部固定的两截门会是一个很好的选择。

13. 隐私

客厅、餐厅和厨房区域都是开放的，这对于保护私人交谈的隐私来说是一个不利因素，并且人们很难从充满喧嚣的房屋中找到一处安静的交谈场所。塔楼在视觉上和社交空间上都是独立的，但不隔音。

21.12.3　牢固性

1. 这座房子已经经受住了三次飓风的直接袭击和其他的各种暴风雨

（1）1978 年的暴风雨。我们失去了塔楼上的建筑屋顶（由浸渍过焦油的布料构成）。暴风和伯努利效应使其脱离，并将其抛到了后院。

（2）1984 年的飓风黛安娜。飓风眼最近时不超过 10 英里，当地风速峰值为 135 英里 / 小时，这次飓风来自南方。飓风将除塔楼外的所有屋顶都吹走了，并将其整体抛到了后院。屋子里渗漏了 16 英寸深的雨水。暴风雨把塔楼所有窗户的玻璃和窗框都击碎了，并且把床垫、地毯和灯具都吹到了房屋后方的湿地里。

（3）1996 年的飓风贝莎和弗兰。飓风眼最近时同样在 10 英里以内。除一扇百叶窗和一块窗玻璃外，没有造成其他损失。

2. 沙土中各个承重桩的负载完全不同，这会产生不同的沉降速率

设计时没有考虑到不同的沉降速率。发生这样的疏忽有些奇怪，因为在沙土中打桩建造的房屋都必须面对这个问题。塔楼南角的两个承重柱承受了更重的压力，因此沉降的幅度更大。非承重墙下的承重柱沉降得较小。不均匀沉降的问题在客厅双层大门的中心下方表现尤为严重。门轨在中间发生了弯曲，导致推拉门无法正常关闭。1997 年，我们在塔楼南墙下的所有三根承重柱上安装了一个 4 英寸 ×6 英寸 ×16 英尺

的地下门槛，以便使未来沉降的幅度更小、更均匀。

3. 最西侧的一排承重桩被放在了露台的边缘，而不是支撑着房梁和屋顶的西墙下方

这导致地板托梁在无法承受的重量下发生了弯曲。房屋建成后的第28 年，需要在西墙下方添加承重桩。显然这是一个设计团队整体的疏漏。考格斯维尔和我都没有仔细比较主楼层和承重柱的平面图。

4. 平开窗是一个错误的选择

按照计划，平开窗有利于微风吹入房间，并且它们也一直工作得很好。尽管窗户是木制的，但它的机械装置都是钢制的，房屋迎风侧的平开窗需要每 5 年更换一次，背风侧需要每 15 年更换一次。因此在第 35年，当旧窗框变得破旧的时候，我们将大部分平开窗替换为双悬窗。是什么因素导致我们错误地选择了平开窗呢？可能是因为对于长周期的项目，我们忽略了维护的重要性，对建筑材料也缺乏足够的关注。

21.12.4 如果我"重新设计"会怎样

假设我现在根据 1972 年的家庭状况为这块土地设计房屋；基于我现在所知，我会做哪些不同的设计？我在上面的"结果评估"一节中已经详细地说明了各种微观的疏忽和失误；下面介绍的则是宏观上的教训：

我从本书（第 10 章）中得出的第一个重要教训是需要更加密切地关注预算资源，即本案例中海滨沿线的英尺数。我现在掌握了它的临界线，会研究用地边线要求的详细信息（如屋檐是否计算在内），并以充分利用每一英尺，甚至不惜以超出平方英尺预算为设计宗旨来设计这间房屋。

第二个重要的教训（第 11 章）是需要注意到原计划从外部进入主浴室的需求和制约已经不再生效，我们可以通过添加地下淋浴设施来取代它。因此，我会移除西侧的露台，并重新分配其 42 英寸的空间。

21.13 经验教训总结

通过一个小型案例得到的教训通常也适用于所有重要的设计项目，无论是硬件、软件还是建筑。

（1）需要非常仔细地检查专业建筑师的工作，并向其请教缘由。即便是可靠的、有能力的、尽职尽责的建筑师也可能会犯错误。

（2）在施工过程中要经常彻底地检查。即使是可靠的、有能力的、尽职尽责的建筑商也会犯错误。

（3）要从各个方面深入地考虑后期维护的事情。一个成功的设计需要考虑长期维护。

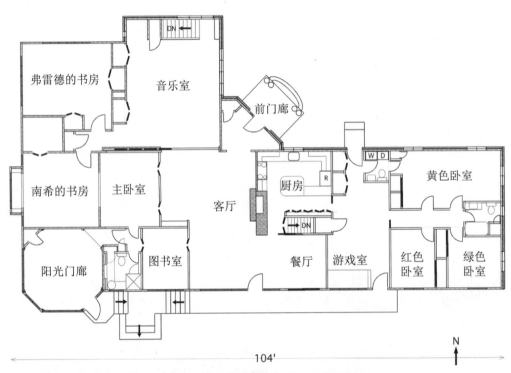

1991—1992 年的房屋侧楼扩建平面图

第 22 章
案例研究：房屋侧楼扩建

事实上，在复杂语义处理领域，
可以大致将建筑设计视作它的设计过程原型。

——赫伯特·西蒙（Herbert Simon）
The Sciences of the Artificial（1981 年）

和大师的跨时空对话

22.1　亮点和特色

22.1.1　为什么是这个案例？

在这次设计中，我们同步记录了 235 页的问题日志，它涉及了 60 个月中出现的设计问题、决策利弊及最终做出的决策。我们将这份日志转录为格式化的设计树文档，关于文档的详细内容请参考本书的第 16 章。我们在本书第 3 章也介绍过如何发现需求，而这个案例恰好展示了设计和需求探索之间的相互作用。

22.1.2　大胆决策

先不考虑预算制约是一个大胆的决策。我们先设计功能，等功能确定后再衡量预算。这个决策是在设计过程进行到一半的时候做出的，当时一切都进展不顺。

22.1.3　另一个大胆决策

另一个大胆的决策是将主卧室迁移到公共空间和半公共空间之间。这个决策是在设计过程后期做出的，一个使用频率很低的用例使我发现了这个此前未察觉到的需求。在那个时间点，这个决策似乎意味着房屋的东端基本上要被闲置了。然而随着我们家族的不断壮大，那个"旅馆"式的空间变得非常实用。

22.1.4　关键决策

通过从邻居那里购买一块 5 英尺宽的土地，我们解决了一个棘手的设计问题。这个故事在本书第 3 章也有过详细记述。

22.1.5　阶段

将整个房屋的改建工作分为两个阶段进行，以简化我们在设计和监督上的工作，详细内容见本章和下一章。

22.1.6　充足的设计时间

关于改建的进度，在没有任何日程目标制约的情况下，我们将持续地进行设计直至自己满意为止。实际上，设计过程历时约 60 个月（其中发生过多次中断），而真正的施工只花费了 9 个月的时间。

22.2　背景介绍

22.2.1　位置

北卡罗来纳州，教堂山市，格兰维尔路（Granville Road）413 号。

该房屋朝向正北，因此在下文中我会采用东、南、西、北来表示位置方向。

22.2.2　所有者

弗雷德里克和南希·布鲁克斯。

22.2.3　设计者

弗雷德里克和南希·布鲁克斯。

美国建筑师协会院士韦斯利·麦克卢尔（Wesley McClure）和美国室内设计师协会的亚历克斯·琼斯（Alex Jones）会时常给予建议。

施工图纸由另外一位绘图专员完成。

22.2.4　施工团队

扩建团队：承建商是斯坦利·斯塔茨（Stanley Stutts）；木艺项目负责人是盖瑞·梅森（Gary Mason）。

22.2.5　日期

设计阶段：1987—1992 年。

建造阶段：1991—1992 年。

22.2.6　本书网站上的附加内容

在设计过程中，弗雷德和南希详细地记录了设计问题、困难、想法、与朋友和专业人士的讨论，以及决策等方面的内容，总计约 235 页。谢利夫·拉扎克（Sharif Razzaque）将其中较为重要的部分通过 Compendium 软件转录为决策树的图形结构，但并未包含每个决策的详细理由。读者们可以在本书的网站上查看这棵决策树，网址为 www.cs.unc.edu/brooks/DesignofDesign[①]。

---

① 　译者注：UNC 的网址内容可能更新了，我在这里找到了相关内容，https://www.cs.unc.edu/~brooks/DesignofDesign/ house/start_here.html。

22.2.7 背景

1. 1964—1965 年

房屋（图 22-1）最初修建于 1960 年，我在 1964 年将它买下，主要的购买原因是它坐落在一个拥有大片树林，并且有小溪环绕的地块之上，同时地理位置十分便利，尽管房屋本身存在明显的缺陷。最为严重的设计缺陷就是房屋内部的路线设计，尤其是餐厅和厨房之间的通道过于狭窄，并且所有的东西向的交通都必须经过这里。此外，我还觉得房屋内的每个房间就其功能来说都稍显狭小。

图 22-1　1987 年的主楼层

我们在 1965 年搬入这所房屋，那时我们有两个儿子和一个女儿，分别为 7 岁、3 岁和 6 个月。为了能靠近孩子们，我们将红色卧室用作主卧室，将其他三间东侧的卧室用作孩子们的房间。原始的主卧室位于西侧，在 1965—1986 年的这段时间里，它被用作访客的套房。

2. 1972 年

我们把地下室改造为一个房间，并把大儿子安置在那里；后来二儿子也到了这里。这使得我们能够移除东北两个卧室之间的墙壁和壁橱，改造成一间大卧室，即黄色卧室，供女儿使用。绿色卧室则成了南希的书房。

3. 1987 年

我们的女儿在 1986 年从大学毕业了，成了一名陆军军官。我们的两个儿子一个在攻读研究生学位，另一个已经开始工作；其中一个儿子已经结婚了，还没有孩子。随着孩子们的离开，我们拥有更多的时间从事其他活动，因此感觉需要更多具有特定功能的空间。南希·布鲁克斯从 20 世纪 60 年代中期以来就一直在家里教授小提琴；现在她有时间教授更多的学生了。

此时南希的母亲已经去世了，独自生活的南希的父亲约瑟夫·格林伍德（Joseph Greenwood）博士刚刚搬来和我们同住，未来他将一直住在西侧的主卧套房里。南希继承了她父母的钢琴。这使得我们的房间中又添置了一架钢琴，可以实现两架钢琴的协奏了。

在各种原因的驱使下，这间已经使用了 30 年的房屋准备好迎接它的翻新改建了。目前弗雷德的书房位于地下室，这原本是留给儿子们的空间。鉴于我们已经不再年轻，似乎只使用主楼层来进行正常的室内生活是更明智的选择，这也是我理应选择的生活方式。

在过去的几年间，我们断断续续地考虑过扩建出 500 平方英尺的空间来使房屋更加宽敞。理论上，通过重新安排房间的功能也可以获得空间上的提升。然而，这些设计上的尝试都没有成功。

因此，我们这次正式地开始设计一个扩建方案。

22.3　目标

22.3.1　初始目标

（1）改善房屋内的交通。

（2）为每个房间改建出更大的空间。

（3）建造一间足够大的音乐室，可以容纳两架大钢琴、一架小型风琴和一个弦乐八重奏的空间，围绕着八重奏的外围还需要留出 1 英尺的过道空间以便南希教学。这个房间还必须能够存放音乐资料。音乐室的设置足以将两架大钢琴从客厅中搬出来，它们占据了客厅北端的位置，导致客厅前门的入口变得异常狭窄。我们计划在音乐室为学生家长举办小型音乐会，因此音乐室最好能有一个独立的入口。

（4）为南希扩建出一间更大的书房，并将它从东南角的绿色卧室中迁出，移到靠近音乐室和弗雷德书房的位置。

（5）将弗雷德书房从楼下搬到主楼层。

（6）提供更多的功能空间：房间或者壁橱。

（7）新增一个足够大的前门廊，可以放置摇椅或其他座椅。

（8）提供一个有屏障的后廊（后来变成了阳光门廊）。

（9）将厨房按照现代风格进行改造，并扩大面积。

（10）扩大餐厅面积。

（11）改造主入户门，使其变得更显眼，便于人们驾车靠近房屋时可以明显注意到它（图 22-2）。

（12）提升设计美感，特别是外观，也许可以采用更有趣的屋顶造型。

（13）尽可能改善院子和室外空间环境，就算没有提升至少不要因为改建而损毁。

（14）保留西南方和东南方的树木，还有北面的花卉。

（15）尽量使人们能够从房屋内部，特别是从公共区域看到院子和花园的景色。

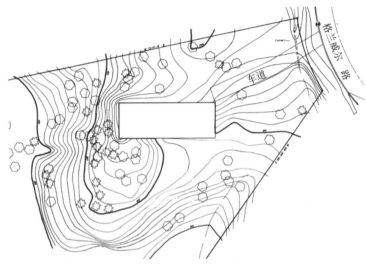

图 22-2   房屋地块的北部

22.3.2   设计过程中发现的目标

（1）可以更好地满足我们指导的一个学生团体的会议需求，大约40人，会议频率为每两周一次。

（2）为参加音乐会的观众和开会的学生们提供存放大约40件外套的空间。

（3）提供存储空间，用来存放目前放在外部租用仓库中的家庭物品。

22.4   制约因素

22.4.1   现有结构

现有结构的平面规划、布局和朝向决定了改建的范围。

22.4.2   位置

北部的用地临界边线和至少15英尺的退让距离，再加上17英尺的阴影投射回退要求都限制了扩建范围。

22.4.3　树木

我们希望保留后院的一棵大黑橡树，它是这片土地的一个重要的特色景观。

22.4.4　地块

从现有房屋的东端边缘开始，地形向西呈比较陡峭的下降趋势。

22.4.5　预算

我们的目标预算是 10 万美元，预计扩建成本为每平方英尺 100 美元。

22.5　非受限因素

22.5.1　预算

因为购买房屋的抵押贷款已经全部还清，因此我们 10 万美元的预算不是绝对的制约因素。

22.5.2　转售价值

我们不需要考虑这次为房屋扩建的投资是否会增值，以及它的转售价值。从房屋的预期使用年限和我们不准备搬迁的计划来看，我们可以期待用大约 30 年的时间来分摊这次投资，在此之前我们不会考虑出售房屋，而到那个时候房屋也将准备好再次翻新改建了。

22.5.3　土地面积

这里有充足的土地可供使用（该地块的面积超过 1.5 英亩）。

22.5.4　时间和效果

我们有充足的设计时间，并愿意投入大量工时用于设计工作。

22.5.5　重要事件

在设计过程中发生了几件大事，改变了原有的设计方案：
（1）格林伍德博士于 1988 年末去世。

（2）建筑师雇用了绘图专员来绘制施工图，可惜他没有对齐地基图和主楼层的平面图。我们在完成地基浇筑后才注意到这个差异。解决的方法是将主楼层向西和向北各扩建 1 英尺。本章开端展示的是实际建造的情况，而不是最初的设计。

22.6 设计决策和迭代

22.6.1 探索

1. 将房屋两端翻转

我们计划对房屋内部进行彻底的重建，将现有的客卧套房改造成公共区域——包括音乐室和客厅，或许还能为南希扩建出一间书房——同时将主卧室和客卧安排到旧音乐室内。

优点：这样将会有方便出入的主入口，而且也方便学生进出，我们或许还可以在东南部扩建出一些书房。

缺点：这将是一个昂贵的改变。我们需要在房屋西端增加几间浴室；我们需要修建不太实用的壁炉；我们还要将客厅从餐厅分离出来，让所有的室内交通都通过厨房。结果，我们很快就放弃了这个方案。

2. 东南部侧楼

在房屋的东南部改建出一间新的主卧套房，或许可以将绿色卧室合并进来。不过我们还是放弃了这个想法，因为我们希望保留房屋东南部的白橡树和红橡树，以及从车行道通往房屋和后院的两条道路。

3. 麦克卢尔的阁楼方案（图 22-3）

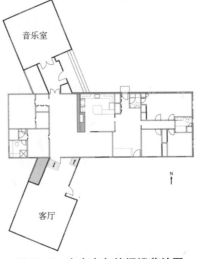

图 22-3 麦克卢尔的阁楼草绘图

优点：（北阁楼的）音乐室与主房屋几乎是完全独立的，独立的一个好处是人们可以直接从车行道进入音乐室，这十分方便。另一个好处是独立的阁楼与主房屋之间形成了良好的声音隔离。在（南阁楼的）客厅可以欣赏到花园和庭院的美景。被独立出来的客厅可以改建成一个围绕壁炉的小角落，用于阅读和交谈。

缺点：扩建南阁楼需要牺牲那颗壮观的大黑橡树，此时它已经长出了四个分枝。另外，在南阁楼扩建出来的客厅无法用于音乐演奏会，无法实现音乐室的扩展。

南阁楼的方案很快也被放弃了，因此重新设计客厅的计划也被取消，包括那个吸引人的小角落。

我们还是在设计主线中保留了北阁楼的方案，在经历许多外观和布局的探索后，最终形成了北侧楼，包括音乐室、弗雷德的书房、前厅和前门廊。

22.6.2　切分设计问题

随着设计的进行，我们逐渐明白了可以将房屋设计划分为三个几乎相互独立的问题。

（1）旧东区：卧室区，可能包含游戏室。

（2）中心：厨房、北走廊及其壁橱、游戏室、洗衣间／卫生间、通往地下室的楼梯。

（3）旧西区：音乐室、餐厅和西侧卧室套间，以及新扩建的建筑和新西区。

这样的切分被证明对设计有益，后续的所有设计都采用了这种切分方法。

在相当早期的时候，我们决定将整个改建工程分为两个阶段，分别进行设计和建造，两个阶段相隔数年，主要是为了让设计和监督的工作更易于管理。第一阶段涵盖旧西区—新西区；第二阶段涵盖厨房和游戏室。在第 23 章，我会将第二阶段当作一个独立的研究案例来介绍。

22.6.3　东区设计

我们为东区的改建设计了不同的方案，目的都是为主卧室提供独立的淋浴卫生间，并为格林伍德博士提供一个舒适的套房。我们进行过一些尝试性的探索，考虑将通往地下室的楼梯移至红色卧室或它与游戏室之间的区域。在格林伍德博士去世后，除主卧室外，我们就不再需要扩建出一个包含卧室和浴室的套房了。因此，我们在设计过程的后期将主卧室移至西侧，并放弃了对东区的改建设计工作，保持其原样。

东区作为客人的套房，除非有客人到来，否则不提供制冷和供暖。罗杰家现在有 5 个孩子，芭芭拉家有 4 个。无论是哪家人来探望我们，他们都能够使用这些套房和地下室的房间。

22.6.4　西区一半空间的功能布置

我们对旧西区和新西区内的功能布置进行了大量的探索，尽管在大多数讨论中我们都不约而同地尊重了现有房屋的墙体结构。

我们在进行这些探索时，还没有决定将主卧室保留在西区；因此旧的主卧室被假定为可分配空间的一部分。早期的所有讨论都只涉及如何安排音乐室、客厅、餐厅、图书室、南希书房和弗雷德书房。在本章前面展示的平面图并不符合这个阶段的设计背景。

在排除向南扩建后，我们考虑过向北、向西或同时向两个方向的扩建。我们考虑的功能分配如下所示。

（1）音乐室向西，客厅向北。

（2）音乐室向北，客厅向西。

22.6.5　设计方法的转变：不将预算作为设计制约

随着这些探索工作的进行，我们明显发现有限的预算正限制着我们的思维，这里有限的预算意味着不超过 1000 平方英尺的房屋面积。因此，我们决定先按照目标进行设计，稍后再进行工程成本的估算，或许后来我们认定这些探索值得时会花费更多的成本。这种想法很大程度上解放了我们的思维。

多年来，我一直提倡按照这种方法来设计计算机的图形系统。在那个领域，我发现制作一个具有高成本效益的应用系统时，最好的方法是先制作一个确实有效的系统，再进行成本削减，而不是一开始就研制一个成本低廉的系统，然后再增加功能，直到它变得可用。然而，我花费了很长的时间才在房屋设计中采用同样的方法。

22.6.6　新发现的需求：在哪里放置外套

1990 年 11 月，我们通过推演各种不同的用例（即兴想到，并未记录在案）来检查一个试探性设计是否可行。虽然之前我们也简单地尝试过这样的推演，但是那时的设计还不成熟，相比之前，这次我们进行了更详细的推演工作。我们推演了每两周进行一次晚餐的场景，在这个场景中我们会担任指导教师和晚会的主持者，并招待 30~40 名学生来访。

在冬天，当客人们进入房屋时，他们需要找地方来放自己的外套。此时外套将放在哪里呢？前厅的衣帽间显然无法容纳这么多外套。放在乐器上？堆在我们的书房？现在他们把外套放在哪里？放在客厅旁边的客房床上。哦，但是在未来的设计中已经没有这个房间了。

一个解决方案是扩大衣帽间的规模；另一个解决方案是保留西区的客房，将其并入主卧室，并停止东区的改建计划。

（1）总成本：向西扩建出更大的空间，至少要扩建出现有客房的宽度。

（2）净成本：增加扩建后的总成本减去东区停止改建节省出的成本。

（3）问题：如果在主卧室的西侧进行向外扩建，那么扩建出的空间必须与主卧室合并，以满足建筑法规对睡眠空间的要求；不可以在卧室与窗户之间配置可开合的门。

（4）推论 1：如果我们将向西扩建出的空间作为南希的书房，那么与主卧室合并就不是什么问题了。其他房间都不能放在那里（弗雷德经常在南希睡觉的时候工作，但南希则不会，所以不能将弗雷德的书房放在那里）。

（5）推论 2：如果不把音乐室放在向西扩建出的空间中，那么应该将它放到房屋向北扩建空间里。这样可以使它与主居住区隔离开来，方便人们从车行道直接进入音乐室。

22.6.7　功能布局的融合

随后我们快速地将问题都厘清了。

1. 客厅

为了满足音乐演奏会的需求，偶尔将客厅与音乐室连通在一起是有必要的，但大部分时间它们还是要隔离开。通过增加一个 12 英尺宽的滑动门（四张面板）可以解决这个问题，当需要将客厅和音乐厅连通在一起的时候，只需要将滑动门板全部移到主卧室北墙外的暗槽中即可。

客厅的扩建方案是将原始的门厅、门厅衣帽间和客房壁橱的空间都吸纳进来，它们在新侧楼中都有对应的替代设施。当然，将两架大型钢琴迁往音乐室会极大地改善客厅的可利用空间。

2. 弗雷德的书房

现在，对这间书房来说，用它来填充北侧楼和西侧楼之间的拐角是合理的设计。这样一来，不仅可以为主卧室添加一个新的壁橱而不必占用南希书房的空间，而且可以为音乐室多建造几个壁橱。此外，北走廊还给复印机预留了位置：在靠近音乐室、南希书房和弗雷德书房的中央位置。

3. 阳光门廊

我们期待的南侧门廊非常适合放在新西侧楼的西南拐角。最初，我们设想将门廊放置在地面层。但是当我们发现从主楼层下到地面层所需要的楼梯会占用门廊的空间时，我们选择将它和主楼层放在一层。同样，通过用例推演的检验后，我们没有选择将其封闭，而是决定将门廊用玻璃包裹起来，并且配上大量可开启的窗户。放弃最初想法的另一个原因是户外门廊的使用率会很低，因为冬季太冷，夏季太热。

4. 前门廊

前门廊的设计历经了几次演变。最初它覆盖了北侧楼的整个东面，最终我们保留了麦克卢尔开始时为北阁楼前门廊设计的对角朝向，这样一来，前门廊可以直接通过小路与车行道相连。前门廊面积很大，可以容纳两把面对面的摇椅，营造出一个出乎意料的、很实用的交谈空间。

门廊的屋顶是一个坡度为 45°的人字形坡屋顶，它解决了两个问题。第一，它为房屋提供了一个明显的入口；第二，它很好地化解了房屋主体和新建侧楼在设计上的差异：新建侧楼不仅有着和房屋主体不一样的檐线，并且增加了一英尺的高度（图 22-4）。

图 22-4　扩建后从东北方向看到的房屋一景

5. 地下储藏室

因为地面呈急剧下降的趋势，所以我们获得了一个可以在西侧楼下方建造一个简易储藏空间的机会。在适度的挖掘和简易的装修后，我们在音乐室下方扩建出一个 530 平方英尺的区域，这里包括封闭储藏区、一间小型工作室，以及为新侧楼的机械设备预留的空间。这使得我们可以不再租用之前的远程储藏空间，存取变得更加方便。

6. 用地边线的退让制约

在第 3 章我讲述了一个最有趣的关于设计问题和决策的故事。音乐室的目的非常明确，它在形状上有着严格的制约，必须是正方形的。除此之外我们对弗雷德书房也做了一些合理的设计。然而，书房和音乐室违背了教堂山市 17 英尺的投影退让要求。我们反复进行大量尝试仍然无法解决这个问题。最终，我们从邻居那里购买了一块 5 英尺宽的土地解决了这个问题。

7. 餐厅

我们最初希望向南扩建出一个简易的餐厅。这会使餐厅的长边从东西向变为南北向。这就不仅需要一个人字形的屋顶，而且沿着房屋南侧建造的露台也会变得有些尴尬。经过成本估算，我们放弃了这个设计。

22.6.8　施工期间的变更

1. 弗雷德的书房窗户

按照设计，弗雷德书房西侧窗户的高度是 4 英尺，距离地板 3 英尺。在建造过程中，我们发现朝西下降的地势意味着从书房窗户望出去只能看到树梢。因此，窗户的高度被修改为 6 英尺，距离地板 1 英尺。这样的改变确实改善了视野，在房间中的感受也更好了。

平面图和立面图是永远无法揭示这种问题的，不过通过虚拟环境模拟技术（virtual-environment simulation）可以在设计阶段就使问题暴露出来。

2. 管风琴的隐窗

我们的儿子肯·布鲁克斯（Ken Brooks）建议在新管风琴的长凳后面安装一扇窄窗。这扇窗从第三个方向为音乐室提供了光照。[1]

22.7　结果评估——成功之处和未解决的障碍

自第一阶段项目完成以来已经过去了 17 年，第二阶段项目是对厨房和游戏室的改建，现在距离第二阶段项目的完成也有 14 年之久了。

对于这次的房屋改建项目，我们并没有觉得有遗憾的地方。我们花费了大量时间来设计，这是不同寻常的做法，我们还密切关注了细节，这让我们在舒适性、功能性和愉悦性几个方面都取得了成功。当然，鉴于制约条件，并不是所有的理想都能实现。

22.7.1　预期的结果

1.厨房到客厅的门

拆除厨房通向客厅的门所带来的提升最为明显。它极大地简化了房屋的通行模式，并提供了通透的视野。

2.主卧室

这个布局的确有些奇怪，因为主卧室被其他功能区包围了。这样设计是因为我们不考虑它的转售价值。我想很少有家庭会需要宽敞的音乐室和多间书房。

3.音乐室

因为音乐室是可以被完全封闭的，所以这个空间非常适合教学或个人练习。也很适合放置大型管风琴。又因为音乐室和客厅可以通过推拉它们之间宽大的滑动门实现连通，所以它也适合举办独奏会和年度研讨会。不过音乐室缺少一个独立的通道，学生们需要先把鞋子和乐器放在游戏室，然后穿过厨房和客厅来到音乐室。

4.客厅

将钢琴搬出后，客厅就成了一个新的房间。通过整合壁橱扩大出来的空间令人愉悦。但宽度增大以后，如果层高也能相应地增高的话效果可能会更好一些。

我们想把拍摄的照片和视频投影出来观看，但是因为客厅没有一个合适的地方放置屏幕，所以这也是一个难以处理的问题。

5.餐厅

这个房间仍然很狭窄。餐桌可以一直延伸到客厅，我们会在客厅放置一些辅助用的小桌，这样一来，房屋就可以容纳很多人在此就餐。

6.前门廊

两个迎面的秋千组成了一个独立的小角落，它成了我们经常使用的交谈场所。主入口现在更显眼了，外观也大大地得到了改善。

22.7.2　新的功能

重新设计的房屋满足了我们之前未曾觉察的需求，但是这些需求是存在的。正如前几章所述，对于产品来说，这种事情常有发生，并非特例。

1.将阳光门廊作为会议场所

阳光门廊已经被证明是一个非常适合举行十几人会议的房间。一个新的基督教学校就是在那里成立的，并在那里举行了几年的董事会会议。

2. 在会议时，将音乐室也扩展为客厅的一部分

最初的需求是在音乐独奏会的时候，将客厅作为音乐室的扩展空间。客厅在扩展音乐室空间上的表现效果非常棒。学生和他们的父母大约有 25 人，大家可以坐在从音乐室开始延伸到客厅的几排座椅上。

然而，令人想象不到的是竟然发生了与预想完全相反的情况。基督教大学生校际协会的会议成员通常有 30~40 人，但有时会吸引 50 多人前来。这些会议的焦点是位于客厅壁炉旁的演讲嘉宾，音乐室则帮忙容纳了外排的座位。

3. 将露台、台阶和院子作为会议和用餐的区域

沿着南侧外墙搭建的露台被扩建到后院的上层，并配置了宽大的台阶和可折叠的桌子。这被证明是一个适合基督教大学生校际协会在户外用餐和召开会议的好地方。台阶也变相地提供了大量的座位。

22.8　经验教训总结

（1）一定要在设计上多投入时间。如果将设计者的工时也纳入产品价值，那么我们在每平方英尺上投入了超过成本效益的时间。在大部分 Linux 项目中也存在同样的情况。在 OS/360 项目中，在实施工作开始之前投入时间进行设计，对项目整体而言是大有裨益的。我认为这并不会增加产品的总成本。

（2）频繁地与主要用户进行深入的交谈，向他们展示易于理解的原型。

（3）进行各种各样的用例推演。

（4）反复核对专业人士（如建筑师、绘图专员和装饰师）的工作成果。确保你理解他们的工作成果，并且确定它们是准确无误的。

22.9　注释和相关资料

[1] 亚历山大（Alexander）的 *A Pattern Language*（1977 年）提倡最好是能从更多的方向采光，并且至少要确保每个房间有两个采光方向。我们严格遵循了这一点，在南希和弗雷德的书房都安装了天窗（但是请注意不要安装在主卧室）。除此之外，在南希的书房和阳光门廊之间的内墙上也安装了窗户。因此，每个新改建的房间都有来自三个方向的自然光。

厨房重构后的虚拟环境模型

高效虚拟环境研究项目，北卡罗来纳大学教堂山分校

第 23 章
案例研究：厨房重构

如果你受不了热，那么就请离开厨房。

——哈里·S. 杜鲁门（Harry S. Truman）

23.1　亮点与特色

23.1.1　为什么是这个案例？

这个简易的案例展现了设计工具所具有的能力。设计工具包括平面设计图、计算机辅助设计（CAD）软件、等比缩放模型、全尺寸实物模型，以及虚拟环境技术（virtual-environment，VE），它们中的任何一个都对设计工作大有裨益。虚拟环境技术和实物模型更是为设计工作增添了其他工具不具备的价值。

23.1.2　大胆决策 1

移动厨房的外墙。这个变动彻底改变了设计。

23.1.3　大胆决策 2

在厨房和客厅之间新建一扇门。这扇门的出现改变了整间房屋的通行路线。

23.1.4　天窗

朝北的厨房本就有采光的问题，为此我们在厨房中增加了两扇天窗，这将原本昏暗的室内空间变得明亮宜人。

23.2　背景介绍

23.2.1　位置

北卡罗来纳州，教堂山市，格兰维尔路 413 号。

23.2.2　所有者

弗雷德里克和南希·布鲁克斯。

23.2.3　设计者

弗雷德里克和南希·布鲁克斯。
美国室内设计师协会的玛丽·琼·麦戈（Mary June Magó）和阿历

克斯·琼斯（Alex Jones）为我提供建议。

23.2.4 日期

1995—1996 年。

23.2.5 背景

房屋原建于 20 世纪 60 年代，我们在 90 年代开始对其进行第二阶段的改建。在第一阶段，我们扩建了一座西侧楼、一个门厅和一个前门廊，详细的内容请参阅第 22 章。第二阶段的工作被安排在第一阶段完工的数年之后，以便我们可以获得充足的设计时间，并有时间对第一阶段的施工作业进行充分的检查。

23.3　目标

23.3.1　首要目标

我们的首要目标是对一间面积狭小的厨房及其早餐区进行改建，因为朝北，所以它显得极为昏暗，我们希望能扩建出更大的面积，调整布局并改善它的采光状况。

23.3.2　其他目标

（1）厨房将整个房屋隔离成东西两个区域，东西两区之间的通行必须要经过地下室楼梯旁边的狭窄空间，这是需要改善的地方。我们还需要为学习小提琴的学生们提供从后门进入房屋的通道，进入房屋后，学生们通常会先取出小提琴，并将琴盒存放在游戏室，然后持琴前往音乐室，最终原路返回。

（2）将厨房用桌移动到窗前，以便观赏花园的美景。

（3）为厨房的非工作访客配备座椅，让他能坐着同厨师交谈。

（4）使以下人员能够方便地使用厨房：

①一名准备早餐的厨师；

②一名（身高较矮的）主厨进行家常烹饪、烘焙和食品罐装；

③多名（最多三名）厨师协作，准备一桌盛宴。

（5）通过自助餐的形式方便地为 30~40 名学生提供餐饮服务。

（6）大幅增加操作台面空间。

（7）安装一个更大的水槽。

（8）设计一个简易的步入式的食品贮藏室。

（9）让房屋保持一个令人愉悦的外观。

（10）提升房屋"后门"入口处的照明亮度，这也是家人和学生们常用的通道，往往非正式的客人也会将它作为主要入口。

（11）在沉闷的烟囱砖墙上添加装饰性的鸟类壁画。

（12）将杂物隐藏在橱柜中。

（13）摆放少量的玻璃器皿。

23.4　有利条件

23.4.1　比过去更精简的家庭构成

由于孩子们都长大了，因此家庭的规模变小了。日常在厨房用餐的人数是两人，偶尔是三人，四个人同时就餐属于特殊情况，而过去总是一家五口在此一同就餐。

23.4.2　游戏室的可用空间

1992 年，我们扩建出了西侧楼，并以此作为音乐教学工作室，这使得房屋内新增了两处可用的空间。一处是原来放置管风琴的位置，占地 5 英尺 ×5 英尺；另一处是放置高保真音响设备的位置，占地 2 英尺 ×6 英尺。

23.4.3　三英尺的房檐

弗兰克·劳埃德·赖特（Frank Lloyd Wright）的草原式住宅的设计风格在 20 世纪 60 年代非常盛行，在这种风格的影响之下，这所房屋的房檐足有三英尺宽。

23.4.4　设计所花费的时间与精力的预算

不论是时间还是精力，我们都没有对此设限。

23.5　制约因素

23.5.1　使用者的身高

厨房的主要使用者身高为 5 英尺 1 英寸。

23.5.2　建造预算

虽说预算并不紧张，但也无法支撑重大的结构变更。

23.5.3　房屋外观

1991 年的改建工作完成之后，房屋的外观终于变漂亮了（见第 22 章图 22-4），我们不想因为厨房的改造而再次将房屋外观搞得一团糟。

23.5.4　现有的厨房

现有厨房的面积和形状（图 23-1）将决定未来新厨房的形状。

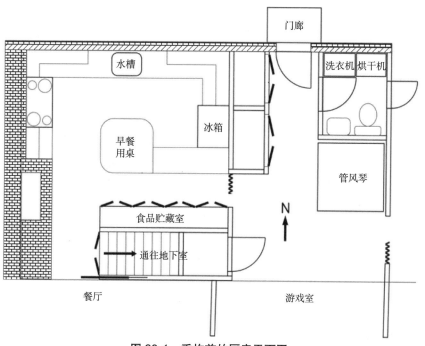

图 23-1　重构前的厨房平面图

23.5.5　烟囱砖墙

这面墙足有 8 英寸厚，限制了我们的通行路线。

23.5.6　地下室楼梯

通往地下室的楼梯无法搬迁。

23.5.7　游戏室的外门

这扇门需要保留，因为它具有极其重要的作用，但它的位置可以调整。

23.5.8　后门

由于后门位于砖墙之中，因此移动它的成本非常高。

23.5.9　现有洗衣间 / 厕所

这个房间不需要改动。

23.5.10　食品贮藏室

我们需要保留贮藏室，它的存储空间对我们十分重要，不过我们可以调整它的位置。

23.5.11　壁橱

我们需要保留位于北厅的壁橱，并且要保留当前的存储规格，不过它的位置也可以调整。这个案例非常有趣，它突出了仔细研究现有使用场景的必要性。即便我们参考大量的厨房设计案例，也很难推断出这样的需求。事实上，我们已经按照现在的方式生活 30 年了，如果将当前壁橱里面的物品散布到整个房屋的话，这将付出很高的"混乱成本"。

23.5.12　结构上的考虑

地下室楼梯墙内的纵向结构支撑着房屋的屋顶。

23.5.13　房屋中其他在用的部分

在建造过程中，此房屋的其他房间要持续可用。

23.6　复杂的厨房宽度规划

23.6.1　南北向所需的宽度

我们在早期进行过大量的设计，但是在所有可行的尝试中，宽度的障碍都被证明是难以克服的。我们为厨房制定了以下的目标。

（1）在窗户旁边设置用餐区；

（2）可以在水槽处观赏窗外的景致；

（3）可以在水槽旁与用餐区的人交流；

（4）优化东西向的通行空间，让人们可以方便地穿过厨房；

（5）充足的作业台面和橱柜空间；

（6）在灶台—水槽—冰箱形成的三角区域中可以方便地拿取物品。

23.6.2 试探性的设计方案

这个设计采用了一个带有水槽的中央岛台，它面向窗户和用餐区。这样一来，必须将带有灶具的作业台面放置在厨房的南墙。

现在，我们需要在最狭窄的地方进行南北向的宽度配给。

（1）餐桌（不少于 30 英寸）；

（2）人行通道（不少于 24 英寸）；

（3）带有水槽的中央岛台（不少于 24 英寸）；

（4）水槽和灶台之间的步行 / 作业空间（最初估计不少于 36 英寸）；

（5）灶具和作业台面（不少于 27 英寸）。

这些一共需要至少 12 英尺 3 英寸的宽度。然而原来的宽度只有 12 英尺。

我想可以通过将访客的座位放置在通道上来实现偶尔容纳不超过四人就餐的目标。虽然这个方法奏效，但是毕竟造成了道路的堵塞。不过这是可以接受的，因为只是偶尔才需要这么做。

然而，我们通过实物模拟发现水槽和灶台之间实际上需要 44 英寸的空间，而不是 36 英寸，因为需要在这里放置可以滑出或拉出的橱柜、灶具门和洗碗机。所以总宽度至少需要 12 英尺 11 英寸。

23.6.3 宽度设计的替代方案

1. 取消通道

我们首先放弃了这个方案，此方案计划取消原来的通道，并将东西向的通道移到水槽与炉灶之间，从而彻底地干扰到了烹饪工作。放弃这个设计意味着所需的宽度再次回到了至少 12 英尺 11 英寸。这引发了下面可能的解决方案。

（1）占用贮藏室和地下室楼梯的空间，将贮藏室和地下室楼梯移到其他的地方；

（2）在就餐区安装一扇飘窗；

（3）尽可能向北扩建出更大的厨房空间，以充分利用屋檐下可用的空间。

在后两种情况下，我们可以将贮藏室移到其他地方，以腾出额外的 9 英寸空间。

2.移动地下室的楼梯

为了将地下室楼梯移到其他地方，我们进行过大量研究，最终发现唯一可行的方案是在房屋外部建造一个与游戏室的南侧外门相连的螺旋梯塔。其他的解决方案要么不匹配楼上的房间布局，要么不匹配地下室的房间布局。

我们针对梯塔的方案进行了持续数月的研究。最终这个方案也被放弃了，尽管在通行方面是可行的，但是它既昂贵又难看。

我们在设计过程中得出一个结论，即在这个关键的时间点上，所有以"移动楼梯"为中心的方案都难以实现或无法接受，这个结论极大地缩小了可能的设计空间。这个子问题的设计过程是一个非常好的诠释赫伯特·西蒙的"搜索设计树"过程的案例。当我已经探寻过大量关于"螺旋梯塔"的设计案例后，我确信没有任何一个方案可行，此时我们就可以回到设计树结点的父层级，从而彻底地排除移动楼梯的可能性。

3.选择飘窗，还是向北扩建出更大的室内面积

通过研究房屋外部的实体模型，我们发现将厨房向北扩建的方案似乎比建造飘窗要好得多，而这两个方案的成本估算大致相同。因此我们选择了向北扩建的方案。同样地，通过实体模型研究，我们发现在不影响美观的前提下，可以将北墙向外推出 18~24 英寸，因为现在房屋有36 英寸深的屋檐，这个程度的扩建是可行的。

23.6.4　最终的宽度设计

我们将北墙向外推出了 24 英寸，将贮藏室移动了 9 英寸，这大大地缓解了我们在房屋宽度上所受的制约。岛台的宽度从 24 英寸增加到36 英寸，以便提供更完善的服务、更方便的工作环境和更大的储物空间。北通道的宽度也增至 39 英寸，南通道的宽度增至 44 英寸。

23.7　厨房长度的规划

23.7.1　长度的制约因素

厨房的南墙成了长度的制约因素。它必须可以容纳 48 英寸的灶台，并且灶台的左右两侧各有一个作业台面。厨房西侧的工作区被选为早餐的烹饪角，因此还需要容纳一台微波炉和一台烤面包机，所需长度总计不少于 36 英寸。

东侧的作业台面主要是家常烹饪和烘焙的区域，在这里可以方便地

拿取原材料、调味料、搅拌器和其他烹饪所需。对实体模型的模拟研究表明，48 英寸的台面长度是最为理想的。

23.7.2　设计

厨房的南墙向东延长了 18 英寸，这样一来，厨房与游戏室就被分隔成了两个更为独立的房间。我们对新建贮藏室也进行了实物模拟，发现 5 英尺（房间对角线方向）的房门就足够了，而且还会带来不错的视觉效果。

重构后的厨房平面图如图 23-2 所示。

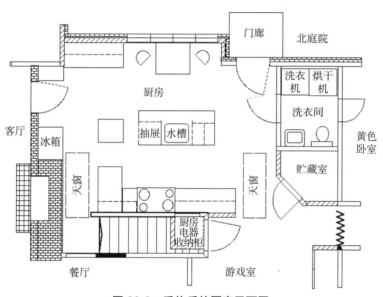

图 23-2　重构后的厨房平面图

23.8　其他的设计决策

23.8.1　门

客厅和厨房之间应该新建一扇门吗？我认为应该，尽管这意味着要将 8 英寸的砖墙打通，这个成本非常高。但是为了改善房屋的通行状况，我们必须这样做。餐厅和游戏室之间则不应该，因为对餐厅和游戏室来说，墙上的空间更有价值。

23.8.2　壁橱

另一个决定是将北侧走廊的壁橱移到游戏室的东墙。

23.8.3　贮藏室的储物架

我们将厨房的储物架（最初位于厨房南墙）移到了游戏室北墙处新建造的贮藏室中，这个空间是将管风琴移到其他地方而腾出来的。

23.8.4　厨房和游戏室之间的开放式设计

贮藏室的门是平行于房间对角线的，这样的设计提升了视觉上的空间感。

23.8.5　通行

对于东西向的交通，岛台南侧通道仅供厨师使用，岛台北侧通道可供客人和家庭成员使用。

23.8.6　橱柜

在岛台上方安装吊柜是一个可选方案，但是通过虚拟环境技术的模拟，我们发现这些柜子会影响到房间的视觉效果。

23.8.7　水槽—炉灶—冰箱三角形区域的总边长

这三个工作区形成了一个三角形的小区域，小型住宅委员会（Small Homes Council）建议这个三角形区域的最大周长不应该超过 26 英尺。最终，我们的设计方案采用了 24 英尺的周长。

23.8.8　塑料和玻璃器皿的储藏

对于身材较矮的使用者，将这些物品放在抽屉里比放在橱柜里更适合。

23.8.9　辅助岛台

辅助岛台的规格为 26 英寸 ×26 英寸，通过向上翻转的方式可以让它再扩展出 12 英寸的空间，用于临时放置餐具、玻璃器皿和厨房用具。它还可以为冰箱提供暂时放置食物的空间，也可以在厨房提供自助餐的场景下为主岛台提供一个可选的扩展空间。

23.8.10　较低的东部作业台面

我们在厨房东侧设计了较低的作业台面，以方便身材较矮的使用者。这也使得我们可以将大型厨房电器收纳于此。

23.8.11　厨房电器收纳柜

我们打通了厨房的南墙，让这个收纳柜占据了一部分相邻壁橱的空间。

23.8.12　照明

1. 天窗

我们在岛台两端建造了两个 2 英尺 ×4 英尺的天窗，它们的位置靠近采光不良的厨房南部区域。这项设计决策受到了亚历山大的模式的启发："每个房间都应该具有来自两面，或者最好三面的自然光。"[1]

2. 厨房后门

我们用玻璃门替换了原来实木的厨房后门。

3. 窗户

为了呼应整个早餐区的设计风格，我们为厨房安装了新的窗户。

4. 人工照明

我们为厨房设计了七种照明模式，用于不同的场景、不同的环境氛围，或为通道提供重点照明。

5. 色彩方案

米白色有助于提升亮度和对比度。我们保留了游戏室和厨房东墙上的旧镶板，并用白色石膏板覆盖了烟囱砖墙。

23.9　结果评估

23.9.1　尺寸

通过向外扩建和移走贮藏室，我们让厨房的宽度增加了 2 英尺 9 英寸，扩大了厨房作业和通行的空间。移走壁橱也使视觉空间增加了 2 英尺 3 英寸。最终厨房的面积增加了近 54 平方英尺。

23.9.2　通行

客厅和厨房之间的门从根本上改变了整间房屋，为此我们也付出了昂贵的代价。现在几乎所有东西向的交通都要通过这扇新建的房门。从厨房可以看到黄色卧室的东窗和南希书房的西窗。

23.9.3　房屋采光

天窗、玻璃窗、米白色的色彩方案和照明改变了房间带给人们的感受。

23.9.4 对游戏室的影响

游戏室由于添加了壁橱而明显变得狭窄，但它仍然非常适合以下的用途。

（1）学生可以在此等候，也可以在此放置乐器箱；

（2）学生在上课时，同伴可以在此演奏乐器；

（3）我的孙子和孙女可以在此玩耍。

23.9.5 南门

通往房屋南侧入户门的小路有些狭窄。

23.10 其他已满足的需求

（1）厨房的用餐区非常适合会客。这里还有一个迷人的视角，以观赏鸟类。

（2）早餐烹饪角非常方便，站在这个地方可以方便地使用微波炉、电煎锅、烤面包机、抽屉、餐炉和餐具。

（3）多位厨师可以方便地协作。

（4）新厨房非常适合团体自助餐：

① 客人们可以从餐厅进入，再从客厅离开。

② 客人们可以从西南台面的抽屉中取出自助餐的餐具。

③ 托盘、餐碟和就餐用品存放在西南侧的作业台面的柜子中。

（5）新贮藏室提供更加宽敞的存储空间和更方便的使用体验。

（6）厨房改造对房屋外观没有任何影响。

23.11 平面图、CAD、模型、实物模型和虚拟环境技术在设计中的应用

我们在设计工作中投入了大量的精力，原因如下。

（1）对一间房屋的整体满意度在很大程度上取决于厨房的设计水平。

（2）人们对厨房的使用非常频繁。

（3）这次重构受到现有结构及其室内通行方式的严格制约，面临难以化解的设计问题。

（4）我们没有为设计工时编制预算，因此设计者的投入时间和工作量没有受到限制。

我们的设计工作使用了全套的设计工具。

23.11.1 平面图和 CAD

大部分的设计是通过绘制草图来完成的，草图完成后，我们会在一台麦金塔计算机上使用 MiniCad 软件（MiniCad architectural CAD system）将草图中记录的内容整合到现有的房屋结构中来，这样可以保证我们的设计是连贯且一致的。设计文档最后会被保存为 MiniCad 软件的文档数据。

我们在计算机屏幕上以 1/4 英寸 =1 英尺（1：48）的比例来进行大部分 CAD 的设计工作，不过 CAD 软件和双屏显示器使得我们可以在屏幕上以高达 1：6 的比例进行详细设计。通常我们也会采用 1/2 英寸 =1 英尺或 1 英寸 =1 英尺的显示比例。

CAD 软件中的设计是分层的，厨房的原貌、移除的工程建筑、新增的工程建筑，以及厨房电器和家具等都有相应的图层。

23.11.2 设计日志

大部分重要设计决策背后的理论因素，以及达成这些决策的过程都会在设计日志中被同步地记录下来。其中一部分日志内容经过我的编辑后，被用作示例放到了本书的网站上。

23.11.3 等距绘图工具包

我们还使用了一款厨房专用的设计工具包，它能提供使用者一组等距的网格和平面插图，插图包括各种厨房电器、橱柜和台面，我们将插图设置为合适的比例并打印在静电活性塑料上面。这个工具包使用方便，速度快，效果也很好。主要的限制是它提供的家具种类有限，而且是单色的。

23.11.4 模型

南希使用 1/2 英寸 =1 英尺的比例制作了一组简易的纸板模型，以获得三维立体的感受。事实上，这些纸板模型证明了它们比等距平面图带给设计者的感受更为丰富：它们让设计者可以从任何角度查看厨房的内部空间，即使是在微缩模型中。

23.11.5　实物模型

全尺寸的实物模型被用来检验最关键的设计决策。这些模型极具价值。

我们在对厨房北外墙进行扩建时使用了纸壳箱来模拟扩建后的房屋外观。然后我们找到了另一个建筑，这里的房间有着很大的室内空间，我们可以在这里用桌子、纸壳箱和木凳来模拟厨房室内的布局摆放。接下来，我们在这个空间内通过大量不同的单位间距进行了各种厨房用例的检验。我们希望在此测量出厨房作业所需的最小容忍间距，还有需要增加到多少间距才能让厨师们的协作相对舒适，我们的验证方法被证明是对此最有效的方式。

这与我以前在一个教堂建筑委员会时的经验相吻合。最终我们对教堂的厨房间距进行了模拟验证。最终这种方法被证明是确定间距的唯一令人满意的方法。

23.11.6　可视化的虚拟环境

我在 UNC 的研究团队当时正在搭建一间虚拟环境的实验室，因此南希和我使用它来检验了我们的厨房设计。本章首页展示了在头戴式显示器中生成的视图，使用者在虚拟厨房中四处走动时可以获得视图上的反馈。我们的跟踪技术允许使用者在一个 15 英尺 ×18 英尺的空间内自由行走，这个范围大概包括整间厨房。

在 20~40 分钟的时间里，使用者会产生非常强烈的临场感——此时人们忘记了虚拟环境设备，而全神贯注于厨房的虚拟景象。

23.11.7　虚拟环境的实验结果

（1）我们通过虚拟环境技术发现的最重要的问题是夹在水槽两侧的吊柜破坏了视觉空间，从而感觉厨房狭小又拥挤。因此，我们重新设计，移除了那些吊柜，但仍然保留了架子需要的空间。

（2）早餐烹饪角的吊灯很突兀，需要将它们替换成吸顶灯。

（3）虚拟环境体验确认了计划中在大型烟囱砖墙上绘制鸟类壁画是有必要的。

（4）硬木地板的对角布置的效果很好。

（5）其他发现表明虚拟环境设备和技术需要改进。

23.12　经验教训总结

（1）厨房确实是房屋中最重要的房间。值得为它进行大量的设计工作。

（2）14 年后，关于这个项目的细节，我们恐怕只能回想起其中一些与众不同的事情。项目最终能够取得一个喜人的成果，其中部分原因是设计者本身就是用户，这使得我们的用例是真实且有代表性的，这一点和 Linux 的设计过程十分相似。另一个重要原因是我们在设计上投入了很多的时间和精力。我们在研发 System/360 计算机架构（参考第 24 章）时也是如此的，我们也有着充足的时间。然而这与软件开发是不同的，软件的开发者反而希望将必要的设计之外的时间用于和真实用户一同测试产品原型，在我们的重构项目中，我们采用了仿造的实物原型和虚拟体验模型来进行大量用例的验证。我相信大多数项目都应该从整体日程工期中分配更多的时间给设计工作。

（3）与朋友进行广泛的交流和咨询让我得出了至关重要的好想法，其中包括基本配置。

（4）将全尺寸的实物模型和用例结合起来是非常有价值的。

（5）相比平面设计图，虚拟环境技术能够提供更多的重要信息，特别是在视觉空间和空间感受的层级上，虚拟环境技术甚至可能超越实物模型。

从实际应用的角度来看，虚拟环境技术的价格会变得越来越便宜，使用也会越来越方便。而实物模型通常不会在价格和使用体验上有任何变化。因此，关键问题不是"虚拟环境技术是否交付出了超越实物模型所提供的价值？"而是"实物模型提供的重要价值是否能被虚拟环境技术所替代？"

根据我在设计空间上的经验及我们 VE 实验室的科研成果来看，我认为这个问题的答案是"可以"。因斯科（Insko）发现在虚拟环境的体验过程中添加可以触摸的泡沫塑料模型（即使只能看到模型图像），可以显著提升使用者的临场感受[2]。我们对此做过一个试验，方法是让经过虚拟环境训练的试验者穿越真实的迷宫（人眼完全被虚拟环境设备遮挡），我们发现在虚拟环境中添加了可触摸的实物模型的试验者的表现明显比只有视觉图像的试验者要好得多。他们完成的速度明显更快，失误更少。

因此，我确信当人们在设计像厨房这种被大量应用的空间时，那些有具体应用场景的实物模型是值得付出制作成本的。除了厨房，我们也可以联想到具有很多办公室的建筑，通常一间办公室会在虚拟环境中被大量的复制使用。

和大师的跨时空对话

23.13　注释和相关资料

[1] 亚历山大（Alexander）的 *A Pattern Language*（1977 年）。

[2] 因斯科（Insko）的 *Passive Haptics Significantly Enhances Virtual Environments*（2001 年）；惠顿（Whitton）与他人合著的 *Integrating Real and Virtual Objects in Virtual Environments*（2005 年）。

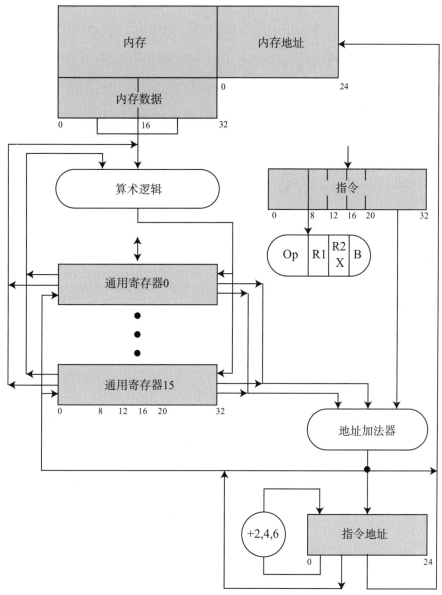

IBM System/360 的基本编程模型

出自布拉奥（Blaauw）和布鲁克斯（Brooks）的 *Computer Architecture*（1997 年），原书图 12-78

第 24 章
案例研究：System/360 系统架构

《IBM 公司的 50 亿美元赌注 》（ *IBM's $5，000，000，000 Gamble* ，
1996 年 ）。

——汤姆·A. 怀斯（Tom A. Wise）

《财富》杂志

"IBM System/360 大型机及其后继的兼容机型"……
长时间以来一直是最为耐用的计算机，
并且将一直如此。

——戈登·贝尔（Gordon Bell），2008 年

24.1　亮点与特色

24.1.1　最大胆的决策

IBM 公司为了支持 1 条新型的产品线，决定放弃 6 条现有产品线的所有后续开发，这个做法会将 IBM 现有的客户群暴露给竞争对手，因为其他厂家的计算机也能够兼容 IBM 现有的产品线。毫无疑问，做出这个决定的人是 CEO 小托马斯·J. 沃森（Thomas J. Watson，Jr.）。

24.1.2　大胆决策 1

6 条新型的计算机产品线可以通过统一的架构来完全确保向上和向下的二进制兼容。提出这个方案的人是唐纳德·斯波尔丁（Donald Spaulding），最终鲍勃·欧. 埃文斯（Bob O. Evans）决定支持这个方案。

24.1.3　大胆决策 2

新架构采用 8 位字节，这将直接淘汰现有的全部 I/O 和辅助设备，连卡片打孔机也未能幸免。

24.2　背景介绍

24.4.1　所有者

IBM 公司。

24.2.2　设计者

（1）吉恩·阿姆达尔（Gene Amdahl），系统架构负责人。

（2）盖瑞·布拉奥（Gerrit Blaauw），副架构师和使用手册制作人。

（3）理查德·凯斯（Richard Case）。

（4）乔治·格罗弗（George Grover）。

（5）威廉·哈姆斯（William Harms）。

（6）德里克·亨德森（Derek Henderson）。

（7）保罗·赫维茨（Paul Herwitz）。

（8）格雷厄姆·琼斯（Graham Jones）。

（9）安德里斯·帕代格斯（Andris Padegs）。

（10）安东尼·皮科克（Anthony Peacock）。

（11）大卫·里德（David Reid）。

（12）威廉·史蒂文斯（William Stevens）。

（13）威廉·赖特（William Wright）。

（14）弗雷德里克·布鲁克斯（Frederick Brooks），项目经理。

24.2.3　日期

1961—1964 年。

24.2.4　背景

像 IBM System/360 产品线一样被彻底地论述过其合理性的计算机架构并不常见。关于架构合理性的论述，我在本章的"注释和参考文献"小节中提供了一些最为重要的内容。[1] 本章的案例研究将只涉及其中一些关键的要点。

在 1960 年，IBM 的第二代（离散晶体管技术）计算机产品线很明显在架构方面出现了问题（主要是它的内存寻址能力不足）。当时 IBM 已有的几条产品线是互不兼容的，它们各自都有兼容的软件和市场支持，其中包括下面这些产品。

（1）IBM 650（第一代，使用真空管）及其不兼容的后继机型 1620，后者是晶体管式的（transistorized）。

（2）IBM 1401 及其不兼容的后继机型 1410。

（3）IBM 7070-7074。

（4）IBM 702-705-7080。

（5）IBM 701-704-709-7090。

（6）IBM 7030（Stretch 大型机，一共生产了 9 台，没有进行下一步的市场营销）。

其中，最初的两款产品占到了市场总计投放数量的三分之二，由总产品部（General Products Division，GPD）负责；其余的产品由数据系统部（Data Systems Division，DSD）负责。在 IBM 公司的各产品线之间，1410 和 7070 是有直接竞争关系的，而 7080 和 7074 也一样。这几条产品线代表了完全不同的架构理念和基本决策。

数据系统部在 1959 年开始研发一条基于第二代离散晶体管技术的新产品线"8000 系列"，它在技术上采用了 Stretch 架构，计划成为代替 7074、7080、7090 和 Stretch 的后续机型。此时，工程机中有一台已经投入运行了，到了 1961 年 1 月，8000 系列的四款机型都已经通过了"最高级别（zero-level）"的成本估算、市场预测和产品定价。市场预测的核心部件是一套基于电话线路进行计算机通信（telephonic computer communications）的新型应用。

1961 年的上半年，数据系统部内部发生了一场激烈的关于产品的争论，是按照我的主张立即推进 8000 系列，还是等待三年并设计一条采用集成电路技术的全新产品线？我的主张后来被证明是错误的，但是构建新产品线需要的集成电路技术当时还不成熟。最终，鲍勃·欧·埃文斯决定支持构建全新产品线。因此，与 8000 系列有关的工作被立即停止，并且在 6 月，数据系统部开始了一条新型的集成电路产品线的研发。埃文斯让我负责这个项目，他的做法让我感到非常意外，这也彰显了管理者为人宽厚的品格。

与此同时，公司的技术人员唐纳德·斯波尔丁（Donald Spaulding）逐渐确信 IBM 需要的并不只是用来满足中高端市场需求的产品，而应该设计一条在公司内部统一的新型产品线。他以此说服了副总裁 T. V. 利尔森（T. V. Learson），利尔森成立了一个公司范围的战略委员会来制订研发计划，这就是 SPREAD 委员会。当时，由总工程部的工程副总裁约翰·汉斯特拉（John Haanstra）领导的 1401 产品线取得了巨大的成功（成为首个销售量超过 10 000 台的计算机产品），很多人都担心 SPREAD 委员会的成立会被认为是对总工程部自主权的挑战，并因此遭到约翰的极力反对。于是，将这个委员会交由约翰来领导就成了当时最明智的做法。最终，SPREAD 委员会于 1961 年底提交了报告，公司管理委员会采纳了其建议的新型产品线，将它作为所有现有产品线的后续机型。[2] 这个令人瞩目的大胆举措后来被《财富》杂志称为"IBM 公司的 50 亿美元赌注"。[3] 埃文斯称之为"你赌上了你的公司"。我被任命为处理器项目的管理者，负责协调所有的开发活动。幸运的是，除这个跨公司员工职级的授权外，我还直线负责整个项目的市场需求和架构工作，以及数据系统部的计算机工程和所有编程工作。员工授权是书面签署的授权承诺书；而直线授权（Line authority）则可以实际地管控财务和人力资源。

SPREAD 委员会的报告要求首先开发 6 台计算机，接着在几年内推出一台超低成本的机型和一台超级计算机。这 6 台计算机分别被命名为 Model 30、40、50、60、64 和 70；后面的两台分别是 Model 20 和 90。Model 20 和 30 将由总产品部负责；而其余的则由数据系统部负责。

24.3   目标

24.3.1   首要目标

（1）研发一种严格的向上和向下兼容的二进制计算机架构。

（2）确保计算机在商业数据处理、科学工程计算和远程计算领域都能适用并具备竞争力。

（3）拓展新型应用的能力范围，以便当每台计算机的生产成本降低一半的时候，IBM 的销售额能够稳步增长。这是因为我们无法期望 IBM 在现有应用领域的市场份额会大幅增加，或者这些应用的销售额会迅猛增长。

（4）从超低成本的机型到速度最快的超级计算机，让每个机型在其市场范围内都具有成本效益（竞争力）。

24.3.2   其他重要目标

（1）开发一款充分利用二进制兼容性的、全新的软件支持系统，让这样一个强大的系统能够替代大量不完整的第二代系统。它必须包括一个新型的操作系统，还需要集成第二代计算机操作系统快速开发的设计理念。

（2）设计一套方法来帮助客户从他们手中的第二代系统转向 System/360，这样就不用担心竞争对手会提供与 IBM 停产的产品线所兼容的后继机型。

（3）提供一个技术加固（hardened technology）的架构，以满足 IBM 联邦系统部门（IBM's Federal Systems Division）对于军用和政府民用（如 NASA）产品的要求。

（4）实现更高水平的可靠性和可维护性，包括超高可靠的多处理器系统。

24.4   有利条件（截至 1961 年 6 月）

24.4.1   需要全新架构

磁芯存储（Magnetic-core memories）已经被证明是非常可靠的技术，而且它的成本已经大幅降低了。所以，所有客户都想要更多的内存。由于所有现存产品线全都已经用尽了其地址空间，因此我们需要进行一项或多项主要的架构修订。我们已经从第一代和第二代计算机的用户使用体验中收获了大量的经验教训，现在正是发挥它们作用的好时机。而这些宝贵的经验教训在旧有架构中很难派上用场。

24.4.2 更经济的新技术

IBM 的技术部门此时正在紧锣密鼓地发展集成电路技术，并且将在 1964 年迎来一个关键节点，这个新技术被称为固态逻辑技术（Solid Logic Technology，SLT），IBM 已经准备好了对此进行大规模的生产制造。这将使任何给定复杂度的计算机的成本降低一半，还会带来更小的硬件体积、更低的功耗和更高的可靠性。对客户来说，转向一个全新的、不兼容的系统是一个痛苦且昂贵的过程，而新型集成电路带来的性能上的极大提升和成本上的大幅降低将成为客户选择转型的动力。

24.4.3 充足的设计时间

新技术上市的时间节点意味着系统架构师们会得到充裕的设计时间，我们几乎有两年的时间来进行完整的和细致的设计工作。

24.4.4 新型 I/O 设备

随机访问磁盘技术（random-access disk technology）已经得到了迅速的发展，这使全新的数据处理方式得以实现，并彻底改变了操作系统的磁盘访问机制。

24.4.5 新型远程计算能力

计算机通信技术最早是为军事防空而研发的，现在它逐渐开始吸引商业应用的关注，并且已经有航空公司在自己的预订系统中开始尝试基于此技术的创新应用。

24.5 挑战和制约因素

24.5.1 兼容性——内存地址大小

到目前为止，最大的技术挑战在于实现严格的（二进制）向上和向下兼容性的同时，还需要让各个级别的计算机能够在其市场上与专业对手竞争。如何保持最低配机器的成本优势，又不会因为统一架构而对超级计算机产生过度限制呢？如何让超级计算机超高速运行，又不会对低成本机型造成负担？主要问题在于内存地址的大小。位于产品线顶端的机型需要巨大的内存地址空间；而低端机型（串行实现）是否负担得起在内存空间上的投入，以及在获取大量空地址字节时带来的性能损失呢？

24.5.2　兼容性——指令集

如何在不影响计算机成本目标的情况下提供复杂的操作，例如供科学应用需要的浮点运算，以及用于商业数据的字符串操作？

24.5.3　更广泛的应用范围

第三个重要的挑战在于为各种新型应用（尤其是通信和远程终端）提供多形态的完整系统，如计算密集型系统或数据处理密集型系统。

24.5.4　从现有系统的转换

第二代系统向新系统的转换将会是一场噩梦，我们在设计的第一年里没有花太多精力去思考这个问题。

24.6　最重要的设计决策

24.6.1　8 位字节

我们的新架构采用了 8 位字节（一个字节代表 8 个比特位）的设计，而不再采用前两代计算机（Stretch 除外）所特有的 6 位字节。这是最重要的，也是争论最激烈的决策。这次改变带来了许多影响：在前两代计算机中，单精度浮点数值类型要求 48 个比特位，双精度要求 96 个比特位，因此旧机型采用了 6 位字节。24 个比特位的指令长度太小，而 48 个则太大。如果考虑小写字母表的话，计算机的指定需要多少位呢？然而这个问题的答案在早期计算机中几乎是未知的。

我认为小写字母表未来的应用前景是毋庸置疑的。最终，我们选择了 8 位字节，32 位的数据单元（32-bit data words）和单地址指令（single-address instructions），以及 32 位和 64 位的浮点数值类型。

24.6.2　失败的堆栈架构

我们最初采用堆栈架构（stack architecture）来解决地址长度的问题。在努力尝试了 6 个月后，我们发现它在中端及更高端的机型中表现良好，但是在低端机型中性能急剧下降，在这个方案中堆栈必须实现在主存储器中，而不是在寄存器中。

24.6.3　设计竞赛

在堆栈架构失败以后，阿姆达尔（Amdahl）提议我们进行内部的设计竞赛。他的想法取得了极大的成功——阿姆达尔团队和布拉奥（Blaauw）团队都各自独立提出了一种基址寄存器（base-register）的设计方案来解决内存地址大小的问题。因此，我们采纳了基址寄存器的方案。

24.6.4　24 位长的内存地址

我们勉强选定了这个长度，内存地址的寻址单位是字节。尽管我们清楚，在这个架构的整个生命周期中的某个时刻，我们不得不再将内存地址长度扩展到 32 位，但对于 1964 年的实现来说，我们负担不起这个成本，对此我在 1965 年还公开做出过预测。[4] 我们为内存地址制定了大量充满前瞻性的规定以备将来扩展，但不幸的是，虽然地址的前 8 个比特位本应保持不被使用，但是最后却因为疏忽而被分支和链接子程序调用指令（Branch and Link subroutine call instruction）占用了。

这个案例将团队设计的危险之处反映得淋漓尽致。我没有足够强烈地向整个团队灌输我们对未来扩展的愿景，而且在审查中也没能发现这个纰漏。

24.6.5　标准 I/O 接口

为了支持各种不同的专业应用系统，我们设计了一种在逻辑、电气和机械层面都一致的标准接口，用于连接所有 I/O 设备，这与巴克霍尔兹（Buchholz）最初在 Stretch 机型上的做法是一样的。这极大地降低了硬件和软件的成本，并简化了 I/O 设备和控制单元的工程化开发。

24.6.6　监控机制

我们精心设计了一套监控机制，以便这套系统可以在不需要人工干预的情况下交由操作系统来控制。它包括一个中断系统、内存保护机制、一个特权指令模式和一个定时器。

24.6.7　单一错误检测

尽管没有明确的客户愿意为此需求付费，但是我们要求所有 S/360 的实现都必须强制实行完整的端到端的单一错误检测（single-error detection），这在很大程度上有助于实现所期待的高可靠性和可维护性。

从最早的通用自动计算机（universal automatic computer，UNIVAC）开始，所有制造商生产的商业数据处理计算机都内置了大量的检查机制。然而，从最初的伯克斯（Burks）、戈尔德斯坦（Goldstine）和冯·诺伊曼（Von Neumann）的论文开始，科学计算机却没有这样做。这似乎与我们的认知相悖。毫无疑问，在计算原子爆炸时发生的硬件错误远比水电费账单中的错误更为致命。我认为差异在于，科学界通常在其程序中纳入了像能量守恒这样的全局检查，这样就不需要在硬件上实现这个功能。

我们观察发现，到了 1961 年人们已经开始信任计算机输出的答案了，尽管如此，我们仍然在职业操守的驱使下加入了硬件检查的功能，并期待额外产生的成本不会扼杀它的市场前景。

24.6.8　十进制算术运算

我们决定加入十进制和十二进制的算术运算，一个原因是为了简化数据类型的转换，另外一个原因是方便向用户培训，毕竟数据处理在当下是一个巨大的市场（这与早期的 650、1401、1410、7070、7074 和 7080 系统相反，这些机型的所有寻址操作都是基于二进制的）。

提供十进制数据类型可能是一个错误，我们应该将货币金额的单位存储为便士（pennies）的整型数值以消除分数转换带来的偏差，而不应该在 COBOL 或其他编程语言中解决这个问题。我们只能猜测放弃十进制数据类型不会给市场造成过激的影响。这个决策的硬件成本不算高；反而是软件成本和增加的概念复杂性更高一些。

24.6.9　多处理器机制

我们为多颗处理器在同一台计算机系统上的并行工作准备了方案，由系统来控制程序正确地运行在任何一颗处理器上。

24.6.10　微程序化实现

我们在 SPREAD 的报告中规定，除非某位特殊的工程管理者能够证明常规逻辑（conventional logic）具有 33% 的性能或成本上的优势，否则必须采用微程序化实现（microprogrammed implementation）。这使得低端处理器能够包含功能相对丰富的统一指令集，唯一的成本开销只是增加一些控制存储器。Model 60 和 Model 64 在开发初期采用了传统逻辑，不过在开发过程中它们都切换到了微程序化实现，并最终合并成为 Model 65。Model 75 和 Model 91 则采用了传统逻辑。

24.6.11 对早期架构的仿真

斯图尔特·塔克尔（Stewart Tucker）认为 Model 65 的内存单元和数据通道位宽所采用的 32 数据位 +4 奇偶校验位（32-bit-4-parity-bit）的设计可以优雅地容纳 7090 的 36 位无校验位（36-bit-noparity word）所需的内存空间。塔克尔有效地应用了 Model 65 的数据通路，发明出一个微指令编码的 7090 仿真器。这一突破性的发现被证明是为客户解决 7090、7074 和 7080 的迁移问题的主要解决方案。[6]

在 1964 年 1 月的某个关键时刻，威廉·哈姆斯、杰拉德·奥托维（Gerald Ottoway）和威廉·赖特几乎是在一夜之间为 Model 30 设计了一个 1401 的微程序化仿真器。它有效地解决了一位最大客户的迁移问题。

24.6.12 虚拟内存的缺失

在定义 S/360 架构的这段时间里，虚拟内存技术在剑桥大学的 Atlas 计算机上被发明了出来，并且剑桥、麻省理工学院（MIT）和密歇根大学联合开发了使用虚拟内存的操作系统。对于是否应该调整设计方向以支持虚拟内存，我们进行了很长时间的、艰难的讨论。最终出于性能原因，我们决定先不去支持虚拟内存。这是一个错误的决定，后来在第一代的后继机型 System/370 中得到了纠正。

24.6.13 新型随机访问 I/O 设备

该项目在操作系统存储和新型磁盘文件方面投入了大量的研发工作。我们认为这对于新型应用程序和系统的多样性非常重要。类似地，我们还研发了新型单线和多线的通信控制器。

24.6.14 I/O 通道

I/O 由不同的运行通道分别处理，这些通道在本质上是专门的存储程序单元，其中一些被优化用于快速的块传输，另外一些用于最多 256 条通信线路之间的多路复用。

24.7 里程碑事件

24.7.1 1961 年夏季

数据系统部开始着手新型产品线的架构工作。来自 IBM 研究部的阿姆达尔，勃姆（Boehm）和考克（Cocke）加入了此前负责 8000 系列的布拉奥的架构团队。此时架构设计采用的是堆栈方法。

24.7.2   1962 年 1 月

该项目动员了全公司范围内的资源。

24.7.3   1962 年春季

首次性能评估展示了堆栈架构不具备竞争力。通过设计竞赛，我们采用了基址寄存器的方案。

24.7.4   1962 年夏季

结束了关于字节大小的争论。

24.7.5   1962 年秋季

完成了架构手册的初稿。

24.7.6   1963 年秋季

架构手册定稿。

24.7.7   1964 年 1 月

S/360 的 Model 30 和总产品部的 1401S 之间发生了一场重大的产品竞争，后者是由现任总产品部总裁汉斯特拉推动的，是 1401 的后继机型，其速度为 1401 的 6 倍。S/360 通过在 Model 30 上实现了 1401 的仿真而获胜。

24.7.8   1964 年 4 月

发布了 Model 30、40、50、65 和 75，并透露 Model 90 即将推出。

24.7.9   1965 年 2 月

第一台 S/360 出货（Model 40）。

24.7.10   1972 年 8 月

发布了 System/370 将采用虚拟内存的公告。

24.7.11   1980 年初

发布了 System/370 XA 31 位架构。

24.7.12　2000 年

发布了 Z-Series 64 位架构。[6]

24.8　结果评估

24.8.1　稳固性

计算机架构的稳固性可以定义为"耐用性"。我曾预言新型架构的生命周期是 25 年，在这个过程中，我们将会通过提供更大的内存地址空间改造出多种不同版本来实现。[4] 现在距离 S/360 的发布已经过去了 45 年，这个架构仍然存在并且在逐渐增强。最新的实现是 2007 年 3 月发布的 IBM Z/90。它仍然具备向后兼容性；S/360 的程序仍然可以运行。这些被称为大型机的设备正在持续处理全球大部分的数据库工作，它们正在运行 MVS/360 或 VM/360 的后继版本，并且现在越来越多的实现正在将 Linux 作为它的操作系统。

稳固性的另一个定义或许是"对行业的影响"。戈登·贝尔（Gordon Bell）是 DEC 公司杰出的计算机架构师，贝尔最近将 System/360 评为历史上最有影响力的计算机，这指的是对设计思想的影响，而不是市场表现，如果论销量的话，PC 将轻松胜出。[7]S/360 架构对计算机架构产生了全面且长期的影响，其转向 8 位字节的做法彻底改变了计算机架构。它对磁盘 I/O 的重视也从根本上改变了计算机的系统设计。[8]

吉恩·阿姆达尔获得了 S/360 架构的授权，他在阿姆达尔公司的计算机产品线上精准地复刻了 S/360 架构并取得了巨大成功。RCA 公司也得到了该架构的授权，并在其 Spectra 70 产品线中使用了 S/360 架构。尽管 RCA 忠实地实现了 S/360 架构中的问题模式（Problem Mode），但是他们的架构师还是选择对架构的特权模式（Supervisory Mode）进行了特殊版本的实现。RCA 的实现版本被西门子、富士通和日立大量应用，并被苏联成功地进行了复制。

S/360 架构显然影响了 DEC 的 VAX 和 PDP-11 两个计算机产品线，以及众多的微型计算机的后辈，如摩托罗拉 6800 和 68000。

24.8.2　实用性——竞争力，逐步占领市场

从商业角度来看，System/360 的冒险取得了巨大成功。IBM 的年度报告显示，从 1964—1968 年，年均营收增长了 21%，年均利润的增

长高达 20%。

我们在 1964 年 4 月 7 日发布了约 144 种新产品，其中大量是各种不同类型的可选存储器；不过还有很多是令人耳目一新的 8 位 I/O 设备：各种不同的打印机，其中一些具有可变字符集；各种不同的磁盘，其中一些具有可更换的外壳；新型磁带系统；各种通信终端和网络设备；新型卡片打孔机、卡片读卡器和打印机；以及其他各种各样的设备，如支票分拣机和工厂数据输入终端。这些丰富的产品是在许多遥远的实验室中开发的，新架构让几乎无限多种组合的系统配置成为可能。它具备的标准 I/O 接口及其软件支持，意味着可以方便地改变系统的配置。CPU 的兼容性意味着通常利用一个周末的时间就可以将计算机中心的机器升级到不同型号，而无须更改 I/O 配置或软件。

所有型号在各自的市场上表现得都很出色。带有磁盘和打印机的 Model 30 立即取得了成功。向上兼容的 Model 20 在发布不久后也表现十分出色。

Model 65 在以前由 7090、7094、7094 II、7080、7074 或其他型号运行的应用程序上取得了巨大成功。这个型号很好地满足了新型数据库的技术需求，它和它的后继型号主导了这个领域。Model 65 在工程计算中也表现得十分出色。重要的竞争对手大多在自家计算机上采用了 S/360 架构，号称兼容机（plug compatibles），通常运行 OS/360 的软件。

Model 75、Model 91 及该系列的其他型号是专为科学超级计算机而设计的。它们曾与同时代的 CDC 和克雷公司的计算机在市场上分庭抗礼，不过克雷的后继型号最终占据了主导地位。4 台 Model 75 计算机为阿波罗计划提供了地面的计算支持；System/360 的加固衍生版本则提供机载计算机服务进入了太空。

24.8.3 愉悦感

最初的架构相当简洁，同时还细致区分了架构、实现（implementation）和技术实现（technological realization）的三个概念 [9]。严格向上和向下兼容的需求给设计者强加了一项严格的规定，保护了低端机型免受功能缺陷的影响，也保护了高端机型避免增加过多的功能（同理，任何作家都明白，对页数的严格限制通常会催生出更简洁和更有效的作品）。布拉奥在操作码列表中适当预留了后续添加的空间。事实上，后来确实进行过添加，带来的影响是操作码集合不再像以前那么有序了。

从技术上看，我们最大的错误是最初没有采用虚拟内存。这是一个专家团队犯下严重错误的案例（第 14 章）。从设计美学和概念性进行分析，我们最大的错误是没有认识到 I/O 通道只不过是另外一台计算机。
相比之下，当克雷公司的外围处理器首次出现在 CDC 6600 上，它绝佳
地体现出了设计理念的简洁与强大。在克雷公司的设计中，并发 I/O 流
中的每一条都是由架构上独立的、简易的小型二进制计算机来控制的，
通过一个分时数据流（time-shared dataflow）实现了全部的并发操作。

在最初的 CPU 架构中，最丑陋的设计就是 SS 指令格式，就像所有
其他的指令格式一样，它只提供了一个基址寄存器，却没有提供单独的
索引寄存器。我在上面也提到过，分支和链接（Branch and Link）指令使
用了本应保留用于扩展 32 位内存地址的高阶地址位。这导致系统从内
存加载到寄存器（Load Address）的时候，这些高阶地址位被抹掉了。

还有一个较小的失误是我们最初没有在浮点运算的定义中提供保护
位数。这导致我们需要在交付后对第一批 S/360 计算机进行现场修改。

如果在美学方面对我们的工作成果进行评判，或许这句话是最有力
的批评：S/360 实际上是一个外壳下面的三种架构——基本的 32 位二进
制机器，具有不同数据流的 64 位浮点数的机器，以及具有完全不同的
数据流，甚至是十进制算术（第 24 章前言插图、图 24-1 和图 24-2）的
逐字节的处理器。实际上，在添加选择器通道（selector channels）和多
路复用通道（multiplex channels）之后，实际上存在着 5 种架构。采用
微码实现（Microcoded implementations）让这一切都能正常工作。

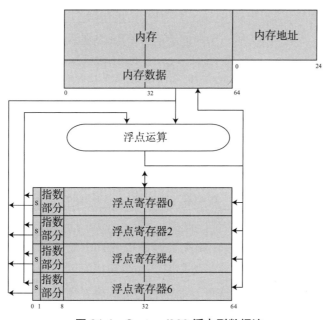

图 24-1　System/360 浮点型数据流

出自布拉奥（Blaauw）和布鲁克斯（Brooks）的 *Computer Architecture*（1997 年），
原书图 12-79

通过这些不同的并发架构，我们实现了一个真正通用的计算机产品线，通过适配的处理器、存储器，尤其是 I/O 设施，可以满足各种应用及其对性能的需求。

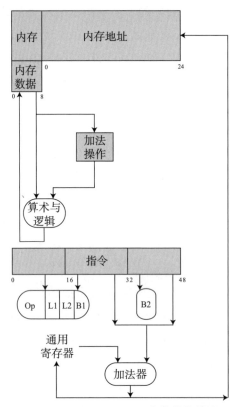

图 24-2　System/360 逐字节的数据流

出自布拉奥（Blaauw）和布鲁克斯（Brooks）的《计算机体系结构》（*Computer Architecture*，1997 年），原书图 12-80

24.9　经验教训总结

（1）为设计工作留出足够的项目时间。这可以让产品更加出色，使其具有更久的生命力，甚至能够通过减少重复性工作来更快速地交付。

（2）设计架构的时候，不免会被糟糕的折中设计所影响，当发现实现（通常是无意中）偏离了架构时，如果我们对同一款架构配备了多个同步并行的实现，那么这可以非常有力地减轻它所带来的影响。当只有一个实现时，更改手册而不是机器总是更容易、更经济、更快速的做法。*The Mythical Man-Month* 的第 6 章详细介绍了确保实现符合架构（而不是背离）的其他方法。

（3）当我们最初的设计陷入困境时，阿姆达尔提出进行设计竞赛的提议非常有帮助。它让我们在许多问题上达成一致，并迅速凸显出关键的差异。此外，它对团队士气产生了巨大的积极影响。道格·贝尔德（Doug Baird）是当时团队的初级架构师，在 40 多年后的 2008 年，我第一次听到他提及此事。贝尔德依然记得他所在的年轻团队能够与所有杰出的架构师一样，以平等的方式提出自己的设计。

（4）与后续产品设计不同的是，全新设计从一开始就将设计工作的一部分用于建立性能和其他基本特性的度量指标、近似的成本度量指标（如第三代计算机的寄存器位数）。

（5）市场预测方法是为后续产品而设计的，而非革命式的创新产品（在第 19 章详细阐述的经验教训）。全新创新产品的设计者应该在早期将更多的精力用于让市场预测团队接受新的设计理念。

24.10　注释和相关资料

[1] 关于 S/360 架构的理论基础，最重要的文献包括：

• 阿姆达尔（Amdahl）*Architecture of the IBM System/360*（1964 年）。

• 布拉奥（Blaauw）和布鲁克斯（Brooks）的 *Outline of the logical structure of System/360*（1964 年）。

• 布拉奥和布鲁克斯的 *Computer Architecture*（1997 年），第 12.4 节。

• 埃文斯（Evans）的 *System/360：A retrospective view*（1986 年）。

• IBM 公司，*Processor products—final report of SPREAD Task Group*，*Dec. 28，1961*（1961 年）。

• IBM 公司，*IBM System/360 Principles of Operation*，*Form A22-6821-0*（1964 年版本及以后修订）。

• *IBM Systems Journal* 的第 3 卷第 2 期（全部）。

• 皮尤（Pugh）的 *IBM's 360 and Early 370 Systems*（1991 年）。

[2] IBM 公司，*Processor Products—Final Report of SPREAD Task Group*，*Dec. 28，1961*（1961 年）。

[3] 怀斯（Wise）的 *IBM's $5，000，000，000 gamble*。

[4] 布鲁克斯（Brooks）的 *The Future of Computer Architecture*（1965 年）。

[5] 塔克尔（Tucker）的 *Emulation of Large Systems*（1965 年）。最终，他并没有将一个 7090 的浮点型的数据单元（floating-point word）映射到一个 S/360 的数据单元上，而是分散成几个部分。

[6] 维基百科网站包含了对架构演进和基本架构要点的精彩介绍

（http://en.wikipedia.org/wiki/System_370，于 2008 年 12 月访问）。Answers 网站也提供了类似的信息（http://www.answers.com/topic/ibm-system-360，于 2009 年 8 月访问）。

[7] 贝尔（Bell）的《IT 资深人士戈登·贝尔谈论最有影响力的计算机》（*IT vet Gordon Bell Talks About the Most Influential Computers*，2008 年）。

[8] 贝尔（Bell）和纽维尔（Newell）的 *Computer Structures*（1971 年）提供了另一种评估方法和一些相当详细的讨论，参考第 3 节，561~637 页。

[9] 布拉奥（Blaauw）和布鲁克斯（Brooks）的 *Computer Architecture*（1997 年）的 1.1 节详细介绍了这三个重要概念的不同之处。

桃子和樱桃分别是对 OS/360 大型控制程序、多个较小且独立的语言编译器和实用程序（utilities）的
比喻，它们共同构成了 OS/360 的软件支持包

第 25 章

案例研究: IBM Operating System/360

软件过程中的核心冲突源自于
我们必须将从现实世界中
发掘出的随意的需求转化为
运行在计算机中的规范模型。

——布鲁斯·布鲁姆（Bruce Blum）
Beyond Programming（1996 年）

25.1　亮点与特色 [1]

25.1.1　大胆决策 1

开发一个软件包，具体包括：一个操作系统、一套编译器，以及适用于各种计算机和 I/O 配置的实用程序。这个软件包可以适配并充分利用多种多样的内存大小和 I/O 配置。

25.1.2　大胆决策 2

强制要求将操作系统存放于随机访问设备（random-access device）。

25.1.3　大胆决策 3

不强制要求运维成员必须参与计算机系统的运转。我们设计的操作系统可以在没有人工输入或人工干预的情况下，让计算机系统自动地运行。运维成员们只需要挂载磁盘、磁带、卡片或打印纸，这样的人工操作相当于仅代替了计算机的手和脚。另外，我们也可以将这个操作系统设置为完全由运维成员来手动操控。

25.1.4　大胆决策 4

对于那些没有特别地设计为并行执行的作业和程序，多任务处理（multitasking）可以让它们以安全的方式得以并发执行。

25.1.5　与设备无关的 I/O

程序是针对抽象的 I/O 数据类型编写的，我们称之为调用方法（access methods）。作业的执行依赖于操作系统的调度，作业在执行期间使用的 I/O 设备类型、特定设备，以及为设备分配的内存空间都是由操作系统自动分配的。例如，同一份归并排序（merge-sort）程序既能够以磁盘到磁盘的方式运行，又能够以磁带到磁带的方式运行。可以在程序运行时便利地修改输出方式，无论是打印还是存储，都无须修改程序。

25.1.6　工业强度

OS/360 是一个工业级的操作系统，它被设计用于 7×24 小时的工作场景，它在发生故障后能够自动记录错误并重新启动。随着时间的推移，这一特性得以加强，以至于它的后续机型仍然被广泛应用于 7×24 小时工作的数据库系统。

25.1.7　远程处理

该操作系统对远程访问提供了强有力的支持，用于数据库的实时远程访问和批处理作业的远程执行。

25.1.8　原始的分时系统

该操作系统并非为交互式终端编程和调试而设计，因此虽然支持分时系统，但却谈不上高效。

25.1.9　稍后添加的虚拟内存

最初发售的 S/360 计算机和 OS/360 套件都没有提供虚拟内存。不过在随后的首次迭代更新中，硬件和软件都发生了变化，到了 1970 年，所有版本都具备了虚拟内存功能。

25.1.10　汇编语言与高级语言的对抗

在 1961 年，尽管可能大多数的计算机编程都是使用高级语言来完成的，如 Fortran、COBOL 或 Report Program Generator，但是 OS/360 设计中的一些部件还是深受汇编语言思想的影响。我们为开发者提供了强大的宏汇编器，并将它作为编程语言套件的一部分，这反映了科学计算社区与商业数据处理社区相当迥异的使用习惯。然而，在 1966 年，一些大型计算机的监测结果表示，使用汇编语言编写的应用程序大约仅占计算机执行时间的 1%。

25.2　背景介绍

从 1961 年年初到 1965 年年中，我得到一次终生难得的机会来管理 IBM System/360 计算机系列的项目——首先是硬件，然后是 Operating System/360 软件套件。这条产品线于 1964 年 4 月 7 日发布，首次出货时间是 1965 年的 2 月，它定义了“第三代”计算机，并将（半）集成电路技术引入了成熟的计算机产品。

正如第一代操作系统是为第二代计算机开发的一样，OS/360 是为第三代计算机开发的首个软件支持套件，属于第二代操作系统。在 OS/360 之前，几乎没有硬件整合操作系统的先例。

System/360 具有严格的二进制兼容性，这使我们能够设计一个通用的软件支持套件，它可以支持整个产品线，同时我们还可以在所有系列产品中分摊研发成本，而且我们可以合并所有产品线的预期市场。这反过来又促使我们构建一个前所未有的软件支持套件，无论是在功能的丰富性还是完整性层面，在此之前都没有先例。我将以现在时的语气来描述 OS/360 软件包，因为它的后续版本至今在大型机领域仍然是主要参与者。

通常被叫作 Operating System/360 或 OS/360 的术语具有模糊的定义，它既可以用于描述整个软件支持套件——包括操作系统本身、语言编译器和实用工具，也可以更狭义地仅用来描述操作系统。正如本章的封面所示，我们的团队有时将整个套件看作一个大个的桃子和许多较小的、独立的樱桃。通常，我在使用这个术语的时候，仅代表操作系统本身。

除 OS/360 支持套件之外，最初我们计划提供一个包括 Fortran 编译器的基础磁带套件，用于没有磁盘的小内存计算机系统，以及基本打孔卡片支持套件。OS/360 软件包最初面向所有内存为 16K 或以上的计算机系统。即使只包含最低限度的功能，我们也无法支持这个大小的内存，所以我们将最低内存要求提高到了 64K。公司对小型系统的客户和 OS/360 的延迟问题十分关注，这也促使公司启动了一个完全独立的支持套件，专门为更小的内存空间优化，这个套件被称为 Disk Operating System/360，或 DOS/360。[2] 最终，它也发展壮大，其后继版本直到今天仍然存在。

25.2.1　System/360 计算机系列

我在第 24 章描述了 System/360 系列的市场背景，并介绍了其主要的架构特性。一个激进的创新概念是，所有型号（除了最廉价的 Model 20）在逻辑上都是相同的，是通过向上和向下兼容性来实现的统一架构。布拉奥和我定义了 System/360 的体系结构，准确地说，它是对程序员可见的一组计算机属性，其中不包括运行速度。[3] 从软件工程的角度来看，我们严格定义的计算机架构等同于抽象数据类型。架构的定义包括符合逻辑的数据集及其抽象表示，以及适用于这些数据集的操作语法和语义的集合。然后，每个 System/360 计算机的实现都是该类型的一个实例。对任何仿真器（emulator）或模拟器（simulator）来说，也是如此。在实际操作中，我们的第一个硬件实现，可以支持从 8 位到 64 位的数据流位宽，并且具有各种不同大小的内存和电路速度。

25.2.2　1961 年的软件环境

1. 操作系统

对科学计算和商业数据处理这两个方向来说，第一代操作系统的设计是有着明显区别的。它们都是批处理操作系统，旨在控制独立作业流的顺序处理。

操作系统由三个组件构成，它们是分别演化而来的。第一个组件是从早期的中断处理程序（interruption-handling routines）发展而来的监督程序（supervisor），它将一直存储在内存里。第二个是数据管理组件，它已经发展成了一个标准的输入输出程序库，可以将其链接到应用程序。第三个组件是调度程序，它通常存储在磁带上，在作业运行的前后被加载到内存里，以指定磁带（或卡片）文件挂载方式以及作业生成输出的处理方式。虽然操作系统自身提供了对使用磁盘文件的支持，但通常操作系统本身是存储在磁带上的，需要调度程序将其加载到常驻内存。

第一代末期的 IBM 操作系统支持了在线并行外设操作（simultaneous peripheral operation on line，SPOOL），因此在任何给定时间内，第二代计算机可以执行一个主要的应用程序和多个操作外设的实用程序，例如，从卡片到磁带/磁盘、从磁带/磁盘到卡片、从磁带/磁盘到打印机。这些后面的实用程序是"受信程序"（trusted programs），经过精心编写，实现不损坏或侵入主要应用程序的目的，通常运行的是从磁带到磁带，或磁盘到磁盘的作业。因此，一台计算机可以在当前作业的执行过程中，同时为下一个作业准备磁带，并运行主要作业和打印输出当前作业。

2. 语言编译器

IBM 的客户使用各种不同的高级编程语言，IBM 承诺为这些语言提供编译器，其中最受欢迎的是 Fortran 和 COBOL。欧洲的用户则更喜欢 ALGOL。在编程语言领域，最底层的技术是打孔卡片，对正在从打孔卡片向高级编程语言转换的用户来说，Report Program Generator（RPG）很受欢迎。

从技术上看，汇编器程序的演变非常有趣。最初的汇编器采用了双遍历机制（two-pass），它遍历两次的编译方式如今演化成了两个预处理过程，它们共同组成了宏操作生成器（macro-operation generator），具有功能丰富的编译时能力，包括分支和循环的逻辑。这种宏编译器能够以两种完全不同的方式被使用。

科学计算社区的典型应用是这样的：程序员为使用频度高的操作编写宏程序，然后这些宏程序会作为公开的子程序供其他成员调用，例如矩阵操作。宏程序不仅便于程序编写，还提升了运行速度以避免调用子过程的性能开销。和科学计算社区相反的是，在很多商业数据处理机构中已经形成了团队协作的开发方式，即由小组中的专家编写一个"内部"使用的宏程序库，本质上宏程序库定义了一些新的数据类型，这种数据类型具有定义了该公司业务实践的专业化编程语言的数据结构和操作。绝大部分程序员只是使用这个宏程序库，通常不会创建新的宏程序。

3. 实用工具

每个计算机软件包都是由各种各样的实用工具构成的，这些实用工具虽然非常重要，但是却不太引人注意。如排序程序生成器、媒介转换器、格式转换器、调试工具、内存转储。

4. 免费软件

在那个时代，制造商免费提供操作系统和编译器，以促进硬件的销售和应用。因此，软件包的研发成本必须转嫁到硬件的价格之中。[4]

25.3　被采纳的提议

决定开发一款全新的软件支持包是一个很好的契机，它为我们带来了大量关于"下一步"应该将什么功能添加进软件支持包的提议。有些提议被我们采纳了，而另外的被驳回了。

25.3.1　普遍适用性

相比于上一代软件支持包在应用领域和性能水平上的明显改进，OS/360 软件包的应用范围被设计为涵盖全部的应用领域。我们为 System/360 选择的这个名字表明了它将是一个"全方位的计算机系统"。它还被设计为可以覆盖非常大的性能范围，从一台 64K 内存的简单系统到最复杂的超级计算机系统或大型数据库机型都将被支持。

对这一提议的回应主要影响了编程语言及其编译器。我们与科学和商业领域的 IBM 用户组织合作开发了一种新型的通用编程语言 PL/I。针对不同内存大小，分别为 Fortran、COBOL、汇编和 PL/I 构建了多款进行过优化的编译器。负责编译器或实用程序的团队评估了其各自用户社区中的想法，并吸收了上一代产品的优点。在这里，我将只讨论操作系统本身这个最具创新性的组件。

25.3.2　磁盘存储

价格低廉的新款磁盘驱动器 IBM 2311 的出现，以及它在当时还算巨大的 7MB 存储空间，意味着我们可以将操作系统存储在"随机访问"设备上，而不再需要磁带。这是在设计理念上产生的最大变化。操作系统的不同模块可以根据需求快速加载到内存中，并且我们可以将操作系统拆分成很多小巧的、具有特定功能的模块。

一种新型的磁鼓（magnetic drum）技术恰好可以用来实现高性能的计算机系统，它支持数据单元的并行处理（word-parallel），这为操作系统的存储提供了低延迟、高速率的数据传输。

25.3.3　多重运程机制

OS/360 在并发方面实现了飞跃，它让独立的、不受信任的程序得以并行运行——得益于 System/360 架构的硬件监控功能，这次的飞跃得以实现。早期的 OS/360 版本只能支持固定内存大小的多任务，内存的分配很简单。经过两年的努力，MVS 版本全面支持了多重运程。这证明其开发难度远超我们的预期。

25.3.4　交由操作系统控制，而不是运维人员

虽然这个观点已经成为常识，但是由操作系统而不再是运维人员的设计理念来控制计算机，在当时还是一个极大的创新。甚至直到 1987 年，还有如控制数据公司的分支产品线 ETA 下的 ETA 10 等一些超级计算机仍然在运维人员的手动控制下运行。Stretch 首次提出了一个想法，那就是键盘或控制台只是另一个 I/O 设备，允许直接操作计算机的只有几个少数按键（如电源、重新启动等），然而今天这几乎成为常识。

25.3.5　远程处理，但不是分时机制

从最初开始，OS/360 就被设计为一个远程处理系统，但是实际上它不是一个基于终端的分时系统。这个概念与同时代的 MIT Multics 系统相对立。OS/360 被设计用于各种规模的、具有工业强度的科学和数据处理应用；而 Multics 的设计目标是一个探索性的系统，主要用于程序开发。

25.3.6　7×24 小时的稳健运行

按照 OS/360 的设计方案，它将提供自动创建检查点（check-point-restart points）的功能，能够自动感知硬件错误，并在硬件或软件故障

后重新启动。在多处理器的机型上应用时，诊断工具可以让一个健康的
处理器替换一个故障的处理器，并承担后者的工作。OS/360 最初就被
设计为可供全天候使用，尽管这是逐步发展才得以实现的。

25.4　设计决策 [5]

三条独立演化的控制程序在 OS/360 中汇集一处。监督程序起源于
早期的中断处理程序；调度程序起源于早期基于磁带的作业调度程序；
数据管理系统起源于早期的 I/O 子程序包。OS/360 的系统结构反映了
生物学中的遗传多样性。

25.4.1　监督程序

最初的监督程序只处理程序中断，因此将处理器的指令计数器分配
给作业，而多重运程的监督程序必须分配主存储器空间。OS/360 的监
督程序根据优先级来为作业分配内存块和计算机的处理时间分片。

OS/360 的监督程序通过控制指令计数器来控制计算机。它一次只
允许一个程序拥有这种控制权限。任何程序故障，包括任何试图违反
系统保护机制的行为，都会引发一个中断，并将指令计数器交还给监督
程序。来自 I/O 设备的异步事件报告，如"操作完成"，也会产生相同
的效果。此外，监督程序控制一个受保护的时钟计时器（elapsed-time
clock）以执行中断，因此它可以在任何指定的时间间隔后夺取控制
权，从而停止有错误的程序无限循环。只有监督程序可以设置各种对内
存或其他资源的保护，并执行其他特权操作，如输入输出的控制。

当一个普通应用程序需要监督程序提供服务时，如需要额外的内
存块时，它可以通过称为监督者调用（Supervisor Call）的硬件操作来
提出请求。这是一个有意的中断，其中包含将参数传递给监督程序的
指令。因此，对监督程序的唯一访问方式是一种请求式（hamble）的访
问，必须按照监督程序的要求提出。

监督程序还提供了让互不知晓的程序在运行时相互通信的机制。

25.4.2　调度程序

OS/360 调度程序支持并发执行相互独立的"作业"（jobs），
然后它来管理每个作业内部"任务"（tasks）的执行顺序，如编译
（compilation）、链接到库（linking to libraries）、执行（execution）
和输出转换（output transformation）。当一个作业准备好被调度时，调

度程序要检查作业的优先级，分配任何需要的 I/O 设备，为离线数据卷的安装提供操作员指令，并将作业排队等待执行。然后，监督程序分配初始内存并启动第一个任务。在生成输出时，调度程序会管理其处理结果及卸载任何已完成的数据卷。

与过去的操作系统相比，OS/360 更明确地将调度时间（scheduling time）看作一个独立的绑定时机，与要求严格的编译时间（compile time）和产生开销的运行时间（run time）相分离。因此，通过链接器将单独编译的程序模块彼此绑定在一起的过程是在调度时间内完成的。除此之外，通过作业控制语言将数据集名称绑定到特定设备上的特定数据集的操作也是在调度时间内完成的。调度器（scheduler）将通过任务控制语言（job control language）来执行上述的绑定工作。

25.4.3　数据管理

虽然 System/360 计算机产品线最显著的创新理念是严格的程序兼容性，但丰富的 I/O 设备集合是其在应用范围、硬件配置的灵活性，以及性能增强方面最重要的系统特性。统一且标准的机械、电气和逻辑 I/O 接口极大地降低了新型 I/O 设备集成的工程成本，大幅简化了系统配置，还能大幅简化硬件配置提升和更改的成本。

关键的软件创新是标准软件接口，它与标准硬件 I/O 接口是相辅相成的，并充分利用了标准硬件 I/O 接口的特性——这是一种适用于所有类型的 I/O 设备的单一系统，负责 I/O 控制和数据管理。我认为这是 OS/360 中最重要的创新。

由此产生的一个新特性是设备无关的输入输出（device-independent input-output）。应用程序开发者可以按照数据集的名称编写程序。通常将特定数据集、特定磁带卷、磁带与磁盘、磁盘与通信线或打印机的绑定都推迟到调度时间来进行。

我们专门为使用新型磁盘的应用程序设计了 4 种访问方法，它们覆盖了各种磁盘的大量应用场景。这些方法在动态灵活性、最大性能缓冲，还有块传输之间具有不同程度的权衡。

（1）顺序访问，类似于磁带，有缓冲机制。

示例：用于排序（适用于磁带、打印机、卡片盒以及磁盘）。

（2）直接访问，对记录的纯随机访问。

示例：用于航空公司的预订服务。

（3）分区访问，快速的固定块传输。

示例：用于操作系统模块。

（4）索引顺序访问，顺序，有缓冲机制，但可以快速处理随机查询。

示例：用于账单计费。

另外的 2 种访问方法是专为终端和高速通信提供全面灵活性和易用性而设计的。

令人惊讶的是，在所有 I/O 设备中仅有检查分类器（check sorters）对操作系统的性能有严格的要求——纸质票据从读取设备到分类袋的处理必须在固定且很短的时间内完成。在银行的支票路由和支票处理设施中，这些机器在读取区域读取支票底部的磁性墨水数字，然后将支票路由到 24 个口袋中的一个，以每秒最多 40 张的速度进行路由。[6]

25.5 评估

25.5.1 成功之处

1. 完善的功能，普遍适用性

OS/360 为操作系统的功能建立了新的基准。它支持大量的应用场景、多样的系统配置和不同的硬件性能，展现出令人震惊的普遍适用性。

2. 健壮性

OS/360 健壮性水平已经无与伦比。它是工业级别的操作系统，由于大多数的大型机都在长期运行 OS/360，因此它已经成为大规模数据库应用的标准。

3. 数据管理系统

设备无关的 I/O 极大地简化了编程工作，也让数据中心的运维和发展变得更为灵活。通常，数据中心会选择在周末重新更换计算机的处理器或 I/O 设备。计算机的配置在更新之后，大多数应用程序仍可在无须重新编译的情况下运行。

4. 对远程处理的支持

OS/360 成为银行、零售和大多数其他行业实现终端广域网（wide network of terminals）的基础。

5. 支持虚拟内存

IBM 在后续版本 System/370 中采用了虚拟内存，OS/360 也可以通过扩展的方式实现虚拟内存的功能，尽管 OS/360 MVS（Multiple

Virtual Systems）只是一个扩展，并不是完全重新编写的新系统。

6. 阿姆达尔、日立和富士通

大多数 S/360 的兼容机制造商没有进行软件系统的开发，而是直接使用了 OS/360 操作系统。

25.5.2　设计中的不足之处

1. 系统

OS/360 的功能过于丰富了。系统安装在磁盘上，这解除了早期操作系统设计者所面临的大小限制，因此我们添加了大量不太实用的好东西。[7] 功能泛滥的现象甚至在今天都仍然存在于软件社区之中。

我们提供了两种完全不同的调试系统，一种是为了与终端进行交互式使用，具有快速重新编译的功能，另一种是为了批处理操作而设计的。它是有史以来设计得最好的批处理调试系统，可惜从诞生之初就已经过时了。

创建和配置 OS/360 系统的过程极其灵活，但其中的工作也相当烦琐。我们应该预先配置少量的标准软件包，以满足大多数用户的需求，并另外提供补充的选项来实现完全灵活的操作配置。

2. 控制块

模块之间的通信是通过系统范围的共享控制块进行的，每个控制块都有一组结构化的变量，由多个模块读取和写入。每个程序员都可以访问所有控制块。如果我们在 1963 年理解并采用了帕尔纳斯（Parnas）在 1971 年提出的信息隐藏策略，我们将避免在初始构建和所有后续维护中遇到的那么多的问题。面向对象编程是当前信息隐藏的最佳实践；我们都已认识到了它的优越性。

3. 虚拟内存

正如在第 24 章中讨论的那样，我们错过了初始处理器上的虚拟内存，因此不得不在几年后进行后期改进。与最初就将其纳入设计相比，OS/360 对于虚拟内存的扩展要面对的困难更多，费用也更昂贵了。

4. 调度程序的作业控制语言

这个世界上没有比作业控制语言（job control language）更糟糕的编程语言了——它是在我的管理下设计出来的。它在概念上就是错误的。我们没有将其视为一种编程语言，而是把它看作是"在作业之前的几张控制卡片"。我在第 14 章中详细阐述了它的缺陷。

5. 数据管理系统中的复杂性

我们本应该摆脱 IBM 早期用于管理磁盘和存储数据记录的数据块结

构，这个结构仅仅是为一种或两种大小的固定长度块而设计，新型结构应该适用于所有随机访问设备。

不需要把 I/O 设备与计算机的连接和控制结构设计得这么复杂。[8]我们本应该规定给每个设备只分配一个（可能是虚拟的）通道和一个（可能是虚拟的）控制单元。

我相信我们本可以发明一种顺序磁盘访问方法，将三者的优化结果结合在一起：SAM、PAM、ISAM。

25.5.3　过程中的不足之处

我在《人月神话》中对这个话题进行了详细的论述。在这里，我只会强调两个要点。

我坚信，如果我们完全使用了当时最好的高级语言 PL/I 来构建整个系统，操作系统会同样快速和更加清晰可靠，并且构建速度更快。事实上，它是用 PLS 构建的，这是一种汇编语言的语法糖。使用 PL/I（或任何高级语言）确实需要细致地培训我们的团队，教他们如何编写高质量的 PL/I 代码，这些 PL/I 的源码将编译为快速的运行时代码。

我们应该对所有接口保持严格的架构控制，坚持要求所有外部变量的声明都通过库程序引入，而不是在每个实例中重新编写。这将防止许多错误的发生。

25.6　设计师们

大约有 1000 人参与了整个 OS/360 软件包的开发。在这里，我挑选出对概念架构贡献最大的团队和个人。

关键团队实验室：波基普西、恩迪科特、圣何塞、纽约、赫斯利（英国）、拉戈德（法国）。

OS/360 的架构师：马丁·贝尔斯基（Martin Belsky）。

关键人员：伯尼·维特（Bernie Witt）、乔治·米利（George Mealy）、威廉·克拉克（William Clark）。

控制程序的团队管理者：斯科特·洛肯（Scott Locken）。

编译器、实用程序的团队管理者：迪克·凯斯（Dick Case）。

OS/360 的副项目经理：迪克·凯斯。

1965 年后 OS/360 的管理者：弗里茨·特拉普内尔（Fritz Trapnell）。

最好的一篇文档是伯纳德·维特（Bernard Witt）编写的《概念与功能手册》（*the Concepts and Facilities manual*）。[9][10]

25.7 经验教训总结

（1）赋予系统架构师对设计的完全授权（第 19 章）。这个"数百万美元的失误"在《人月神话》的第 47 页及以后进行了更详细的讨论。

（2）不管有多大的时间压力，都要投入足够的时间进行高质量的设计和原型制作。项目会因为投入足够的时间更早完成，而不是延期。第 21~ 第 24 章解释了足够的设计时间的好处；这一章则说明了相反的情况。

25.8 注释和相关资料

[1] 本文摘自布鲁克斯的文章 *The history of IBM Operating System/360*，发表于布罗伊（Broy）和德纳特（Denert）的 *Software Pioneers*（2002 年）。其中的材料主要来自 IBM 系统杂志 1966 年的第 5 卷第 1 期。

[2] http://en.wikipedia.org/wiki/DOS/360_and_successors，于 2009 年 8 月访问该链接。

[3] 布拉奥（Blaauw）和布鲁克斯的 *Computer Architecture* 的 1.1 小节。

[4] 杰拉德的 *A personal recollection*（2002 年），描述了 1969 年软件和硬件分离的情况。

[5] 皮尤（Pugh）的 *IBM's 360 and Early 370 Systems*（1991 年）详细描述了 OS/360 的初期开发历史。

[6] 更多信息和后续机型的照片请参见 http://www.thegalleryofoldiron.com/3890.HTM，于 2009 年 8 月访问。

[7] 布鲁克斯的 *The Mythical Man-Month*（1995 年）的第 5 章。

[8] 布拉奥（Blaauw）和布鲁克斯的 *Computer Architecture* 的 8.22 小节。

[9] IBM 公司和维特（Witt）的 *IBM Operating System/360, Concepts and Facilities*，*Form C28-6535-0*，C28-6535-0 表格。

[10] 维特（Witt）的 *Software Architecture and Design*（1994 年），详细阐述了设计的概念和方法。

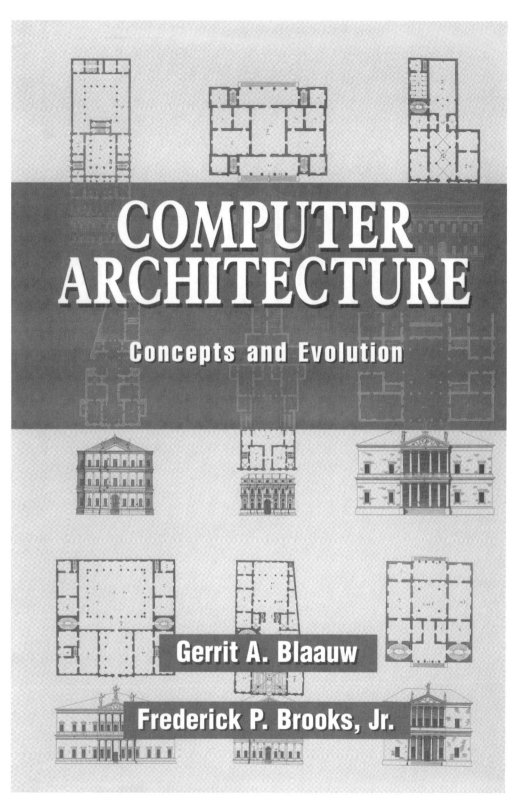

布拉奥（Blaauw）和布鲁克斯（Brooks）的《计算机体系结构》
（*Computer Architecture*，1997 年）的封面

第 26 章

案例研究：《计算机体系结构：概念与演进》图书设计

哦，但愿我的话现在被记录下来；

哦，但愿它们被印刷在一本书上！

——《圣经：约伯记》19：23 小节

书写的过程是呈对数收敛的。

26.1　亮点与特色

26.1.1　大胆决策 1

我们坚持以计算机架构作为这本书的表述范围，这个范围很窄但是相当明确。1962 年我们首次引入了"计算机架构"（computer architecture）这个术语，并在 1964 年提出了一个相当精确的定义，然而它现在已经被广泛地用作更宽泛的含义。我们仔细定义并区分了架构、实施和实现的定义。我们只负责架构，它被确切地定义为计算机控制程序运行的特性及程序将输出的结果，而不是运行的速度。明确了架构的定义之后，我们就可以定义程序的兼容性了。

26.1.2　大胆决策 2

将 30 种计算机架构合并组成一个"动物园"（zoo），然后按照一个标准的叙述结构来描述它们。该结构包含关于"亮点与特色"的文字描述、历史和技术背景的简要概述、绘制的编程模型、列举出的各种设计决策，以及用 APL 进行数据表示、语法格式和典型操作的模拟。

26.1.3　大胆决策 3

构建、测试和发布"动物园"中的计算机架构的可执行仿真器，所有仿真器都是用 APL 编写的。"动物园"中的每台计算机都包括一个可执行的 APL 程序，用于模拟计算机的指令获取（instruction fetch）、解码（decode），以及适当的数据获取（data-fetching）和操作（operation）的过程调用。典型操作也用可执行的 APL 函数进行描述。构建这些仿真器的工作迫使我们对这些计算机进行了仔细的检查，这大幅度地提升了我们对各种计算机模拟的精确程度。没有证据表明有很多人曾经使用过这些仿真器。

26.1.4　矩阵组织

构成计算机架构的各种设计决策被执行过两次，首先是系统性地按照决策领域的顺序来执行，然后是在每台具体计算机环境中执行所有相关的决策。

26.1.5   决策树

我们将决策树作为正式工具来表示设计的各种选项。80 多棵决策树被连接在一起，形成了一棵庞大的计算机架构决策树。当然，这是一种形式主义的做法，它将设计视为通过搜索一个明确定义的空间来解决问题，然而在本书中，我强烈地反对这种模式。自从我们完成上一本书以来，我对设计的看法已经变得更加开阔和深入。

26.1.6   计算机架构演化：百花齐放与融合

我们涵盖了从最初巴贝奇（Babbage）的差分机到 1985 年的计算机架构，广泛地展示了从最初探索性的百花齐放，再到之后出乎意料地融合为标准架构的过程。本书将早期计算机及现代计算机的许多文献资料汇集在一起。

26.1.7   同时研究专著

我们对 System/360 和本书自身的研究，催生出许多无法零散发表的研究成果。因此，这本书包含了许多新发表的内容，我将它们在前言中详细地列出。这本书看似仅面向从业者和学生的教材，但是就内容来说却不同寻常。

26.1.8   综合参考

本书中的术语都经过了细致的定义。书中大量出现的主题索引将读者有意地引导到它们的定义、实质性论述及术语出现过的地方。本书还另外附有人名和机器名的索引。参考文献包含了 500 多个条目。如果手头的教学材料过于陈旧的话，将这本书作为参考或许会有帮助。

26.2   背景介绍

26.2.1   作者

盖瑞·A. 布拉奥（Gerrit A. Blaauw）和弗雷德里克·布鲁克斯（Frederick Brooks）。

26.2.2   日期

1971—1997 年。

26.2.3　背景

我们两个已经远离了计算机架构的一线工作，此时正在教授这门课程。编写这本书的契机是因为我们需要课程材料。大约经过两轮教学后，我们决定编写一本图书，我们的目的不仅仅是将其作为学生的教材，更是为从业者提供系统性的论述。我们在书中加入了大量练习，旨在供课堂使用或自学。

26.3　目标

来自 *Computer Architecture* 的前言：

"我们的目标是全面探讨计算机架构的艺术。这本书的主要目的不是作为教材，而是作为一线架构师的指南和参考，而且，作为一本研究专著，它阐述了计算机架构的新型概念框架。我们提供了大量关于历史发展的内容，以便人们不仅能够了解当前的实践是什么，还能了解它是如何变成现在这样的，以及曾经尝试过和放弃了什么。我们的目标是将不为人知的设计方案展示给读者，并分析和系统化那些广为人知的部分。"

"提供计算机架构设计中出现的问题概要似乎是有用的，并讨论各种已知的解决设计问题的方法及利弊因素。然后，每位架构师都能根据他的应用、技术、偏好和创造力来平衡这些因素的权重。"

26.4　有利条件

由于我们在 IBM 共同工作了八年，因此在沟通上十分顺畅，我们也熟悉相互的思维模式。这让我们之间的远程协作变得很方便，正如第 7 章所述。

我们曾一起设计过三款计算机架构，而且我们两人都参与过其他计算机的设计。正是这些项目让我们有机会研究前辈的设计，并且后来的教学经历也使我们更加深入地理解这些作品及其重要性。我们拥有这些机器的大多数编程手册。

System/360 架构的设计并不仓促，因为它需要采用的半集成电路技术要到 1964 年才能准备好。因此，在当时的背景下，这些设计决策经过了深入的讨论，我们考虑了许多架构问题的利弊。

准备书籍的时间及工作量的预算本质上是无限的。或许我们当时是这么认为的。事实上，这是一个巨大的错误，这本书来得太晚，无法最大限度发挥它的影响力和作用。

26.5　制约因素

我们两人都有需要频繁参与的研究项目和教学计划，还有不断成长的孩子。在开始这本书的编制工作之后，我们两人还各自出版了一本与专业相关的图书。因此，这本书的进度经常被搁置。

26.6　设计决策

我们的第一项工作是排序。在任何解释性的写作中，排序是难度最高的单一设计决策。我们先将相互关联的概念整合到一张整体图中，然后需要将图分割成树状结构，这样就可以将其映射到文本内容的线性结构上。

我们发现了两种主要的排序方案，每种都非常重要。因此，我们将两种排序都纳入其中，并进行了大量的交叉引用。第一部分按照概念顺序，系统性地处理设计决策的排序问题。但是，每一个真实的决策都需要在一个特定的背景下做出，这个背景就是该计算机的其他所有的决策。因此，在第二部分《计算机动物园》（*A computer zoo*）中，我们根据一些计算机示例的背景对设计决策进行了举例说明。

26.1 节"亮点与特色"中列举了不需要进一步阐述的其他主要设计决策。

26.7　成果评估

26.7.1　稳固性

根据耐久性来衡量的话，我们的设计是稳固的。经过 13 年的时间，它的实用性没有减弱。尽管需要补充一些介绍近期发展的材料，但内容大体上并没有过时。

26.7.2　商品化

这本书出版得太晚，以至于无法实现它的一些潜在用途。对于覆盖一到两门架构课程的教材，人们也许更倾向于使用亨尼西（Hennessy）

和帕特森（Patterson）合著的《计算机体系结构：量化研究方法》（*Computer Architecture*：*A Quantitative Approach*），这本书十分出色，并且在持续更新。

职业计算机架构师需要熟悉我们的作品，既是为了熟悉前辈们的工作，也是作为一份指南和参考。这本书有一群为数不多的忠实读者，他们主要是计算机架构师。

26.7.3 愉悦感

其他人必须对此进行评估。

26.8 经验教训总结

（1）对专业人士来说，或许效率比成绩更有价值。当我现在按照《计算机体系结构》来教授一门独立的课程时，我主要关注的是"计算机动物园"和它里面的示例，根据生动的示例来解决设计决策的问题，而不是系统性地执行这些决策。或许我们应该首先单独编写和出版本书的这一部分，然后尽快将其完成。然而这并不容易，因为"计算机动物园"中的大部分讨论都要基于第一部分"设计决策"中引入和阐述的概念。

（2）写作的过程是呈现对数收敛的。核对最后几个拿不准的论据、修复最后几个错误的数字、验证最后几个模糊的参考文献，这些任务占据了总工作量中的很大一部分。最困难的零散工作被推迟到了最后。

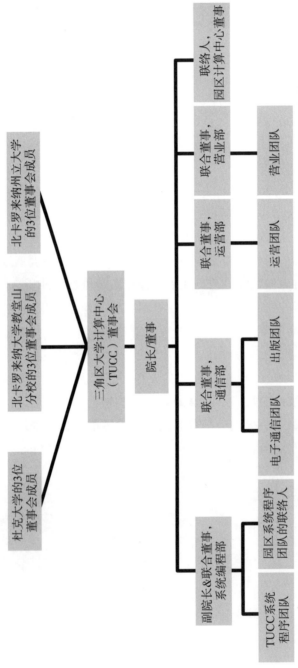

1980 年的三角区大学计算中心（Triangle Universities Computing Center，TUCC）的组织架构图

第 27 章

案例研究:
联合计算机中心机构:
三角区大学计算中心

计算的目的不是得到一串数字,而是洞悉数字背后的含义。

——理查德·W. 汉明(Richard W. Hamming)

Numerical Methods for Scientists and Engineers

27.1 要点和特色

27.1.1 大胆决策

建立一所联合计算中心。3 所大学将共享它们的资源，共同持有并运营一所高性能计算中心。

27.1.2 资源共享

共享资源可以充分获取以指数级提升的性价比。在当时，多支付 n 倍的费用通常可以购买到至少 n^2 倍的计算能力，这样的状况持续了很多年。共同持有计算中心的做法有着实际且可以预见的困难，共享资源的成本优势为克服困难提供了强有力的经济推力。

27.1.3 缺乏组织架构模型

据我们所知，联合学术计算中心的概念还未被人探索过，因此业内并没有相关的组织架构模型。

27.1.4 制定决策的职权

在我们的设计中，职权是要被预先编排的资源。如何在保护每位所有者不同利益的同时，实现高效的决策？

27.1.5 多样化的应用

一部分所有者将计算中心用于学术和行政工作的计算；另一部分只用于学术计算。

27.1.6 中立的地点

在三角研究园区（Research Triangle Park）购置了一栋建筑，这里距离 3 所学校的路程都差不多。

27.1.7 远程计算至关重要，但通信带宽并不充足

计算中心计划采用 IBM System/360 计算机，它被设计用于远程作业录入（remote job entry）和交互式计算，并提供软件支持。最初它是按照远程作业录入模式来使用的，不过我们使用了一个优先级系统，优

先快速完成小型作业。另外还有一家物流服务公司，用货车来回运送磁带和磁盘组（disk packs），以提供大数据集的"高带宽"传输。

27.1.8　州级的影响力

1964 年，在北卡罗来纳州很少有高等教育机构（除了 TUCC 的所有者）具有任何计算能力或专业知识。一家独立机构——北卡罗来纳高等教育委员会下的北卡罗来纳计算机专项项目，租用了 TUCC 的计算能力，并为其他北卡罗来纳州的大学提供以下服务。

（1）一年免费的计算机时间，每月 100 个作业的上限。

（2）一年免费使用在他们校园安装的电传打字机。

（3）免费提供"巡回布道师"（circuit riders）服务，他们通过访问校园、教师培训、举办研讨会、提供电话咨询及排除故障来为大学引入计算的概念。

大约有 100 所机构利用了这项服务，许多机构在接下来的几年里付费继续使用 TUCC 的服务。

27.1.9　耐用性

即使后来 3 个共同所有者的相对需求出现了分歧，但 TUCC 机构在 18 年的服役期间被证明是有效的。后来，因为微型计算机的出现，TUCC 逐渐被淘汰了，不过在此之后的许多年里，这些机构在不同的组织模式下运营了另外一所专门用于科学应用的联合超级计算中心。

27.2　背景介绍

27.2.1　地点

北卡罗来纳州三角研究园区。

27.2.2　所有者

杜克大学，一所私立大学（位于北卡罗来纳州的达勒姆市）。
北卡罗来纳州立大学（位于北卡罗来纳州的罗莉市）。
北卡罗来纳大学教堂山分校。

27.2.3　设计者

TUCC 董事会。

27.2.4 时间

1964—1992 年。

27.2.5 背景

杜克大学，北卡罗来纳州立大学和北卡罗来纳大学教堂山分校都拥有第一代计算机，并由各自的集中式计算中心运营。这 3 所大学都需要提升计算机的规格配置和计算能力。并且，3 所大学需要超出预算的计算能力。

这 3 所大学决定整合资源，共同运营一个现代化的高性能计算设施（在缺少帮助的情况下，超出它们能够集体承受的范围）。

美国国家科学基金会为此提供了大额资助，因为这是一种为研究机构提供学术计算服务的新模式，这笔资助在一定程度上也是为了支持他们对新型组织模式的探索。

此时 IBM 已经在三角研究园区设立了一个新产品研发和制造车间，并在最初的 3 年中通过夜间租用的方式实现了经济创收。

设计难题在于如何在行政上将这个联合机构组织起来。

27.3 目标 [1]

27.3.1 首要目标

1. 计算中心的首要目标
为各类应用和各种层次的客户提供及时的、高质量的计算服务。

2. 组织设计的主要目标
联合计算中心的所有者是 3 所不同的机构，它们有不同的需求和目的。对于联合计算中心的使用权，3 所大学是平等的。我们需要开发一个让它平稳运行的管理计划。

27.3.2 其他目标

（1）让计算中心的财务状况保持稳定。

（2）确保能够高效、迅速地制订决策。

（3）确保每所大学的用户获得所有资源的平等份额。

（4）确保每所大学的财务投资受到保护。

（5）确保每所大学都不会在关乎重要的自身利益的问题上受损。

（6）让计算中心能够作为一个整体运作，而不是分为 3 个独立的部分，以确保实现规模效益（economies of scale）——同一套职员团队，同一套设备，同一套作业流程。

（7）让每所大学都可以通过改变对联合计算中心的投入，获得更多或更少的服务配额。

27.4　有利条件

27.4.1　规模经济

在设计阶段，相比 3 个小型计算中心，运营 1 个大型计算中心的规模效益是很可观的。其中包括在人力成本方面的节省——这对于 24 小时运营非常重要，还有在计算机租赁成本方面的节省，因为计算机、内存、磁盘和其他 I/O 设备都遵循性价比曲线的平方法则。

27.4.2　远程操作成为可能

新的第三代计算机首次提供了可以远程提交、接收计算作业，以及远程交互式计算会话的新技术。

27.4.3　为国家做一个样板

通过高效的行动，TUCC 可以开创一个区域性联合计算中心的典型。这个大型计算中心将在全国范围内得到曝光，也将增强北卡罗来纳州的三角研究中心的知名度，这样的模式在美国国内尚属新颖。作为全国新晋的典型机构，它将为 3 所大学在创新领域带来声誉，同时也将带来与当地企业合作的机遇。

27.4.4　吸引政府支持

规模效益或许将额外吸引美国政府的支持，因为这种新颖的概念为资助机构（funding agencies）提供了更高的性价比。此外，该项目显著的先驱性质也会吸引资助者的注意。

27.4.5　吸引工业企业的支持

联合计算中心的规模和国家级的知名度使其可能获得工业企业的大量支持。

27.5　制约因素

27.5.1　运营决策的速度

日常运营必须得到精准高效的管理。

27.5.2　需要频繁地升级配置

我们预计需求和经费都会迅速增加，因此需要定期并高效地进行配置的更改。

27.5.3　保护每所大学不同的核心利益

杜克大学作为 3 所大学中最小的机构，必须确保自己不会被要求提供超过其负担能力的投入。北卡罗来纳州立大学作为最大的使用者，必须确保能够获得所需的资源配额。杜克大学还必须确保北卡罗来纳大学系统下的两个州立分支不会联合投票，以损害杜克大学作为私立机构的利益。

27.5.4　TUCC 预算的稳定性

TUCC 需要适当地为自身提供长期投入（房屋租金、办工职员的合同），因此必须确保得到稳定的预算。

27.5.5　所有者的预算稳定性

按照所有者专属的预算流程，加大对 TUCC 的经费投入需要很长的前置时间。

27.5.6　持有大量股份的大学 CEO（首席执行官）

每所大学的 CEO 都有望通过三角研究园区的发展而受益。每位 CEO 都要为自己所在机构的自身利益负责。

27.5.7　3 所大学的 CEO 都会参与少量工作，但他们未被委派职权

联合计算中心需要大学中有人被授权能够代表学校做出承诺，但是由于并非所有大学都配置了首席信息官，因此决策的速度会比较慢。

27.5.8　某些倔强并 / 或顽固的个体

一些参与者态度强硬，并且顽固不化。

27.6　设计决策

27.6.1　政策和运营的细致分离

政策是由董事会制定的，每月召开董事会会议；由 CEO，即 TUCC 的董事来制定决策。

27.6.2　董事会构成

董事会既要足够精简以便开展工作，又要足够完整以代表每所大学的差异。我们最终为董事会设置了 10 位成员——从每所学校中选出 3 名成员，再加上 TUCC 的董事。北卡罗来纳州高等教育委员会计算机专项项目（North Carolina Computer Orientation Project，以下简称 NCCOP）的负责人也会参与董事会事务。由于 NCCOP 就设在 TUCC 办公楼内，其负责人对所发生的事情有相当大的非正式影响力。

27.6.3　考虑到董事会的多种投票方案

（1）成员的一致同意。
（2）全部成员中的多数同意。
（3）机构的一致同意，每所机构的投票由其多数的董事决定。
（4）机构的多数同意。

27.6.4　不需要一致同意

我们在初期就决定不需要一致同意，否则将使最终决策因过于困难而不能达成。无须达成一致的做法极大地简化了决策流程。

27.6.5　选择成员的多数而非机构的多数

我们决定鼓励将董事会作为一个整体来思考，而不鼓励通过所属机构来划分选区。因此，我们规定常规决策将由出席和投票的全部董事中的多数来决定。

27.6.6　"重大基本议题"

下面的这些议题被明确认定为超越常规的共识，并在公司章程中进行了详细说明。
（1）任用或解雇 TUCC 的负责人。
（2）增加超过 10% 的年度预算。

（3）修改公司章程。

面对重大基本议题，需要通过 3 所大学的一致性投票。请注意，即使在这种情况下，也不需要董事会的所有成员都同意。每所机构代表团三分之二代表的投票将决定其投票结果。

27.6.7　应急措施

3 所大学中的任意一所都可以声明重大基本议题，并需要得到机构的一致同意。这个程序被制定得相当烦琐——机构代表可以将一个议题搁置一个月。然后，该机构的 CEO 可以通过信件将该议题提升到基本重大议题的程度。因此，任何机构都可以蓄意阻止任何被认为不利于其核心利益的举措。

27.6.8　轮值主席职务

TUCC 董事会的主席职务由 3 所大学轮流担任，每次任期两年。在所有这些决策中，都必须考虑权力的分配。

（1）在员工和董事会之间。

（2）在多数和少数之间、在机构和顽固的个体之间。

（3）在学术用户和行政用户之间。

27.7　成果评估

27.7.1　稳固性

1. 耐久性

TUCC 机构一共经历过 18 年的运营，两位董事，三代计算机主机，以及偏离所有者平分的使用模式的重大变革。

2. 应急措施

据我回忆，应急措施从未被使用过。它的存在旨在给人们心理上的重大安慰，我认为它避免了任何群体因感到陷入困境而被迫为生存奋战的境地。

3. 作为单一实体运营

按照预期，员工始终在为一家企业服务。董事会也是如此，这是一个令人满意的结果。只有在极少数的情况下，在机构的边界线上会有分裂发生。通常情况是在教师还是管理员，或者激进还是保守等方面的意见分歧会使董事会形成分裂。

27.7.2　实用性

1. 模型的灵活性

随着北卡罗来纳州立大学（以下简称 NCSU）计算用量的增加，它们采用了额外付费的方式来使用各种特殊的增强机型（如更多的内存），以获取整体资源中增加的使用配额。在 TUCC 建立初期，整体计算资源由 3 所大学等分，如果没有本质变化，会持续保持这个分配形式。然而，在微机革命发生之后，杜克大学的计算用量直线下降。杜克大学的大部分计算服务都转向了由部门管理的微型计算机。

最终，计算资源的分配方式被正式修订为不均等分配。分歧点是董事会上每所大学的董事代表的人数是否应继续平等。这个议题是通过定义使用占比来解决的，使用占比将决定代表席位。

2. 关于学校内部和 TUCC 之间计算能力的倾斜

从最初开始，3 所大学都各自拥有一个校内的计算中心，在这里有一位协助校内使用者的 TUCC 员工，一些从校内输入并从 TUCC 输出打印出来的机器。这些硬件（不可避免地）还具备运行校内部分作业的能力。

因此，每位校内计算中心的负责人都必须持续决定对 TUCC 和校内设施的投入占比，即将多少预算投给 TUCC 的计算能力、将多少投给校内设施。

NCSU 倾向于在 TUCC 一侧来满足大部分使用者的需求，通过不断增加购买越来越多的 TUCC 资源份额来满足其增长的需求。虽然杜克大学的 TUCC 份额在逐渐减少，但是它也倾向于以此满足大部分的需求，TUCC 最初分配给杜克大学的这三分之一的初始份额已经占用了杜克大学大部分的预算。北卡罗来纳大学教堂山分校继续使用其在不断增长的 TUCC 资源中的三分之一，但它倾向于在校内添置新机器以满足其过度增长的需求，而不是通过扩大其在 TUCC 的份额。

27.8　经验教训总结

（1）在开始时，需要细致并明确地识别出每所大学和计算中心负责人的重要利益，这对快速实现一致的组织机构是非常有帮助的。

（2）提供一个最终的上诉程序，虽然不容易启动，但确保每位参与者都不会被踩在脚下。

（3）认识到在每个合作伙伴内部都存在不同的利益，因此赢得合作伙伴中代表的支持是有价值的。在很大程度上，对许多议题的意见分歧是来自职责范围而不是学校，例如，来自这 3 所学校的财务代表通常会达成一致，校内计算中心的代表、教师用户的代表也是如此。

我不记得是否采取了措施确保每所学校代表团将代表这几方利益，但是任命每个代表团的几位管理员明智地做到了。

（4）对于这样一个企业的治理委员会来说，很容易形成管理层不经思索就盲目批准的局面（rubber stamp）。为了避免这种风险，我们发现有必要每月召开会议。

（5）有些 CEO 倾向于在董事会会议上进行演示，而不是讨论真正的议题。可能是 CEO 们高估了把一个真正的问题带到董事会会议上如果被否决会面临的不良后果。

在我看来，许多 CEO 并没有在各自的专业领域将他们的董事会成员看作顾问。我认为这是一个真正的损失。

27.9　注释和相关资料

[1] 可以在网站上（http：//www.cs.unc.edu/~brooks/DesignofDesign）找到三角区大学计算中心的章程。

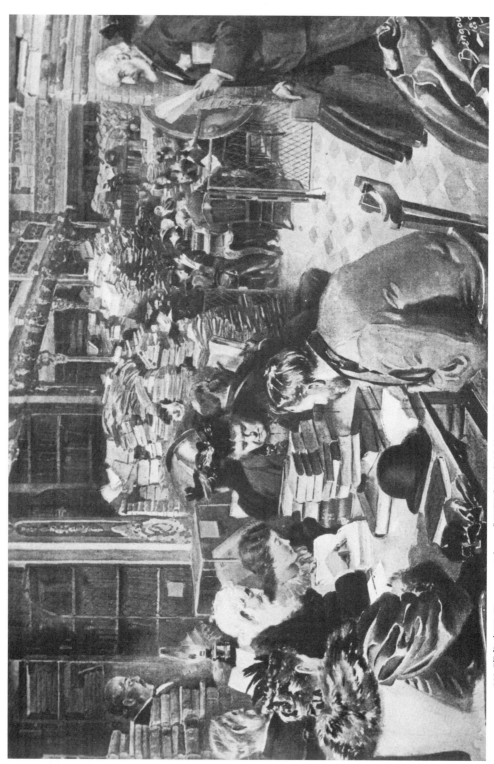

W. 班戈（W. Bengough），《旧国会图书馆的场景》（*Scene in the old Congressional Library*），1897 年

© CORBIS 版权所有

第 28 章
推荐阅读

参考文献包括了正文所有的引用文献，以及与设计过程相关的其他高质量文献。我在这里指出了一些我认为对于那些对设计过程本身感兴趣的人特别有价值的作品。它们按照作者名字的字母顺序排序，并附有简要评论。

（1）布拉奥（Blaauw，G. A.）和布鲁克斯（F. P. Brooks，Jr）的 *Computer Architecture：Concepts and Evolution*（1997 年）。

第 1.1 节区分了架构、实施和实现。第 1.2 节概述了计算机的架构设计。它定义并说明了独立设计决策的设计树概念。第 1.4 节试图定义和描述何为优秀的架构。

（2）勃姆（Boehm，B）的 *Software Engineering：Barry Boehm's Lifetime Contributions to Software Development，Management and Research*（2007 年）。

这是一套不可或缺的论文，涵盖了软件设计的许多方面。

（3）布鲁克斯（F. P. Brooks，Jr）的 *The Mythical Man-Month：Essays on Software Engineering，Anniversary edition*（1975 和 1995 的两个版本）。

在第 16 章没有银弹中，我将设计问题分为本质问题和偶然问题（如果你喜欢，也可以理解为主要和次要问题）两类。第 19 章回顾了 1975—1995 年的情况。

（4）博斯克（Burks，A. W.）、戈德斯坦（H. H. Goldstine）和冯·诺伊曼（J. Von Neumann）的 *Preliminary Discussion of the Logical Design of an Electronic Computing Instrument*（1946 年）。

这是有史以来最重要的计算机论文，内容惊人的全面，可在线获取。

（5）克罗斯（Cross，N.）、多斯特（K. Dorst）等编辑的 *Research in Design Thinking*（1992 年）。

其中包括克罗斯对西蒙（Simon）压倒性的批评："这里有研究可以证明，真正的设计师不是这样做的。"该书中的其他论文也很有价值。

（6）德马尔科（DeMarco，T.）和利斯特（T. Lister）的 *Peopleware：Productive Projects and Teams，2nd edition*（1987 年）。

这本书是关于影响设计质量的非技术因素的重要研究成果和见解。

（7）黑尔斯（Hales，C.）的 *An Analysis of the Engineering Design Process in an Industrial Context*（1987 年和 1991 年的两个版本）。

这可能是关于一个真实而重要的设计过程的最完整的已发表文献，由一位同时担任协作设计者和学术观察员的作者完成，最初是黑尔斯的剑桥博士论文。

（8）亨尼西（Hennessy，J.）和帕特森（D. A. Patterson）的 *Computer Architecture：A Quantitative Approach，4th edition*（1990 年和 2006 年的版本）。

这是关于计算机架构设计的权威教材，生动展示了计算机走向标准架构的趋势。

（9）霍夫曼（Hoffman，D.）和威斯（D. Weiss）编辑的 *Software Fundamentals：Collected Papers by David L. Parnas*（2001 年）。

这是另一份涵盖许多软件设计方向的、不可或缺的论文集。

（10）迈尔斯（Mills，H. D）的 *Top-down Programming in Large Systems*（1971 年）收录于鲁斯丁（R. Rustin）编辑的 *Debugging Techniques in Large Systems*。

其中教授并倡导渐进式设计和编程。

（11）罗伊斯（Royce，W.）的 *Managing the Development of Large Software Systems*（1970 年）收录于 IEEE Wescon 会议论文集。

这是描述并批判瀑布模型的经典论文，提倡了另外一种替代模型。

（12）舒恩（Schön，D.）的 *The Reflective Practitioner*（1983 年）。

（13）西蒙（Simon，H. A.）的 *The Sciences of the Artificial，3rd edition*（1969 年和 1996 年的两个版本）。

这是对理性设计模型最有影响力且表达得最为清晰的提案。

（14）维诺格拉特（Winograd，T.）等编辑 *Bringing Design to*

和大师的跨时空对话

Software（1996 年）。

这是一本非常实用的论文集，其中包含了许多重要的论文。

（15）史蒂夫·沃兹尼亚克（Wozniak，S.）的 *iWoz: From Computer Geek to Cult Icon: How I Invented the Personal Computer，Co-Founded Apple，and Had Fun Doing It*（2006 年）。

这是一位工程师的自传，揭示了许多关于设计的见解。